高等院校经济管理学科数学基础教材

应用线性代数

主　编　黄秋灵　宋　浩
副主编　郭　磊　蔺厚元
徐鹏晓　王玉霞

经济科学出版社

图书在版编目（CIP）数据

应用线性代数/黄秋灵，宋浩主编．—北京：经济科学出版社，2014.8（2018.7 重印）

ISBN 978-7-5141-4961-6

Ⅰ.①应… Ⅱ.①黄…②宋… Ⅲ.①线性代数-高等学校-教材 Ⅳ.①O151

中国版本图书馆 CIP 数据核字（2014）第 194493 号

责任编辑：柳 敏 李晓杰
责任校对：靳玉环
责任印制：李 鹏

应用线性代数

主 编 黄秋灵 宋 浩
副主编 郭 磊 蔺厚元
徐鹏晓 王玉霞

经济科学出版社出版、发行 新华书店经销
社址：北京市海淀区阜成路甲 28 号 邮编：100142
总编部电话：010-88191217 发行部电话：010-88191522
网址：www.esp.com.cn
电子邮件：esp@esp.com.cn
天猫网店：经济科学出版社旗舰店
网址：http://jjkxcbs.tmall.com
固安华明印业有限公司印装
710×1000 16 开 15.5 印张 330000 字
2014 年 8 月第 1 版 2018 年 7 月第 4 次印刷
印数：7352—10550 册
ISBN 978-7-5141-4961-6 定价：28.00 元
（图书出现印装问题，本社负责调换。电话：010-88191502）

前　言

线性代数是高等学校经济类、管理类各本科专业的学科基础课，是学习后续课程的基础。线性代数起源于处理线性关系问题，它是代数学的一个分支，由于线性问题广泛存在于科学技术领域、工农业生产和国民经济各部门，且某些非线性问题在一定的条件下也可转化为线性问题来处理，所以线性代数的理论和方法有着广泛的应用性。从人才素质培养方面来讲，线性代数同时也是培养大学生理性思维品格和思辨能力的重要载体，是开发大学生潜在能动性和创造力的重要基础。因此，线性代数知识是大学生应必备的文化修养之一。

本教材是根据教育部颁布的财经类专业核心课程《经济数学基础》教学大纲、教学改革的需要以及教学实际情况编写而成，是我校教研课题"独立学院经管类专业数学课程的教学改革与实践"研究成果之一，是作者依据多年丰富的教学实践经验和对高校经济管理类专业培养应用型人才的教学改革的认识，并汲取了国内外优秀教材的优点编写而成。

本书的编写以基础为主、够用为度、学以致用的原则，力求使学生在较为系统地掌握线性代数的概念、思想和方法的同时，掌握线性代数的基本理论及其简单应用，为今后的工作与学习打下必要的数学基础和良好的数学素养。

本书在内容安排和编写形式上，充分考虑应用型本科院校学生的特点，我们在概念的引入、理论的展开、篇章的过渡，尽可能从学生熟知的实例出发，并选择恰当的切入点，由浅入深，循序渐进，融会贯通。由于多数学生更容易接受形象化的概念，本书对主要概念都给出了几何解释,较多的图形增强了本书的几何趣味。本书既重视理论基础,又注重实际应用,对于多数理论证明作了适当的弱化处理,代之以简单直观的举例验证或归纳说明,并在众多学科中选用了一些实际应用的例子,以激发学生的学习兴趣,使学生在掌握线性代数的基本概念、基本理论和基本方法的同时,能够了解线性代数这一数学工具在工程技术、经济管理等领域中的实际作用。

本书主要内容包括行列式、矩阵、线性方程组、矩阵的特征值和二次型。本书每节后配置相应的思考题和练习题,每章后配置复习题。在习题的配置上,既注意选编体现基本方法的计算题和需要思考的概念题,又注意选编体现线性代数在解释基本原理、简化计算等方面的应用题。

本书适合作为高等院校经济管理类各专业该课程的教材或参考书,也适合报考经济学和管理学门类硕士研究生的读者参考。讲授全书共需68学时,还可根据专业需要和不同的教学要求删减部分内容,供51学时讲授使用。

本书由山东财经大学黄秋灵、宋浩任主编,由刘贵基教授审定和统稿。参加编写的人员还有郭磊、蔺厚元、徐鹏晓、王玉霞。在编写过程中,参考和借鉴了国内外的有关资料,得到了同行专家的帮助以及经济科学出版社的大力支持,在此谨致以诚挚的谢意。

由于编者水平有限,书中难免有不足之处,我们衷心地希望得到专家、同行和读者的批评指正,使本书在教学实践中能够不断完善。

编　者

2014年6月

目 录

第一章

行 列 式

本书前三章以线性方程组为主线展开讨论，它是线性代数的核心．线性方程组应用广泛，超过百分之七十五的科学研究和工程应用中的数学问题都涉及求解线性方程组．线性代数的研究最初出现于对行列式的研究上，行列式当时被用来求解线性方程组．本章介绍行列式的定义、性质，行列式的计算及克莱姆法则．

§1.1 n 阶行列式的定义

1.1.1 二阶和三阶行列式

对于含两个未知量两个方程的线性方程组

$$\begin{cases} a_{11}x_1 + a_{12}x_2 = b_1, \\ a_{21}x_1 + a_{22}x_2 = b_2, \end{cases} \tag{1}$$

利用加减消元法，得

$$(a_{11}a_{22} - a_{12}a_{21})x_1 = b_1a_{22} - b_2a_{12},$$
$$(a_{11}a_{22} - a_{12}a_{21})x_2 = b_2a_{11} - b_1a_{21}.$$

当 $a_{11}a_{22} - a_{12}a_{21} \neq 0$ 时，方程组(1)有唯一解：

$$x_1 = \frac{b_1a_{22} - a_{12}b_2}{a_{11}a_{22} - a_{12}a_{21}}, x_2 = \frac{a_{11}b_2 - b_1a_{21}}{a_{11}a_{22} - a_{12}a_{21}}. \tag{2}$$

为了便于记忆上述解的公式(2)，我们引入记号

$$\begin{vmatrix} a_{11} & a_{12} \\ a_{21} & a_{22} \end{vmatrix}$$

表示代数和 $a_{11}a_{22}-a_{12}a_{21}$，称为**二阶行列式**，即

$$\begin{vmatrix} a_{11} & a_{12} \\ a_{21} & a_{22} \end{vmatrix} = a_{11}a_{22}-a_{12}a_{21}. \tag{3}$$

它的横排叫行、竖排叫列，$a_{ij}(i,j=1,2)$ 称为行列式的元素．元素 a_{ij} 的第一个下标 i 表示它在第 i 行，叫作行标；第二个下标 j 表示它在第 j 列，叫作列标．二阶行列式表示的代数和可根据图 1－1 来记忆，即实线联结的两个元素的乘积减去虚线联结的两个元素的乘积(见图 1－1)：

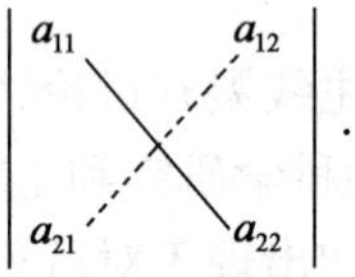

图 1－1

利用二阶行列式的概念，式(2)中的分母、分子可分别记为：

$$D=\begin{vmatrix} a_{11} & a_{12} \\ a_{21} & a_{22} \end{vmatrix}, D_1=\begin{vmatrix} b_1 & a_{12} \\ b_2 & a_{22} \end{vmatrix}, D_2=\begin{vmatrix} a_{11} & b_1 \\ a_{21} & b_2 \end{vmatrix}.$$

于是得，当 $D\neq 0$ 时，方程组(1)有唯一解：

$$x_1=\frac{D_1}{D}, x_2=\frac{D_2}{D}.$$

容易看出，D 是由方程组(1)的未知量的系数按原来顺序排列所确定的二阶行列式，称为方程组(1)的系数行列式．D_1 是 D 中 x_1 的系数所在列对应换成常数项所得二阶行列式，D_2 是 D 中 x_2 的系数所在列对应换成常数项所得二阶行列式．本节后面讨论的三元线性方程组情形类似，不再说明．

例 1　解线性方程组

$$\begin{cases} x_1-2x_2=3, \\ 3x_1-4x_2=-2. \end{cases}$$

解　由方程组的系数行列式

$$D=\begin{vmatrix} 1 & -2 \\ 3 & -4 \end{vmatrix}=1\times(-4)-(-2)\times 3=2$$

得方程组有唯一解．又

$$D_1=\begin{vmatrix}3 & -2\\ -2 & -4\end{vmatrix}=-16, D_2=\begin{vmatrix}1 & 3\\ 3 & -2\end{vmatrix}=-11,$$

所以,方程组的解为:

$$x_1=\frac{D_1}{D}=-8, x_2=\frac{D_2}{D}=-\frac{11}{2}.$$

为了三元线性方程组的求解需要,我们引入记号

$$\begin{vmatrix}a_{11} & a_{12} & a_{13}\\ a_{21} & a_{22} & a_{23}\\ a_{31} & a_{32} & a_{33}\end{vmatrix}$$

表示代数和 $a_{11}a_{22}a_{33}+a_{12}a_{23}a_{31}+a_{13}a_{21}a_{32}-a_{11}a_{23}a_{32}-a_{12}a_{21}a_{33}-a_{13}a_{22}a_{31}$,称为**三阶行列式**,即

$$\begin{vmatrix}a_{11} & a_{12} & a_{13}\\ a_{21} & a_{22} & a_{23}\\ a_{31} & a_{32} & a_{33}\end{vmatrix}=a_{11}a_{22}a_{33}+a_{12}a_{23}a_{31}+a_{13}a_{21}a_{32}-a_{11}a_{23}a_{32}-a_{12}a_{21}a_{33}-a_{13}a_{22}a_{31}.$$

三阶行列式所表示的代数和可按图 1-2 中的 6 条连线记忆:实线上三个元素相乘得到的积前冠以“+”号,虚线上 3 个元素相乘得到的积前冠以“-”号,这称为三阶行列式的**对角线法则**.①

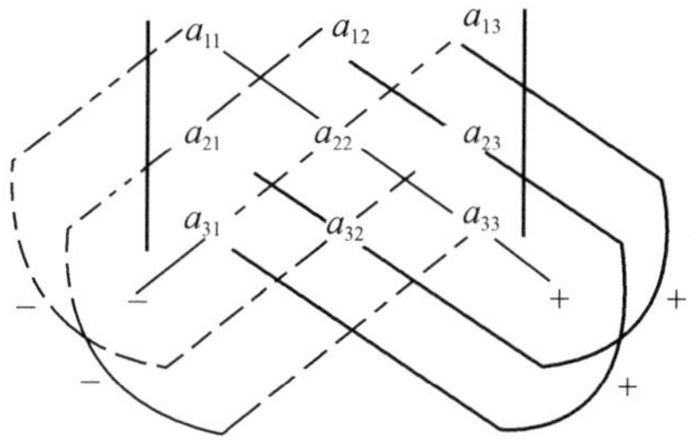

图 1-2

例 2 $$\begin{vmatrix}1 & 2 & 3\\ 4 & 0 & 5\\ -1 & 0 & 6\end{vmatrix}=1\times0\times6+2\times5\times(-1)+3\times4\times0-1\times5\times0-2\times4\times6-3\times0\times(-1)=-58.$$

① 对角线法则是由法国数学家萨鲁斯(P. F. Sarrus,1798 ~ 1861)引入的. 萨鲁斯在行列式计算法则、函数最大值及微分方程可积性条件方面做了许多工作.

例 3 设 $D=\begin{vmatrix} a & b & 0 \\ -b & a & 0 \\ 1 & 0 & 1 \end{vmatrix}$，求当 a,b 满足什么条件时，有 $D=0$.

解
$$D=\begin{vmatrix} a & b & 0 \\ -b & a & 0 \\ 1 & 0 & 1 \end{vmatrix}=a\times a\times 1+b\times 0\times 1+0\times(-b)\times 0$$
$$-a\times 0\times 0-b\times(-b)\times 1-0\times a\times 1$$
$$=a^2+b^2,$$
因此，当 $a=b=0$ 时，$D=0$.

类似于二元线性方程组的结论，对于三元线性方程组
$$\begin{cases} a_{11}x_1+a_{12}x_2+a_{13}x_3=b_1, \\ a_{21}x_1+a_{22}x_2+a_{23}x_3=b_2, \\ a_{31}x_1+a_{32}x_2+a_{33}x_3=b_3, \end{cases} \tag{4}$$
记
$$D=\begin{vmatrix} a_{11} & a_{12} & a_{13} \\ a_{21} & a_{22} & a_{23} \\ a_{31} & a_{32} & a_{33} \end{vmatrix}, D_1=\begin{vmatrix} b_1 & a_{12} & a_{13} \\ b_2 & a_{22} & a_{23} \\ b_3 & a_{32} & a_{33} \end{vmatrix},$$
$$D_2=\begin{vmatrix} a_{11} & b_1 & a_{13} \\ a_{21} & b_2 & a_{23} \\ a_{31} & b_3 & a_{33} \end{vmatrix}, D_3=\begin{vmatrix} a_{11} & a_{12} & b_1 \\ a_{21} & a_{22} & b_2 \\ a_{31} & a_{32} & b_3 \end{vmatrix}.$$
若系数行列式 $D\neq 0$，则方程组(4)有唯一解：
$$x_1=\frac{D_1}{D}, x_2=\frac{D_2}{D}, x_3=\frac{D_3}{D}.$$

例 4 解三元线性方程组 $\begin{cases} x_1-2x_2+x_3=-2, \\ 2x_1+x_2-3x_3=1, \\ -x_1+x_2-x_3=0. \end{cases}$

解 由方程组的系数行列式
$$D_1=\begin{vmatrix} 1 & -2 & 1 \\ 2 & 1 & -3 \\ -1 & 1 & -1 \end{vmatrix}=-5\neq 0,$$
得方程组有唯一解．又

$$D_1=\begin{vmatrix}-2&-2&1\\1&1&-3\\0&1&-1\end{vmatrix}=-5,\quad D_2=\begin{vmatrix}1&-2&1\\2&1&-3\\-1&0&-1\end{vmatrix}=-10,$$

$$D_3=\begin{vmatrix}1&-2&-2\\2&1&1\\-1&1&0\end{vmatrix}=-5,$$

所以,方程组的解为

$$x_1=\frac{D_1}{D}=1,x_2=\frac{D_2}{D}=2,x_3=\frac{D_3}{D}=1.$$

在实际问题中,遇到的线性方程组往往含有更多的未知量,在理论上就要讨论含有 n 个未知量的线性方程组的求解问题,我们希望可以得到与二元、三元线性方程组类似的结论. 为此,引入 n 阶行列式的概念.

1.1.2 n 阶行列式

1. 排列与逆序

由 $1,2,\cdots,n$ 组成的一个有序数组,称为一个 n 级**排列**.

例如,2431 是一个 4 级排列;45321 是一个 5 级排列;$123\cdots n$ 是一个 n 级排列,且它的数是按从小到大的顺序排列的,称为 n 级自然排列.

由 $1,2,\cdots,n$ 一共可以组成 $n!$ 个 n 级排列,即 n 级排列的总数为 $n!$. 例如,3 级排列的总数为 $3!=6$,它们是 123,231,312,132,213,321.

定义 1.1.1 在一个 n 级排列 $i_1i_2\cdots i_n$ 中,如果有较大的数 i_s 排在较小的数 i_t 前面($i_s>i_t$),则称 i_s 与 i_t 构成一个**逆序**(inverse order). 排列 $i_1i_2\cdots i_n$ 中逆序的总数称为它的**逆序数**,记作 $N(i_1i_2\cdots i_n)$.

逆序数为偶数的排列称为**偶排列**,逆序数为奇数的排列称为**奇排列**. 规定逆序数是零的排列为偶排列.

例如,$N(2431)=4$,于是排列 2431 是偶排列;$N(45321)=9$,故排列 45321 是奇排列;$N(123\cdots n)=0$,因而排列 $123\cdots n$ 为偶排列.

一般地,排列 $i_1i_2\cdots i_n$ 的逆序数可如下求出:

$$N(i_1i_2\cdots i_n)=k_1+k_2+\cdots+k_{n-1},$$

其中 $k_j(j=1,2,\cdots,n-1)$ 表示排列 $i_1i_2\cdots i_n$ 中 i_j 后面比 i_j 小的数的个数.

例 1 求 $N(n(n-1)\cdots 321)$.

解 $N(n(n-1)\cdots 321)=(n-1)+(n-2)+\cdots+2+1$

$$=\frac{n(n-1)}{2}.$$

例 2 求 $N(347986512)$.

解 $N(347986512)=2+2+4+5+4+3+2+0=22$.

定义 1.1.2 在排列 $i_1i_2\cdots i_s\cdots i_t\cdots i_n$ 中,若把某两个数 i_s 与 i_t 的位置互换,而其余的数位置不动,就得到另外一个新排列 $i_1i_2\cdots i_t\cdots i_s\cdots i_n$,这种变换称为**对换**,记作对换 (i_s, i_t).

例如,排列 2431 经对换(2,1)就变成排列 1432. 注意到排列 2431 为偶排列,而排列 1432 为奇排列,一般地,我们有下面定理.

定理 1.1.1 对换改变排列的奇偶性.

定理的意思是,奇排列经过一次对换变成偶排列,偶排列经过一次对换变成奇排列.

证明从略.

定理 1.1.2 在 $n!$ 个 n 级排列中,奇排列、偶排列的个数相等,各为 $\frac{n!}{2}$ $(n\geqslant 2)$.

证明从略.

2. n 阶行列式的定义

首先考察三阶行列式的定义,从三阶行列式

$$\begin{vmatrix} a_{11} & a_{12} & a_{13} \\ a_{21} & a_{22} & a_{23} \\ a_{31} & a_{32} & a_{33} \end{vmatrix} = \begin{aligned} & a_{11}a_{22}a_{33}+a_{12}a_{23}a_{31}+a_{13}a_{21}a_{32} \\ & -a_{11}a_{23}a_{32}-a_{12}a_{21}a_{33}-a_{13}a_{22}a_{31} \end{aligned} \tag{1}$$

可以看出,式(1)右边是由位于不同行不同列的 3 个元素按行标排成自然顺序的乘积 $a_{1j_1}a_{2j_2}a_{3j_3}$(所有这样的乘积都出现在式(1)的右边),并且冠以符号 $(-1)^{N(j_1j_2j_3)}$,得到形如

$$(-1)^{N(j_1j_2j_3)}a_{1j_1}a_{2j_2}a_{3j_3} \tag{2}$$

的项的和,其中 $j_1j_2j_3$ 为 3 级排列. 当 $j_1j_2j_3$ 取遍所有 3 级排列(共 3! 个)时,由式(2)即得式(1)右端中的所有项.

根据上面分析,式(1)可写为:

$$\begin{vmatrix} a_{11} & a_{12} & a_{13} \\ a_{21} & a_{22} & a_{23} \\ a_{31} & a_{32} & a_{33} \end{vmatrix} = \sum_{j_1j_2j_3}(-1)^{N(j_1j_2j_3)}a_{1j_1}a_{2j_2}a_{3j_3},$$

其中 $\sum_{j_1j_2j_3}$ 表示对所有3级排列求和.

对于二阶行列式进行类似的分析,可得相同的结论. 至此,不难定义 n 阶行列式.

定义 1.1.3 n 阶行列式①为:

$$\begin{vmatrix} a_{11} & a_{12} & \cdots & a_{1n} \\ a_{21} & a_{22} & \cdots & a_{2n} \\ \cdots & \cdots & \cdots & \cdots \\ a_{n1} & a_{n2} & \cdots & a_{nn} \end{vmatrix} = \sum_{j_1j_2\cdots j_n} (-1)^{N(j_1j_2\cdots j_n)} a_{1j_1}a_{2j_2}\cdots a_{nj_n}. \tag{3}$$

式(3)左边通常称为 n 阶行列式的记号,有时简记为 $|a_{ij}|$ 或 $\det(a_{ij})$,它的横排称为行,竖排称为列,共 n 行 n 列. $a_{ij}(i,j=1,2,\cdots,n)$ 称为行列式的元素,共 n^2 个. 元素 a_{ij} 的第一个下标 i 表示它在第 i 行,称为行标;第二个下标 j 表示它在第 j 列,称为列标. 式(3)右边称为 n 阶行列式的展开式,按照展开式计算得到的结果称为行列式的值. $(-1)^{N(j_1j_2\cdots j_n)}a_{1j_1}a_{2j_2}\cdots a_{nj_n}$($j_1j_2\cdots j_n$ 是一个 n 级排列)是行列式展开式中项的一般形式,它是取自不同行不同列的 n 个元素按行标排成自然顺序乘积 $a_{1j_1}a_{2j_2}\cdots a_{nj_n}$,并冠以符号 $(-1)^{N(j_1j_2\cdots j_n)}$. 当 $j_1j_2\cdots j_n$ 取遍所有 n 级排列时,就得到 n 阶行列式展开式中的所有项(共 $n!$ 项). $\sum_{j_1j_2\cdots j_n}$ 表示对所有的 n 级排列求和.

一阶行列式 $|a|$ 就是数 a,即 $|a|=a$.

常用字母 D 来表示行列式,在 n 阶行列式 $D=|a_{ij}|$ 中,元素 $a_{ii}(i=1,2,\cdots,n)$ 所在的斜线位置称为 D 的**主对角线**.

例 3 计算行列式

$$D=\begin{vmatrix} 0 & 0 & 0 & 1 \\ 0 & 0 & 2 & 0 \\ 0 & 3 & 0 & 0 \\ 4 & 0 & 0 & 0 \end{vmatrix}.$$

解 按行列式的定义,D 的展开式中共有 $4!=24$ 项,其一般形式为:

$$(-1)^{N(j_1j_2j_3j_4)}a_{1j_1}a_{2j_2}a_{3j_3}a_{4j_4},\quad (j_1j_2j_3j_4 \text{ 为一个 4 级排列})$$

其中 $a_{ij_i}(i=1,2,3,4)$ 表示取自第 i 行第 j_i 列的元素. 显然,只有 $j_1=4$、$j_2=3$、

---

① 行列式(determinant)的概念要追溯到德国数学家莱布尼兹(G. W. Leibniz,1647~1716年). 克莱姆(G. Cramer)是第一个(1750年)发表有关这个主题的人. 行列式的基础理论奠基于 A. Vandermonde, P. Laplace, A. L. Cauchy, C. G. J. Jacobi 等人的工作."行列式"这个名词首先(1801年)由 C. F. Gauss 使用. 现代意义的行列式概念和符号是由法国数学家柯西(A. L. Cauchy,1789~1857年)于1841年创立的,行列式的理论完善于19世纪.

$j_3=2$、$j_4=1$ 时,这一项不为零,其余所有项均为零. 因此,

$$D=(-1)^{N(4321)}a_{14}a_{23}a_{32}a_{41}=(-1)^6\times1\times2\times3\times4=24.$$

例 4 计算行列式

$$D=\begin{vmatrix}0 & 0 & \cdots & 0\\ a_{21} & a_{22} & \cdots & a_{2n}\\ \cdots & \cdots & \cdots & \cdots\\ a_{n1} & a_{n2} & \cdots & a_{nn}\end{vmatrix}.$$

解 按行列式的定义,D 的展开式中每一项的因子必有第 1 行的一个元素,也就是必有一个因子为 0,从而展开式中的所有项均为 0,所以 $D=0$.

一般地,我们有下面结论:若行列式的某行(列)元素全为 0,则此行列式的值等于 0.

例 5 计算行列式

$$D=\begin{vmatrix}a_{11} & 0 & \cdots & 0\\ a_{21} & a_{22} & \cdots & 0\\ \cdots & \cdots & \cdots & \cdots\\ a_{n1} & a_{n2} & \cdots & a_{nn}\end{vmatrix}.$$

解 按行列式的定义,D 的展开式中共有 $n!$ 项,其一般形式为

$$(-1)^{N(j_1j_2\cdots j_n)}a_{1j_1}a_{2j_2}\cdots a_{nj_n},\quad (j_1j_2\cdots j_n\text{ 为一个 }n\text{ 级排列})\tag{4}$$

其中 $a_{ij_i}(i=1,2,\cdots,n)$ 表示取自第 i 行第 j_i 列的元素. 因含有因子 0 的项都等于零,故只需将那些可能不为零的项找出来. 在式(4)中,a_{1j_1} 取自第 1 行,显然只有当 $j_1=1$ 时,式(4)才可能不为零,即可能不为零的项的形式为

$$(-1)^{N(1j_2j_3\cdots j_n)}a_{11}a_{2j_2}a_{3j_3}\cdots a_{nj_n},\quad (1j_2j_3\cdots j_n\text{ 为一个 }n\text{ 级排列})\tag{5}$$

在式(5)中,a_{2j_2} 取自第 2 行,而 j_2 不能取 1(因 a_{21} 与 a_{11} 同列),又当 $j_2=3,4,\cdots,n$ 时,$a_{2j_2}=0$,因此只有当 $j_2=2$ 时,式(5)才可能不为零,即可能不为零的项的形式为:

$$(-1)^{N(12j_3\cdots j_n)}a_{11}a_{22}a_{3j_3}\cdots a_{nj_n},\quad (12j_3\cdots j_n\text{ 为一个 }n\text{ 级排列})$$

这样推下去,可得只有

$$(-1)^{N(123\cdots n)}a_{11}a_{22}a_{33}\cdots a_{nn}$$

这一项可能不为零,于是

$$D=\begin{vmatrix}a_{11} & 0 & \cdots & 0\\ a_{21} & a_{22} & \cdots & 0\\ \cdots & \cdots & \cdots & \cdots\\ a_{n1} & a_{n2} & \cdots & a_{nn}\end{vmatrix}=(-1)^{N(12\cdots n)}a_{11}a_{22}\cdots a_{nn}=\prod_{i=1}^{n}a_{ii}.$$

主对角线上方的元素全是零的行列式,称为**下三角形行列式**.

主对角线下方的元素全是零的行列式,称为**上三角形行列式**.

由例5可知,上三角行列式也等于主对角线上的元素的乘积,即

$$\begin{vmatrix} a_{11} & a_{12} & \cdots & a_{1n} \\ 0 & a_{22} & \cdots & a_{2n} \\ \cdots & \cdots & \cdots & \cdots \\ 0 & 0 & \cdots & a_{nn} \end{vmatrix} = \prod_{i=1}^{n} a_{ii}.$$

上三角形行列式与下三角形行列式统称为**三角形行列式**. 三角形行列式的值等于其主对角线上元素的乘积.

主对角线以外的元素全为零的行列式

$$\begin{vmatrix} a_{11} & & & \\ & a_{22} & & \\ & & \ddots & \\ & & & a_{nn} \end{vmatrix}$$

称为**对角形行列式**. 显然,对角形行列式的值也等于主对角线上元素的乘积,即

$$\begin{vmatrix} a_{11} & & & \\ & a_{22} & & \\ & & \ddots & \\ & & & a_{nn} \end{vmatrix} = \prod_{i=1}^{n} a_{ii}.$$

由于数的乘法适合交换律,因此 n 阶行列式中取自不同行不同列的 n 个元素相乘时其次序可以是任意的. 可以证明,n 阶行列式展开式中项的一般形式还可以写成

$$(-1)^{N(i_1i_2\cdots i_n)} a_{i_11}a_{i_22}\cdots a_{i_nn},$$

或

$$(-1)^{N(i_1i_2\cdots i_n)+N(j_1j_2\cdots j_n)} a_{i_1j_1}a_{i_2j_2}\cdots a_{i_nj_n},$$

其中 $i_1i_2\cdots i_n$ 与 $j_1j_2\cdots j_n$ 均为 n 级排列. 于是有

$$\begin{vmatrix} a_{11} & a_{12} & \cdots & a_{1n} \\ a_{21} & a_{22} & \cdots & a_{2n} \\ \cdots & \cdots & \cdots & \cdots \\ a_{n1} & a_{n2} & \cdots & a_{nn} \end{vmatrix} = \sum_{i_1i_2\cdots i_n} (-1)^{N(i_1i_2\cdots i_n)} a_{i_11}a_{i_22}\cdots a_{i_nn}, \tag{6}$$

其中 $\sum\limits_{i_1i_2\cdots i_n}$ 表示对所有 n 级排列求和.

$$\begin{vmatrix} a_{11} & a_{12} & \cdots & a_{1n} \\ a_{21} & a_{22} & \cdots & a_{2n} \\ \cdots & \cdots & \cdots & \cdots \\ a_{n1} & a_{n2} & \cdots & a_{nn} \end{vmatrix} = \sum (-1)^{N(i_1 i_2 \cdots i_n) + N(j_1 j_2 \cdots j_n)} a_{i_1 j_1} a_{i_2 j_2} \cdots a_{i_n j_n} \quad (7)$$

其中 $\sum$ 表示对所有不同行不同列的 n 个元素之积求和.

例 6 若 $(-1)^{N(i432k)+N(52j14)} a_{i5} a_{42} a_{3j} a_{21} a_{k4}$ 是 5 阶行列式 $|a_{ij}|$ 展开式中的一项,则 i、j、k 应为何值?

解 按行列式的定义,行列式展开式中的每一项中的元素取自不同行不同列,故有 $j=3$,且有 $i=1$ 时 $k=5$,或 $i=5$ 时 $k=1$.

思考与练习 1.1

1. 判断下列命题的真伪,并说明理由.
   (1)行列式的行数一定等于列数;
   (2)任一行列式经过计算都可得到一个数;
   (3)12456 是一个 6 级排列;
   (4)因为行列式 $\begin{vmatrix} 1 & 1 \\ 1 & 1 \end{vmatrix}$ 与 $\begin{vmatrix} 1 & 1 & 1 \\ 1 & 1 & 1 \\ 1 & 1 & 1 \end{vmatrix}$ 阶数不同,所以不能相加.

2. 计算下列二阶行列式.
   (1) $\begin{vmatrix} 7 & 2 \\ 3 & -1 \end{vmatrix}$; (2) $\begin{vmatrix} 0 & 1 \\ 2 & 0 \end{vmatrix}$;
   (3) $\begin{vmatrix} x-1 & x \\ x^2 & x^2+x+1 \end{vmatrix}$; (4) $\begin{vmatrix} \lambda-2 & 0 \\ 0 & \lambda-5 \end{vmatrix}$.

3. 计算下列三阶行列式.
   (1) $\begin{vmatrix} 1 & 2 & 3 \\ 2 & 3 & 1 \\ 3 & 1 & 2 \end{vmatrix}$; (2) $\begin{vmatrix} 2 & 0 & 0 \\ 4 & 1 & 0 \\ 7 & 3 & -2 \end{vmatrix}$;
   (3) $\begin{vmatrix} 0 & a & 0 \\ b & 0 & c \\ 0 & d & 0 \end{vmatrix}$; (4) $\begin{vmatrix} 0 & x & y \\ -x & 0 & z \\ -y & -z & 0 \end{vmatrix}$.
   (5) $\begin{vmatrix} 0 & 0 & 0 \\ 2 & 1 & 1 \\ 1 & 2 & 2 \end{vmatrix}$.

4. 在 6 阶行列式 $D=|a_{ij}|$ 中,下列 6 个元素的乘积应取什么符号?
   (1) $a_{14}a_{22}a_{35}a_{41}a_{56}a_{63}$; (2) $a_{61}a_{52}a_{43}a_{34}a_{25}a_{16}$;

(3) $a_{21}a_{53}a_{16}a_{42}a_{65}a_{34}$.

5. 选择 k,l 使 $(-1)^{N(52314)+N(k432l)}a_{5k}a_{24}a_{33}a_{12}a_{4l}$ 成为 5 阶行列式 $|a_{ij}|$ 中的一项.

6. 利用行列式的定义计算下列行列式.

(1) $\begin{vmatrix} 0 & 0 & 3 \\ 0 & 4 & 1 \\ 2 & 3 & 1 \end{vmatrix}$;

(2) $\begin{vmatrix} 0 & 0 & 0 & 1 \\ 1 & 0 & 0 & 0 \\ 0 & 1 & 0 & 0 \\ 0 & 0 & 1 & 0 \end{vmatrix}$;

(3) $\begin{vmatrix} 2 & 0 & 0 & 2 \\ 0 & 3 & 3 & 0 \\ 0 & 1 & 1 & 0 \\ 4 & 0 & 0 & 4 \end{vmatrix}$;

(4) $\begin{vmatrix} 0 & 0 & \cdots & 0 & 1 \\ 0 & 0 & \cdots & 2 & 0 \\ \cdots & \cdots & \cdots & \cdots & \cdots \\ 0 & n-1 & \cdots & 0 & 0 \\ n & 0 & \cdots & 0 & 0 \end{vmatrix}$;

(5) $\begin{vmatrix} 0 & 1 & 0 & \cdots & 0 \\ 0 & 0 & 2 & \cdots & 0 \\ \cdots & \cdots & \cdots & \cdots & \cdots \\ 0 & 0 & 0 & \cdots & n-1 \\ n & 0 & 0 & \cdots & 0 \end{vmatrix}$;

(6) $\begin{vmatrix} 0 & \cdots & 0 & 1 & 0 \\ 0 & \cdots & 2 & 0 & 0 \\ \cdots & \cdots & \cdots & \cdots & \cdots \\ n-1 & \cdots & 0 & 0 & 0 \\ 0 & \cdots & 0 & 0 & n \end{vmatrix}$.

§1.2 行列式的性质

行列式的计算是本章要解决的主要问题之一,对于一般的行列式而言,利用定义计算行列式其计算量是相当大的. 为了简化行列式的计算,需要研究行列式的性质,这些性质在理论上也相当重要.

1.2.1 行列式的性质

设 n 阶行列式

$$D = \begin{vmatrix} a_{11} & a_{12} & \cdots & a_{1n} \\ a_{21} & a_{22} & \cdots & a_{2n} \\ \cdots & \cdots & \cdots & \cdots \\ a_{n1} & a_{n2} & \cdots & a_{nn} \end{vmatrix},$$

将 D 的行与列互换后所得到的行列式

$$\begin{vmatrix} a_{11} & a_{21} & \cdots & a_{n1} \\ a_{12} & a_{22} & \cdots & a_{n2} \\ \cdots & \cdots & \cdots & \cdots \\ a_{1n} & a_{2n} & \cdots & a_{nn} \end{vmatrix}$$

称为 D 的**转置行列式**,记作 D^T 或 D'.

显然,对任何行列式 D 均有 $(D^T)^T = D$,即 D 与 D^T 互为转置行列式.

性质 1 对任何行列式 D,有 $D = D^T$.

例如,对 1.1.1 小节的例 2,$D = \begin{vmatrix} 1 & 2 & 3 \\ 4 & 0 & 5 \\ -1 & 0 & 6 \end{vmatrix} = -58$,这时

$$D^T = \begin{vmatrix} 1 & 4 & -1 \\ 2 & 0 & 0 \\ 3 & 5 & 6 \end{vmatrix}$$

$$= 1 \times 0 \times 6 + 4 \times 0 \times 3 + (-1) \times 2 \times 5 - 1 \times 0 \times 5 - 4 \times 2 \times 6 - (-1) \times 0 \times 3 = -58.$$

性质 1 表明,在行列式中,行与列的地位是相同的. 因此,凡对行成立的性质,对列也成立,反之亦然. 后面的性质仅对行进行论证.

性质 2 交换行列式的两行(列),行列式的值仅改变符号.

例如,容易计算:$\begin{vmatrix} 1 & 2 \\ 3 & 4 \end{vmatrix} = -2$,$\begin{vmatrix} 3 & 4 \\ 1 & 2 \end{vmatrix} = 2$.

推论 若行列式中有两行(列)的对应元素相等,则此行列式的值为零.

证 设行列式 D 的第 i 行与第 s 行相同,若将 D 的第 i 行与第 s 行互换,所得行列式仍为 D. 但由性质 2 可知,两者正负号相反,即 $D = -D$,故 $D = 0$.

性质 3 用数 k 去乘行列式的某一行(列)的所有元素,等于用数 k 去乘此行列式.

即,设

$$D = \begin{vmatrix} a_{11} & a_{12} & \cdots & a_{1n} \\ \cdots & \cdots & \cdots & \cdots \\ a_{i1} & a_{i2} & \cdots & a_{in} \\ \cdots & \cdots & \cdots & \cdots \\ a_{n1} & a_{n2} & \cdots & a_{nn} \end{vmatrix}, D_1 = \begin{vmatrix} a_{11} & a_{12} & \cdots & a_{1n} \\ \cdots & \cdots & \cdots & \cdots \\ ka_{i1} & ka_{i2} & \cdots & ka_{in} \\ \cdots & \cdots & \cdots & \cdots \\ a_{n1} & a_{n2} & \cdots & a_{nn} \end{vmatrix},$$

则 $D_1 = kD$.

例如,不难验证:$\begin{vmatrix} ka & kb \\ c & d \end{vmatrix} = k\begin{vmatrix} a & b \\ c & d \end{vmatrix}$(两边均等于 $k(ad - bc)$).

推论 1 若行列式某一行(列)的所有元素有公因子,则公因子可以提到行列式记号外面.

推论 2 若行列式有两行(列)的元素对应成比例,则此行列式的值为零.

例 1 行列式 $D=\begin{vmatrix} 2 & -4 & 1 \\ 3 & -6 & 3 \\ -5 & 10 & 4 \end{vmatrix}$ 的第 1 列与第 2 列的元素对应成比例,根据性质 3 的推论 2,得 $D=0$.

例 2 计算行列式

$$D=\begin{vmatrix} 0 & a & b \\ -a & 0 & c \\ -b & -c & 0 \end{vmatrix}.$$

解 根据行列式的性质 1,有 $D=D^T$,而

$$D^T=\begin{vmatrix} 0 & -a & -b \\ a & 0 & -c \\ b & c & 0 \end{vmatrix}=(-1)^3\begin{vmatrix} 0 & a & b \\ -a & 0 & c \\ -b & -c & 0 \end{vmatrix}=-D,$$

所以 $D=-D$,从而 $D=0$.

性质 4 若行列式的某一行(列)各元素都是两个数之和,则此行列式等于两个行列式之和,这两个行列式分别以这两个数之一作为所在行(列)对应位置的元素,其他位置的元素与原行列式相同.

即 设

$$D=\begin{vmatrix} a_{11} & a_{12} & \cdots & a_{1n} \\ \cdots & \cdots & \cdots & \cdots \\ b_{i1}+c_{i1} & b_{i2}+c_{i2} & \cdots & b_{in}+c_{in} \\ \cdots & \cdots & \cdots & \cdots \\ a_{n1} & a_{n2} & \cdots & a_{nn} \end{vmatrix}, \quad (\text{第 } i \text{ 行})$$

$$D_1=\begin{vmatrix} a_{11} & a_{12} & \cdots & a_{1n} \\ \cdots & \cdots & \cdots & \cdots \\ b_{i1} & b_{i2} & \cdots & b_{in} \\ \cdots & \cdots & \cdots & \cdots \\ a_{n1} & a_{n2} & \cdots & a_{nn} \end{vmatrix}, \quad D_2=\begin{vmatrix} a_{11} & a_{12} & \cdots & a_{1n} \\ \cdots & \cdots & \cdots & \cdots \\ c_{i1} & c_{i2} & \cdots & c_{in} \\ \cdots & \cdots & \cdots & \cdots \\ a_{n1} & a_{n2} & \cdots & a_{nn} \end{vmatrix},$$

则 $D=D_1+D_2$.

例如,不难验证:$\begin{vmatrix} a+a' & b+b' \\ c & d \end{vmatrix}=\begin{vmatrix} a & b \\ c & d \end{vmatrix}+\begin{vmatrix} a' & b' \\ c & d \end{vmatrix}$(两边均等于 $ad+a'd-$

$bc-b'c$).

例 3 行列式

$$D=\begin{vmatrix}1&2&3\\1&3&5\\0&1&2\end{vmatrix}=\begin{vmatrix}1&2&3\\1+0&2+1&3+2\\0&1&2\end{vmatrix}=\begin{vmatrix}1&2&3\\1&2&3\\0&1&2\end{vmatrix}+\begin{vmatrix}1&2&3\\0&1&2\\0&1&2\end{vmatrix}=0+0=0.$$

性质 4 可以推广到行列式某一行(列)各元素为 m 个数之和的情形(m 为大于 2 的正整数).

性质 5 将行列式某一行(列)的所有元素乘以同一数 k 后加到另一行(列)对应位置的元素上,则行列式的值不变.

即,设

$$D=\begin{vmatrix}a_{11}&a_{12}&\cdots&a_{1n}\\ \cdots&\cdots&\cdots&\cdots\\ a_{i1}&a_{i2}&\cdots&a_{in}\\ \cdots&\cdots&\cdots&\cdots\\ a_{s1}&a_{s2}&\cdots&a_{sn}\\ \cdots&\cdots&\cdots&\cdots\\ a_{n1}&a_{n2}&\cdots&a_{nn}\end{vmatrix}\begin{matrix}\\ \\ (\text{第 } i \text{ 行})\\ \\ (\text{第 } s \text{ 行})\\ \\ \\ \end{matrix},$$

以数 k 乘 D 的第 s 行元素后加到第 i 行的对应位置元素上,得

$$D_1=\begin{vmatrix}a_{11}&a_{12}&\cdots&a_{1n}\\ \cdots&\cdots&\cdots&\cdots\\ a_{i1}+ka_{s1}&a_{i2}+ka_{s2}&\cdots&a_{in}+ka_{sn}\\ \cdots&\cdots&\cdots&\cdots\\ a_{s1}&a_{s2}&\cdots&a_{sn}\\ \cdots&\cdots&\cdots&\cdots\\ a_{n1}&a_{n2}&\cdots&a_{nn}\end{vmatrix}\begin{matrix}\\ \\ (\text{第 } i \text{ 行})\\ \\ (\text{第 } s \text{ 行})\\ \\ \\ \end{matrix},$$

则 $D_1=D$.

事实上,由行列式的性质 4,得

$$D_1=D+D_2,$$

其中

$$D_2=\begin{vmatrix} a_{11} & a_{12} & \cdots & a_{1n} \\ \cdots & \cdots & \cdots & \cdots \\ ka_{s1} & ka_{s2} & \cdots & ka_{sn} \\ \cdots & \cdots & \cdots & \cdots \\ a_{s1} & a_{s2} & \cdots & a_{sn} \\ \cdots & \cdots & \cdots & \cdots \\ a_{n1} & a_{n2} & \cdots & a_{nn} \end{vmatrix}, \quad \begin{matrix} \\ \\ (\text{第 } i \text{ 行}) \\ \\ (\text{第 } s \text{ 行}) \\ \\ \\ \end{matrix}$$

再由行列式的性质 3，得 $D_2=0$，所以 $D_1=D$.

1.2.2 利用行列式的性质计算行列式

例 1 计算行列式

$$D=\begin{vmatrix} 103 & 100 & 4 \\ 199 & 200 & -5 \\ 301 & 300 & 0 \end{vmatrix}.$$

解 直接利用“对角线法则”计算 D，计算量较大，利用行列式性质将第 2 列乘以 (-1) 加到第 1 列上，得

$$D=\begin{vmatrix} 3 & 100 & 4 \\ -1 & 200 & -5 \\ 1 & 300 & 0 \end{vmatrix}=100\begin{vmatrix} 3 & 1 & 4 \\ -1 & 2 & -5 \\ 1 & 3 & 0 \end{vmatrix}=2000.$$

例 2 计算行列式

$$D=\begin{vmatrix} 0 & -1 & -1 & 2 \\ 1 & -1 & 0 & 2 \\ -1 & 2 & -1 & 0 \\ 2 & 1 & 1 & 0 \end{vmatrix}.$$

解 利用行列式性质，有

$$D=-\begin{vmatrix} 1 & -1 & 0 & 2 \\ 0 & -1 & -1 & 2 \\ -1 & 2 & -1 & 0 \\ 2 & 1 & 1 & 0 \end{vmatrix} \begin{matrix} \times 1 \ \times(-2) \\ \\ \leftarrow \\ \leftarrow \end{matrix}$$

$$
=-\begin{vmatrix}1&-1&0&2\\0&-1&-1&2\\0&1&-1&2\\0&3&1&-4\end{vmatrix}\begin{matrix}\\ \times 1\quad\times 3\\ \\ \\ \end{matrix}
$$

$$
=-\begin{vmatrix}1&-1&0&2\\0&-1&-1&2\\0&0&-2&4\\0&0&-2&2\end{vmatrix}\begin{matrix}\\ \\ \times(-1)\\ \\ \end{matrix}
$$

$$
=-\begin{vmatrix}1&-1&0&2\\0&-1&-1&2\\0&0&-2&4\\0&0&0&-2\end{vmatrix}=4.
$$

计算行列式时,用行列式的性质将行列式化为上三角形行列式(也可化成下三角形行列式),由三角形行列式等于主对角线上元素的乘积求出行列式的值,是计算行列式的基本方法之一,这一方法可在计算机上实现.

例 3 计算 n 阶行列式

$$
D=\begin{vmatrix}x&a&a&\cdots&a&a\\a&x&a&\cdots&a&a\\\vdots&\vdots&\vdots&&\vdots&\vdots\\a&a&a&\cdots&x&a\\a&a&a&\cdots&a&x\end{vmatrix}.
$$

解 将行列式第 $j(j=2,3,\cdots,n)$ 列乘以 1 加到第 1 列,从第 1 列中提出 $x+(n-1)a$,再将第 1 行乘以 (-1) 加到其余各行,将行列式化为三角形行列式.

$$
D=[x+(n-1)a]\cdot\begin{vmatrix}1&a&a&&a&a\\1&x&a&\cdots&a&a\\\vdots&\vdots&\vdots&&\vdots&\vdots\\1&a&a&\cdots&x&a\\1&a&a&\cdots&a&x\end{vmatrix}\begin{matrix}\times(-1)\\ \\ \\ \\ \\ \end{matrix}
$$

$$
=[x+(n-1)a]\cdot\begin{vmatrix}1&a&a&\cdots&a&a\\0&x-a&0&\cdots&0&0\\\vdots&\vdots&\vdots&&\vdots&\vdots\\0&0&0&\cdots&x-a&0\\0&0&0&\cdots&0&x-a\end{vmatrix}
$$

$$
=[x+(n-1)a](x-a)^{n-1}.
$$

例 4 计算 n 阶行列式

$$D=\begin{vmatrix} -a_1 & a_1 & 0 & \cdots & 0 & 0 \\ 0 & -a_2 & a_2 & \cdots & 0 & 0 \\ \cdots & \cdots & \cdots & \cdots & \cdots & \cdots \\ 0 & 0 & 0 & \cdots & -a_{n-1} & a_{n-1} \\ 1 & 1 & 1 & \cdots & 1 & 1 \end{vmatrix}.$$

解 第 $i(i=1,2,\cdots,n-1)$ 行提出 a_i，得

$$D=a_1a_2\cdots a_{n-1}\begin{vmatrix} -1 & 1 & 0 & \cdots & 0 & 0 \\ 0 & -1 & 1 & \cdots & 0 & 0 \\ \cdots & \cdots & \cdots & \cdots & \cdots & \cdots \\ 0 & 0 & 0 & \cdots & -1 & 1 \\ 1 & 1 & 1 & \cdots & 1 & 1 \end{vmatrix},$$

从第 1 列开始，每一列乘以 1 加到下一列，得

$$\begin{aligned} D &= a_1a_2\cdots a_{n-1}\begin{vmatrix} -1 & 0 & 0 & \cdots & 0 & 0 \\ 0 & -1 & 0 & \cdots & 0 & 0 \\ \cdots & \cdots & \cdots & \cdots & \cdots & \cdots \\ 0 & 0 & 0 & \cdots & -1 & 0 \\ 1 & 2 & 3 & \cdots & n-1 & n \end{vmatrix} \\ &= (-1)^{n-1}na_1a_2\cdots a_{n-1}. \end{aligned}$$

例 5 设

$$D=\begin{vmatrix} a_{11} & a_{12} & \cdots & a_{1n} \\ a_{21} & a_{22} & \cdots & a_{2n} \\ \cdots & \cdots & \cdots & \cdots \\ a_{n1} & a_{n2} & \cdots & a_{nn} \end{vmatrix},$$

其中，$a_{ij}=-a_{ji}(i,j=1,2,\cdots,n)$，称 D 为**反对称行列式**. 证明：当 n 为奇数时，$D=0$.

证 $D=D^T=\begin{vmatrix} a_{11} & a_{21} & \cdots & a_{n1} \\ a_{12} & a_{22} & \cdots & a_{n2} \\ \cdots & \cdots & \cdots & \cdots \\ a_{1n} & a_{2n} & \cdots & a_{nn} \end{vmatrix}$

$$=\begin{vmatrix} -a_{11} & -a_{12} & \cdots & -a_{1n} \\ -a_{21} & -a_{22} & \cdots & -a_{2n} \\ \cdots & \cdots & \cdots & \cdots \\ -a_{n1} & -a_{n2} & \cdots & -a_{nn} \end{vmatrix}$$

$$=(-1)^n\begin{vmatrix} a_{11} & a_{12} & \cdots & a_{1n} \\ a_{21} & a_{22} & \cdots & a_{2n} \\ \cdots & \cdots & \cdots & \cdots \\ a_{n1} & a_{n2} & \cdots & a_{nn} \end{vmatrix}=(-1)^nD.$$

当 n 为奇数时,有 $D=-D$,所以 $D=0$.

例 6 利用行列式的性质证明

$$\begin{vmatrix} c & a & d & b \\ a & c & d & b \\ a & c & b & d \\ c & a & b & d \end{vmatrix}=0.$$

证 左边 $=\begin{vmatrix} c & a & d & b \\ a & c & d & b \\ a & c & b & d \\ c & a & b & d \end{vmatrix}=\begin{vmatrix} c & a+c & b+d & b \\ a & a+c & b+d & b \\ a & a+c & b+d & d \\ c & a+c & b+d & d \end{vmatrix}$

$$=(a+c)(b+d)\begin{vmatrix} c & 1 & 1 & b \\ a & 1 & 1 & b \\ a & 1 & 1 & d \\ c & 1 & 1 & d \end{vmatrix}$$

$=(a+c)(b+d)\times 0=0=$ 右边.

1.2.3 行列式的几何解释

在本小节中,我们以二阶、三阶行列式为例给出行列式的几何解释.

定理 1.2.1 若 D 是二阶行列式,则由 D 的列确定的平行四边形的面积为 $|D|$;若 D 是三阶行列式,则由 D 的列确定的平行六面体的体积为 $|D|$.

证 仅给出 D 是二阶行列式情形下的证明.

设 $D=\begin{vmatrix} a & b \\ c & d \end{vmatrix}$,假设 D 的两列不成比例,否则这个平行四边形将退化为一线段,面积为 0,这时行列式 D 也等于 0.

若 D 为对角行列式 $D=\begin{vmatrix} a & 0 \\ 0 & d \end{vmatrix}$，这时，$|D|=|ad|$ 等于由 D 的列确定的平行四边形的面积（见图 1－3）．定理显然成立．

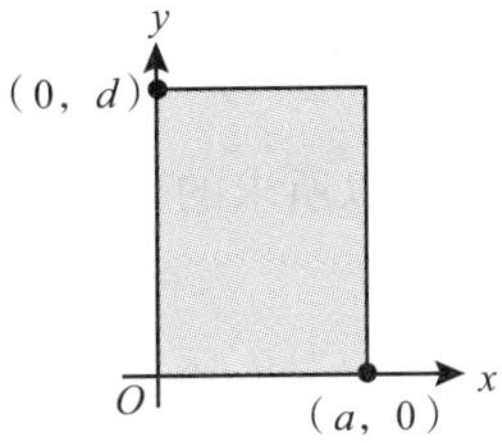

图 1－3

若 D 不是对角行列式，这时只需证明 $D=\begin{vmatrix} a & b \\ c & d \end{vmatrix}$ 能变成一个对角行列式，同时既不改变相应的平行四边形的面积又不改变 $|D|$．由行列式的性质我们知道，当行列式的两列交换或一列的倍数加到另一列上时，行列式的绝对值不变．同时容易看到，这样的运算能够使 D 变成对角行列式．由于 $D=\begin{vmatrix} a & b \\ c & d \end{vmatrix}$ 的列交换不改变由 D 的列确定的平行四边形，从而也不改变由 D 的列确定的平行四边形的面积．所以，下面只需证明由 $\boldsymbol{\alpha}$ 和 $\boldsymbol{\beta}$ 确定的平行四边形的面积等于由 $\boldsymbol{\alpha}$ 和 $\boldsymbol{\beta}+k\boldsymbol{\alpha}$ 确定的平行四边形的面积，其中 $\boldsymbol{\alpha},\boldsymbol{\beta}$ 分别为 D 的列．

不妨设 $a\neq 0$，L 是通过点 $(0,0)$ 和 (a,c) 的直线，则 $y-d=\frac{c}{a}(x-b)$ 是过点 (b,d) 且平行于 L 的直线，点 $\boldsymbol{\beta}+k\boldsymbol{\alpha}=(b+ka,d+kc)$ 在此直线上（见图 1－4）．这时点 (b,d) 和 $(b+ka,d+kc)$ 到直线 L 具有相同的距离，因此由 $\boldsymbol{\alpha}$ 和 $\boldsymbol{\beta}$ 确定的平行四边形与由 $\boldsymbol{\alpha}$ 和 $\boldsymbol{\beta}+k\boldsymbol{\alpha}$ 确定的平行四边形具有相同的底边，即 $(0,0)$ 到 (a,c) 的线段，所以这两个平行四边形具有相同的面积．

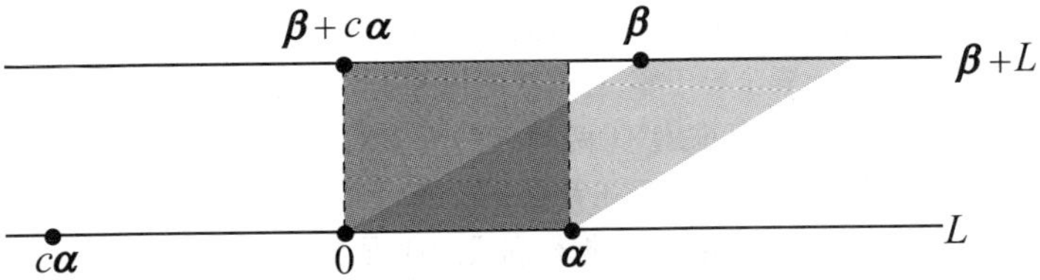

图 1－4　两个等面积的平行四边形

例 1 计算由$(-2,2)$，$(0,3)$，$(4,-1)$和$(6,4)$确定的平行四边形的面积．见图 1 - 5(a).

解 先将此平行四边形平移使原点作为其一顶点的情形．例如，将每个顶点坐标减去点$(-2,2)$，这样，新的平行四边形与原平行四边形面积相同，其顶点为$(0,0)$，$(2,5)$，$(6,1)$和$(8,6)$．见图 1 - 5(b)．此平行四边形由行列式 $D=\begin{vmatrix}2&6\\5&1\end{vmatrix}$的列确定，由于$|D|=28$，所以所求的平行四边形的面积为 28.

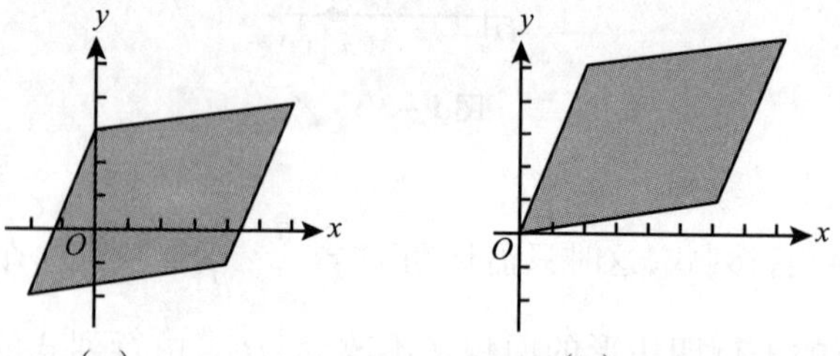

图 1 - 5 平移一个平行四边形不改变其面积

思考与练习 1.2

1. 判断下列命题的真伪，并说明理由．

(1) $\begin{vmatrix}a_1+1&a_2+2&a_3+3\\b_1+4&b_2+5&b_3+6\\c_1+7&c_2+8&c_3+9\end{vmatrix}=\begin{vmatrix}a_1&a_2&a_3\\b_1&b_2&b_3\\c_1&c_2&c_3\end{vmatrix}+\begin{vmatrix}1&2&3\\4&5&6\\7&8&9\end{vmatrix}$;

(2) $\begin{vmatrix}ka_1&ka_2&ka_3\\kb_1&kb_2&kb_3\\kc_1&kc_2&kc_3\end{vmatrix}=k\begin{vmatrix}a_1&a_2&a_3\\b_1&b_2&b_3\\c_1&c_2&c_3\end{vmatrix}, k\neq0$;

(3)对行列式作两次行交换，行列式的值不变；

(4)行列式两行(列)元素对应相等，行列式的值等于零，反之亦成立；

(5)行列式两行(列)元素对应成比例，行列式的值等于零，反之亦成立；

(6)行列式某一行(列)元素全等于零，行列式的值等于零，反之亦成立；

(7)若行列式的值等于零，则可推出"①两行(列)元素对应相等、②两行(列)元素对应成比例、③某一行(列)元素全等于零"三者之一成立．

2. 观察 D_1 和 D_2 两个行列式的变化，并根据行列式的性质给出 D_1 和 D_2 值之间的关系．

(1) $D_1=\begin{vmatrix}a&b\\c&d\end{vmatrix}, D_2=\begin{vmatrix}c&d\\a&b\end{vmatrix}$;

(2) $D_1=\begin{vmatrix} a & b \\ c & d \end{vmatrix}, D_2=\begin{vmatrix} a & b \\ kc & kd \end{vmatrix}$;

(3) $D_1=\begin{vmatrix} 3 & 4 \\ 5 & 6 \end{vmatrix}, D_2=\begin{vmatrix} 3 & 4 \\ 5+3k & 6+4k \end{vmatrix}$;

(4) $D_1=\begin{vmatrix} 1 & 1 & 1 \\ -3 & 8 & -4 \\ 2 & -3 & 2 \end{vmatrix}, D_2=\begin{vmatrix} k & k & k \\ -3 & 8 & -4 \\ 2 & -3 & 2 \end{vmatrix}$;

(5) $D_1=\begin{vmatrix} a & b & c \\ 3 & 2 & 2 \\ 6 & 5 & 6 \end{vmatrix}, D_2=\begin{vmatrix} 3 & 2 & 2 \\ a & b & c \\ 6 & 5 & 6 \end{vmatrix}$.

3. 利用行列式的性质计算下列行列式.

(1) $\begin{vmatrix} 1 & a & b+c \\ 1 & b & a+c \\ 1 & c & a+b \end{vmatrix}$;

(2) $\begin{vmatrix} a & b & c \\ a+x & b+x & c+x \\ a+y & b+y & c+y \end{vmatrix}$;

(3) $\begin{vmatrix} 1 & 1 & 1 \\ 0 & 1 & 2 \\ 1 & 2 & 3 \end{vmatrix}$;

(4) $\begin{vmatrix} a-b-c & 2a & 2a \\ 2b & b-c-a & 2b \\ 2c & 2c & c-a-b \end{vmatrix}$;

(5) $\begin{vmatrix} 1 & 1 & 1 & 1 \\ 1 & -1 & 1 & 1 \\ 1 & 1 & -1 & 1 \\ 1 & 1 & 1 & -1 \end{vmatrix}$;

(6) $\begin{vmatrix} 1 & 2 & 3 & 4 \\ 2 & 3 & 4 & 1 \\ 3 & 4 & 1 & 2 \\ 4 & 1 & 2 & 3 \end{vmatrix}$;

(7) $\begin{vmatrix} 1 & 1 & 1 & 1 \\ 1 & 2 & 4 & 8 \\ 1 & 3 & 9 & 27 \\ 1 & 4 & 16 & 64 \end{vmatrix}$;

(8) $\begin{vmatrix} 0 & -1 & -1 & 2 \\ 1 & -1 & 0 & 2 \\ -1 & 2 & -1 & 0 \\ 2 & 1 & 1 & 0 \end{vmatrix}$.

4. 利用行列式的性质证明下列等式.

(1) $\begin{vmatrix} a_1+kb_1 & b_1+c_1 & kc_1 \\ a_2+kb_2 & b_2+c_2 & kc_2 \\ a_3+kb_3 & b_3+c_3 & kc_3 \end{vmatrix}=k\begin{vmatrix} a_1 & b_1 & c_1 \\ a_2 & b_2 & c_2 \\ a_3 & b_3 & c_3 \end{vmatrix}$;

(2) $\begin{vmatrix} a_1+b_1 & b_1+c_1 & c_1+a_1 \\ a_2+b_2 & b_2+c_2 & c_2+a_2 \\ a_3+b_3 & b_3+c_3 & c_3+a_3 \end{vmatrix}=2\begin{vmatrix} a_1 & b_1 & c_1 \\ a_2 & b_2 & c_2 \\ a_3 & b_3 & c_3 \end{vmatrix}$;

(3) $\begin{vmatrix} by+az & bz+ax & bx+ay \\ bx+ay & by+az & bz+ax \\ bz+ax & bx+ay & by+az \end{vmatrix}=(a^3+b^3)\begin{vmatrix} x & y & z \\ z & x & y \\ y & z & x \end{vmatrix}$.

5. 设有五阶行列式$|a_{ij}|=m$,依次对$|a_{ij}|$进行下列变换:交换第一行与第五行,再转置,用2乘

所有元素，再用 -3 乘以第二列加到第四列，最后用 4 去除第二行各元素，试写出经以上变换后所得行列式的值．

6. 设

$$d=\begin{vmatrix} a_{11} & a_{12} & \cdots & a_{1n} \\ a_{21} & a_{22} & \cdots & a_{2n} \\ \cdots & \cdots & \cdots & \cdots \\ a_{n1} & a_{n2} & \cdots & a_{nn} \end{vmatrix},(n\geqslant 2)$$

求：

$$D=\begin{vmatrix} a_{11}+a_{21} & a_{12}+a_{22} & \cdots & a_{1n}+a_{2n} \\ a_{21}+a_{31} & a_{22}+a_{32} & \cdots & a_{2n}+a_{3n} \\ \cdots & \cdots & \cdots & \cdots \\ a_{(n-1)1}+a_{n1} & a_{(n-1)2}+a_{n2} & \cdots & a_{(n-1)n}+a_{nn} \\ a_{n1}+a_{11} & a_{n2}+a_{12} & \cdots & a_{nn}+a_{1n} \end{vmatrix}.$$

7. 解方程 $\begin{vmatrix} x & a & a & a \\ a & x & a & a \\ a & a & x & a \\ a & a & a & x \end{vmatrix}=0.$

§1.3 行列式按行（列）展开

计算行列式的另一思路，是将高阶行列式化为较低阶的行列式．为此，需讨论行列式按行（列）展开的规律．

1.3.1 行列式按一行(列)展开

定义 1.3.1 在 $n(n>1)$ 阶行列式 $D=|a_{ij}|$ 中，划掉元素 a_{ij} 所在的第 i 行和第 j 列元素后，剩下的元素按原来相对位置所构成的 $n-1$ 阶行列式，称为 D 中元素 a_{ij} 的**余子式**(cofactor)，记作 M_{ij}. 而称

$$A_{ij}=(-1)^{i+j}M_{ij}$$

为元素 a_{ij} 的**代数余子式**(algebraic cofactor).

例如，在行列式

$$D=\begin{vmatrix}1&2&3\\-2&4&7\\6&-2&5\end{vmatrix}$$

中,第 2 行元素的余子式与代数余子式分别为

$$M_{21}=\begin{vmatrix}2&3\\-2&5\end{vmatrix}=16,A_{21}=(-1)^{2+1}M_{21}=-16,$$

$$M_{22}=\begin{vmatrix}1&3\\6&5\end{vmatrix}=-13,A_{22}=(-1)^{2+2}M_{22}=-13,$$

$$M_{23}=\begin{vmatrix}1&2\\6&-2\end{vmatrix}=-14,A_{23}=(-1)^{2+3}M_{23}=14.$$

容易算得,行列式 $D=78$,而

$$a_{21}A_{21}+a_{22}A_{22}+a_{23}A_{23}=(-2)\times(-16)+4\times(-13)+7\times14=78.$$

一般地,我们有下面结论.

定理 1.3.1(行列式按一行(列)展开定理)　n 阶行列式 $D=|a_{ij}|$ 等于它的任意一行(列)各元素与它们对应的代数余子式乘积之和,即

$$D=a_{i1}A_{i1}+a_{i2}A_{i2}+\cdots+a_{in}A_{in}\quad(i=1,2,\cdots,n),\tag{1}$$

或

$$D=a_{1j}A_{1j}+a_{2j}A_{2j}+\cdots+a_{nj}A_{nj}\quad(j=1,2,\cdots,n)\tag{2}$$

定理 1.3.1 的两个式子,分别称为行列式 D 按第 i 行展开的展开式和按第 j 列展开的展开式.

行列式按一行(列)展开定理,在行列式的理论和计算中有着非常重要的作用.

例 1　按第3 列展开,计算行列式

$$D=\begin{vmatrix}3&3&-2\\1&9&0\\0&2&1\end{vmatrix}.$$

解　$$D=(-2)\times(-1)^{1+3}\begin{vmatrix}1&9\\0&2\end{vmatrix}+0+1\times(-1)^{3+3}\begin{vmatrix}3&3\\1&9\end{vmatrix}$$
$$=-4+24=20.$$

例 2　计算行列式

$$D=\begin{vmatrix}2&1&7&-1\\-1&2&4&3\\2&1&0&-1\\3&2&2&1\end{vmatrix}.$$

解 将第 2 列乘以 -2、1 分别加到第 1、第 4 列，再按第 3 行展开，得

$$D=\begin{vmatrix}0&1&7&0\\-5&2&4&5\\0&1&0&0\\-1&2&2&3\end{vmatrix}=1\times(-1)^{3+2}\begin{vmatrix}0&7&0\\-5&4&5\\-1&2&3\end{vmatrix}$$

$$=-7\times(-1)^{1+2}\begin{vmatrix}-5&5\\-1&3\end{vmatrix}=-70.$$

计算行列式时，可先选定某一行(列)，利用行列式的性质将该行(列)元素尽可能多地化为零，然后再按这一行(列)展开，如此继续下去.

例 3 计算 n 阶行列式

$$D=\begin{vmatrix}x&y&0&\cdots&0&0\\0&x&y&\cdots&0&0\\\cdots&\cdots&\cdots&\cdots&\cdots&\cdots\\0&0&0&\cdots&x&y\\y&0&0&\cdots&0&x\end{vmatrix}.$$

解 按第 1 列展开行列式 D，得

$$D=x\begin{vmatrix}x&y&\cdots&0&0\\0&x&\cdots&0&0\\\cdots&\cdots&\cdots&\cdots&\cdots\\0&0&\cdots&x&y\\0&0&\cdots&0&x\end{vmatrix}+(-1)^{(n+1)}y\begin{vmatrix}y&0&\cdots&0&0\\x&y&\cdots&0&0\\\cdots&\cdots&\cdots&\cdots&\cdots\\0&0&\cdots&x&y\end{vmatrix}$$

$$=x\cdot x^{n-1}+(-1)^{n+1}y\cdot y^{n-1}=x^n+(-1)^{n+1}y^n.$$

例 4 计算行列式

$$D=\begin{vmatrix}x&-1&0&\cdots&0&0\\0&x&-1&\cdots&0&0\\0&0&x&\cdots&0&0\\\cdots&\cdots&\cdots&\cdots&\cdots&\cdots\\0&0&0&\cdots&x&-1\\a_n&a_{n-1}&a_{n-2}&\cdots&a_2&x+a_1\end{vmatrix}.$$

解 从 D 的最后一列开始，每列乘以 x 加到前一列，然后再按第 1 列展开，得

$$D=(-1)^{n+1}(x^n+a_1x^{n-1}+a_2x^{n-2}+\cdots+a_n)\begin{vmatrix}-1&0&\cdots&0&0\\0&-1&\cdots&0&0\\\cdots&\cdots&\cdots&\cdots&\cdots\\0&0&\cdots&0&-1\end{vmatrix}$$

$$=(-1)^{n+1}(-1)^{n-1}(x^n+a_1x^{n-1}+a_2x^{n-2}+\cdots+a_n)$$
$$=x^n+a_1x^{n-1}+a_2x^{n-2}+\cdots+a_n.$$

例 5 证明

$$\begin{vmatrix} 1 & 2 & 3 & 4 & \cdots & n-1 & n \\ 1 & 1 & 2 & 3 & \cdots & n-2 & n-1 \\ 1 & x & 1 & 2 & \cdots & n-3 & n-2 \\ 1 & x & x & 1 & \cdots & n-4 & n-3 \\ \cdots & \cdots & \cdots & \cdots & \cdots & \cdots & \cdots \\ 1 & x & x & x & \cdots & 1 & 2 \\ 1 & x & x & x & \cdots & x & 1 \end{vmatrix}=(-1)^{n+1}x^{n-2}.$$

证 设等式左边行列式为 D,从 D 的第 2 行开始,自上而下,将下一行乘以 -1 加到上一行,得

$$D=\begin{vmatrix} 0 & 1 & 1 & 1 & \cdots & 1 & 1 \\ 0 & 1-x & 1 & 1 & \cdots & 1 & 1 \\ 0 & 0 & 1-x & 1 & \cdots & 1 & 1 \\ 0 & 0 & 0 & 1-x & \cdots & 1 & 1 \\ \cdots & \cdots & \cdots & \cdots & \cdots & \cdots & \cdots \\ 0 & 0 & 0 & 0 & \cdots & 1-x & 1 \\ 1 & x & x & x & \cdots & x & 1 \end{vmatrix}$$

$$=(-1)^{n+1}\begin{vmatrix} 1 & 1 & 1 & \cdots & 1 & 1 \\ 1-x & 1 & 1 & \cdots & 1 & 1 \\ 0 & 1-x & 1 & \cdots & 1 & 1 \\ 0 & 0 & 1-x & \cdots & 1 & 1 \\ \cdots & \cdots & \cdots & \cdots & \cdots & \cdots \\ 0 & 0 & 0 & \cdots & 1 & 1 \\ 0 & 0 & 0 & \cdots & 1-x & 1 \end{vmatrix}$$

$$=(-1)^{n+1}\begin{vmatrix} x & 0 & 0 & \cdots & 0 & 0 \\ 1-x & x & 0 & \cdots & 0 & 0 \\ 0 & 1-x & x & \cdots & 0 & 0 \\ 0 & 0 & 1-x & \cdots & 0 & 0 \\ \cdots & \cdots & \cdots & \cdots & \cdots & \cdots \\ 0 & 0 & 0 & \cdots & x & 0 \\ 0 & 0 & 0 & \cdots & 1-x & 1 \end{vmatrix}$$

$=(-1)^{n+1}x^{n-2}$，得证．

例 6 证明 n 阶范德蒙①行列式（$n\geqslant 2$）

$$D_n=\begin{vmatrix}1&1&1&\cdots&1\\a_1&a_2&a_3&\cdots&a_n\\a_1^2&a_2^2&a_3^2&\cdots&a_n^2\\\cdots&\cdots&\cdots&\cdots&\cdots\\a_1^{n-1}&a_2^{n-1}&a_3^{n-1}&\cdots&a_n^{n-1}\end{vmatrix}=\prod_{1\leqslant j<i\leqslant n}(a_i-a_j).$$

$\prod\limits_{1\leqslant j<i\leqslant n}(a_i-a_j)$ 表示 $a_1,a_2,\cdots,a_n$ 这 n 个数的所有可能的差 $a_i-a_j(i>j)$ 的乘积．

证 对行列式的阶数 n 用数学归纳法证明．

当 $n=2$ 时，二阶范德蒙行列式为

$$\begin{vmatrix}1&1\\a_1&a_2\end{vmatrix}=a_2-a_1=\prod_{1\leqslant j<i\leqslant n}(a_i-a_j),$$

结论成立．

假设对 $n-1$ 阶范德蒙行列式结论成立．对于 n 阶范德蒙行列式 D_n，从第 n 行开始，自下而上，上一行乘以 $-a_1$ 加到下一行，得

$$D_n=\begin{vmatrix}1&1&1&\cdots&1\\0&a_2-a_1&a_3-a_1&\cdots&a_n-a_1\\0&a_2(a_2-a_1)&a_3(a_3-a_1)&\cdots&a_n(a_n-a_1)\\\cdots&\cdots&\cdots&\cdots&\cdots\\0&a_2^{n-2}(a_2-a_1)&a_3^{n-2}(a_3-a_1)&\cdots&a_n^{n-2}(a_n-a_1)\end{vmatrix},$$

按第 1 列展开，然后各列提出公因式，就有

$$D_n=(a_2-a_1)(a_3-a_1)\cdots(a_n-a_1)\begin{vmatrix}1&1&1&\cdots&1\\a_2&a_3&a_4&\cdots&a_n\\a_2^2&a_3^2&a_4^2&\cdots&a_n^2\\\cdots&\cdots&\cdots&\cdots&\cdots\\a_2^{n-2}&a_3^{n-2}&a_4^{n-2}&\cdots&a_n^{n-2}\end{vmatrix},$$

上面右端的行列式是 $n-1$ 阶范德蒙行列式，由归纳假设，它等于 $\prod\limits_{2\leqslant j<i\leqslant n}(a_i-a_j)$，于是

① 范德蒙（A. T. Vandermonde，1735 ~ 1796），法国数学家，于 1771 年首次给出行列式理论连贯的合乎逻辑的阐述，被看作是行列式理论的奠基者．他还给出了用二阶子式和它们的余子式来展开行列式的法则．

$$D_n = (a_2 - a_1)(a_3 - a_1)\cdots(a_n - a_1)\prod_{2\leqslant j<i\leqslant n}(a_i - a_j)$$
$$= \prod_{1\leqslant j<i\leqslant n}(a_i - a_j),$$

即对 n 阶范德蒙行列式结论成立,所以结论对任意阶的范德蒙行列式都成立.

定理 1.3.2 n 阶行列式 D 的任一行(列)元素与另一行(列)对应元素的代数余子式乘积之和等于零,即

$$a_{i1}A_{k1} + a_{i2}A_{k2} + \cdots + a_{in}A_{kn} = 0, \quad (i\neq k); \tag{3}$$

或

$$a_{1j}A_{1t} + a_{2j}A_{2t} + \cdots + a_{nj}A_{nt} = 0, \quad (j\neq t). \tag{4}$$

利用行列式性质 2 的推论和定理 1.3.1 不难推得定理 1.3.2.

引用克朗耐克①符号

$$\delta_{ij} = \begin{cases} 1, & \text{当 } i=j \text{ 时;} \\ 0, & \text{当 } i\neq j \text{ 时.} \end{cases}$$

定理 1.3.1 和定理 1.3.2 可以简写成

$$\sum_{j=1}^{n} a_{ij}A_{kj} = \delta_{ik}D,$$
$$\sum_{i=1}^{n} a_{ij}A_{it} = \delta_{jt}D.$$

1.3.2 行列式按 k 行(列)展开

定义 1.3.2 在 n 阶行列式 D 中,任意选取 k 行 k 列($1\leqslant k\leqslant n$),位于这些行列交叉点处的 k^2 个元素,按照原来的相对位置不变,构成一个 k 阶行列式 N,称 N 为 D 的一个 k **阶子式**. 在行列式 D 中划去 k 阶子式 N 所在的行和列后,剩下的元素按照原来的相对位置不变,作成一个 $n-k$ 阶行列式 M,称 M 为 N 的**余子式**.

例如,在 4 阶行列式

$$D = \begin{vmatrix} a_{11} & a_{12} & a_{13} & a_{14} \\ a_{21} & a_{22} & a_{23} & a_{24} \\ a_{31} & a_{32} & a_{33} & a_{34} \\ a_{41} & a_{42} & a_{43} & a_{44} \end{vmatrix}$$

中取第 1、3 两行,第 2、3 两列,它们交叉点的元素作成 D 的一个二阶子式

① 克朗耐克(L. Kronecker,1823 ~ 1891),德国数学家.

$$N_1 = \begin{vmatrix} a_{12} & a_{13} \\ a_{32} & a_{33} \end{vmatrix},$$

N_1 的余子式是

$$M_1 = \begin{vmatrix} a_{21} & a_{24} \\ a_{41} & a_{44} \end{vmatrix}.$$

定义 1.3.3 设行列式 D 的 k 阶子式 N 的行所在的行标为 $i_1, i_2, \cdots, i_k$，列所在的列标为 $j_1, j_2, \cdots, j_k$，则

$$A = (-1)^{(i_1+i_2+\cdots+i_k)+(j_1+j_2+\cdots+j_k)} M$$

称为 N 的**代数余子式**，其中 M 为 N 的余子式.

上例中 N_1 的代数余子式就是

$$A_1 = (-1)^{(1+3)+(2+3)} M_1 = -\begin{vmatrix} a_{21} & a_{24} \\ a_{41} & a_{44} \end{vmatrix}.$$

定理 1.3.3（拉普拉斯[①]展开定理） 在 n 阶行式 D 中，任意取定 $k(1 \leqslant k \leqslant n-1)$ 行（列），则由这 k 行（列）元素所组成的一切 k 阶子式 $N_1, N_2, \cdots, N_t$ $(t = C_n^k)$ 与它们对应的代数余子式 $A_1, A_2, \cdots, A_t$ 乘积之和等于行列式 D，即

$$D = N_1A_1 + N_2A_2 + \cdots + N_tA_t. \tag{1}$$

证明从略.

式(1)通常称为行列式 D 按某 k 行（列）展开的展开式.

显然，在定理 1.3.3 中，如果 $k=1$，就得到定理 1.3.1.

例 1 计算行列式

$$D = \begin{vmatrix} 2 & 3 & 0 & 0 \\ 1 & 2 & 3 & 0 \\ 0 & 1 & 2 & 3 \\ 0 & 0 & 1 & 2 \end{vmatrix}.$$

解 按第 1、2 行展开，这两行上只有 3 个二阶子式不为零，

$$\begin{aligned} D = & \begin{vmatrix} 2 & 3 \\ 1 & 2 \end{vmatrix} \times (-1)^{(1+2)+(1+2)} \begin{vmatrix} 2 & 3 \\ 1 & 2 \end{vmatrix} \\ & + \begin{vmatrix} 2 & 0 \\ 1 & 3 \end{vmatrix} \times (-1)^{(1+2)+(1+3)} \begin{vmatrix} 1 & 3 \\ 0 & 2 \end{vmatrix} \\ & + \begin{vmatrix} 3 & 0 \\ 2 & 3 \end{vmatrix} \times (-1)^{(1+2)+(2+3)} \begin{vmatrix} 0 & 3 \\ 0 & 2 \end{vmatrix} \end{aligned}$$

① 拉普拉斯（P. S. Laplace，1749～1827），法国数学家、天文学家. 拉普拉斯一生共研究了 100 多个课题，主要代表作有《天体力学》、《宇宙体系论》、《概率分析引论》.

$=1-12+0=-11.$

从这个例子来看，利用拉普拉斯定理来计算行列式一般是不方便的，这个定理的意义主要表现在理论方面.

思考与练习 1.3

1. 求行列式 $D=\begin{vmatrix} -3 & 0 & 4 \\ 5 & 0 & 3 \\ 2 & -2 & 1 \end{vmatrix}$ 中第三行元素 2 和 −2 的代数余子式.

2. 已知 4 阶行列式 D 中第三列元素依次为 −1,2,0,1，它们的余子式的值分别为 −2, −5, −9,4，求 D.

3. 将下列行列式按第三行展开求其值.

(1) $\begin{vmatrix} 1 & 0 & -1 & -1 \\ 0 & -1 & -1 & 1 \\ a & b & c & d \\ 1 & -1 & 1 & 0 \end{vmatrix}$；　　(2) $\begin{vmatrix} a_{11} & a_{12} & a_{13} & a_{14} & a_{15} \\ a_{21} & a_{22} & a_{23} & a_{24} & a_{25} \\ a_{31} & a_{32} & 0 & 0 & 0 \\ a_{41} & a_{42} & 0 & 0 & 0 \\ a_{51} & a_{52} & 0 & 0 & 0 \end{vmatrix}$.

4. 计算下列 4 阶行列式.

(1) $\begin{vmatrix} 1 & 2 & 3 & 4 \\ 1 & 0 & 1 & 2 \\ 3 & -1 & -1 & 0 \\ 1 & 2 & 0 & -5 \end{vmatrix}$；　　(2) $\begin{vmatrix} 1+x & 1 & 1 & 1 \\ 1 & 1-x & 1 & 1 \\ 1 & 1 & 1+y & 1 \\ 1 & 1 & 1 & 1-y \end{vmatrix}$；

(3) $\begin{vmatrix} a & b & b & b \\ a & b & a & b \\ a & a & b & a \\ b & b & b & a \end{vmatrix}$.

5. 计算下列行列式.

(1) $\begin{vmatrix} 1 & 2 & 3 & \cdots & n-1 & n \\ -1 & 0 & 3 & \cdots & n-1 & n \\ -1 & -2 & 0 & \cdots & n-1 & n \\ \cdots & \cdots & \cdots & \cdots & \cdots & \cdots \\ -1 & -2 & -3 & \cdots & 0 & n \\ -1 & -2 & -3 & \cdots & -(n-1) & 0 \end{vmatrix}$；

(2) $\begin{vmatrix} 1+a_1 & a_2 & a_3 & \cdots & a_n \\ a_1 & 1+a_2 & a_3 & \cdots & a_n \\ a_1 & a_2 & 1+a_3 & \cdots & a_n \\ \cdots & \cdots & \cdots & \cdots & \cdots \\ a_1 & a_2 & a_3 & \cdots & 1+a_n \end{vmatrix}$；

(3) $\begin{vmatrix} 1 & a_1 & a_2 & \cdots & a_n \\ 1 & a_1+b_1 & a_2 & \cdots & a_n \\ 1 & a_1 & a_2+b_2 & \cdots & a_n \\ \cdots & \cdots & \cdots & \cdots & \cdots \\ 1 & a_1 & a_2 & \cdots & a_n+b_n \end{vmatrix}$;

(4) $\begin{vmatrix} a_0 & 1 & 1 & \cdots & 1 \\ 1 & a_1 & 0 & \cdots & 0 \\ 1 & 0 & a_2 & \cdots & 0 \\ \cdots & \cdots & \cdots & \cdots & \cdots \\ 1 & 0 & 0 & \cdots & a_n \end{vmatrix}$（其中 $a_1a_2\cdots a_n \neq 0$）；

(5) $\begin{vmatrix} -a_1 & 0 & 0 & \cdots & 0 & 0 & 1 \\ a_1 & -a_2 & 0 & \cdots & 0 & 0 & 1 \\ 0 & a_2 & -a_3 & \cdots & 0 & 0 & 1 \\ \cdots & \cdots & \cdots & \cdots & \cdots & \cdots & \cdots \\ 0 & 0 & 0 & \cdots & a_{n-1} & -a_n & 1 \\ 0 & 0 & 0 & \cdots & 0 & a_n & 1 \end{vmatrix}$.

6. 计算范德蒙行列式.

(1) $\begin{vmatrix} 1 & 1 & 1 & 1 \\ 1 & 2 & 3 & 4 \\ 1 & 4 & 9 & 16 \\ 1 & 8 & 27 & 64 \end{vmatrix}$;　　(2) $\begin{vmatrix} 1 & 1 & 1 & 1 \\ 2 & 1 & 3 & -1 \\ 4 & 1 & 9 & 1 \\ 8 & 1 & 27 & -1 \end{vmatrix}$.

7. 利用拉普拉斯定理计算行列式.

(1) $\begin{vmatrix} 1 & 2 & 0 & 0 \\ 2 & 1 & 2 & 0 \\ 0 & 2 & 1 & 2 \\ 0 & 0 & 2 & 1 \end{vmatrix}$;　　(2) $\begin{vmatrix} x & y & 0 & 0 \\ 0 & x & y & 0 \\ 0 & 0 & x & y \\ y & 0 & 0 & x \end{vmatrix}$;

(3) $\begin{vmatrix} 0 & 0 & 9 & 1 & 1 & 2 \\ 0 & 0 & 2 & 8 & 3 & 4 \\ 0 & 0 & 3 & 2 & 0 & 0 \\ 0 & 0 & 1 & 5 & 0 & 0 \\ 2 & 5 & 7 & 8 & 1 & 2 \\ 1 & 2 & 1 & 3 & 2 & 5 \end{vmatrix}$.

8. 证明：平面中经过两个不同点 (x_1, y_1)，(x_2, y_2) 的直线方程可写为 $\begin{vmatrix} 1 & x & y \\ 1 & x_1 & y_1 \\ 1 & x_2 & y_2 \end{vmatrix} = 0$.

§1.4 克莱姆法则

本节我们借助 n 阶行列式给出含 n 个未知量 n 个方程的线性方程组的公式解.

含有 n 个方程的 n 元线性方程组一般形式为:

$$\begin{cases} a_{11}x_1 + a_{12}x_2 + \cdots + a_{1n}x_n = b_1, \\ a_{21}x_1 + a_{22}x_2 + \cdots + a_{2n}x_n = b_2, \\ \cdots\cdots\cdots\cdots\cdots\cdots\cdots\cdots \\ a_{n1}x_1 + a_{n2}x_2 + \cdots + a_{nn}x_n = b_n. \end{cases} \tag{1}$$

由未知量的系数 $a_{ij}(i,j=1,2,\cdots,n)$ 构成的 n 阶行列式

$$D = \begin{vmatrix} a_{11} & a_{12} & \cdots & a_{1n} \\ a_{21} & a_{22} & \cdots & a_{2n} \\ \cdots & \cdots & \cdots & \cdots \\ a_{n1} & a_{n2} & \cdots & a_{nn} \end{vmatrix}$$

称为方程组(1)的系数行列式.

定理 1.4.1(克莱姆①法则) 若线性方程组(1)的系数行列式 $D\neq 0$,则方程组(1)有唯一解

$$x_1 = \frac{D_1}{D}, x_2 = \frac{D_2}{D}, \cdots, x_n = \frac{D_n}{D}. \tag{2}$$

其中,$D_j(j=1,2,\cdots,n)$ 是将系数行列式 D 的第 j 列元素 $a_{1j},a_{2j},\cdots,a_{nj}$ 对应地换为方程组的常数项 $b_1,b_2,\cdots,b_n$,其余元素不变所得的行列式,即

$$D_j = \begin{vmatrix} a_{11} & \cdots & a_{1j-1} & b_1 & a_{1j+1} & \cdots & a_{1n} \\ a_{21} & \cdots & a_{2j-1} & b_2 & a_{2j+1} & \cdots & a_{2n} \\ \vdots & & \vdots & \vdots & \vdots & & \vdots \\ a_{n1} & \cdots & a_{nj-1} & b_n & a_{nj+1} & \cdots & a_{nn} \end{vmatrix}.$$

首先验证(2)式是(1)式的解. 将 $x_j = \dfrac{D_j}{D}(j=1,2,\cdots,n)$ 代入(1)的第 k 个方程的左边,先用 1.3.1 中式(2)把 D_j 按第 j 列展开为:

---

① 克莱姆(G. Cramer,1704 ~ 1752),瑞士数学家. 克莱姆在其著作《代数曲线的分析引论》中发表了求解线性方程组的克莱姆法则,并提出了确定行列式一般项的符号的方法.

$$D_j = \sum_{t=1}^{n} b_t A_{tj}, \quad (j=1,2,\cdots,n),$$

再利用1.3.1中式(3),有

$$\begin{aligned}
& a_{k1}\frac{D_1}{D}+a_{k2}\frac{D_2}{D}+\cdots+a_{kn}\frac{D_n}{D} \\
&=\frac{1}{D}(a_{k1}D_1+a_{k2}D_2+\cdots+a_{kn}D_n) \\
&=\frac{1}{D}\left(a_{k1}\sum_{t=1}^{n}b_tA_{t1}+a_{k2}\sum_{t=1}^{n}b_tA_{t2}+\cdots+a_{kn}\sum_{t=1}^{n}b_tA_{tn}\right) \\
&=\frac{1}{D}\left(b_1\sum_{j=1}^{n}a_{kj}A_{1j}+\cdots+b_k\sum_{j=1}^{n}a_{kj}A_{kj}+\cdots+b_n\sum_{j=1}^{n}a_{kj}A_{nj}\right) \\
&=\frac{1}{D}(0+\cdots+0+b_kD+0+\cdots+0)=b_k.
\end{aligned}$$

这表明将式(2)代入式(1)的第$k(k=1,2,\cdots,n)$个方程后,得到一个恒等式,所以式(2)是方程组(1)的一个解.

其次证明式(2)是式(1)的唯一解. 设$x_1=c_1,x_2=c_2,\cdots,x_n=c_n$是式(1)的一个解,即

$$\begin{cases}
a_{11}c_1+a_{12}c_2+\cdots+a_{1n}c_n=b_1, \\
a_{21}c_1+a_{22}c_2+\cdots+a_{2n}c_n=b_2, \\
\cdots\cdots\cdots\cdots\cdots\cdots\cdots\cdots \\
a_{n1}c_1+a_{n2}c_2+\cdots+a_{nn}c_n=b_n.
\end{cases} \tag{3}$$

用$A_{1j},A_{2j},\cdots,A_{nj}$分别乘以式(3)的第1,第2,……,第$n$个等式,再把$n$个等式两边相加,得

$$\begin{aligned}
&(a_{11}A_{1j}+a_{21}A_{2j}+\cdots+a_{n1}A_{nj})c_1+\cdots \\
&+(a_{1j}A_{1j}+a_{2j}A_{2j}+\cdots+a_{nj}A_{nj})c_j+\cdots \\
&+(a_{1n}A_{1j}+a_{2n}A_{2j}+\cdots+a_{nn}A_{nj})c_n \\
&=b_1A_{1j}+b_2A_{2j}+\cdots+b_nA_{nj}.
\end{aligned}$$

根据定理1.3.1和定理1.3.2,上式即为:

$$Dc_j=D_j, \quad (j=1,2,\cdots,n).$$

因为$D\neq0$,所以$c_j=D_j/D(j=1,2,\cdots,n)$. 这说明方程组(1)的解必有式(2)的形式. 即当$D\neq0$时,方程组(1)的解是唯一的.

在方程组(1)中,若常数项$b_1,b_2,\cdots,b_n$不全为零,则称方程组为**非齐次线性方程组**;如果常数项$b_i=0(i=1,2,\cdots,n)$,则方程组称为**齐次线性方程组**.

对于齐次线性方程组

$$\begin{cases} a_{11}x_1 + a_{12}x_2 + \cdots + a_{1n}x_n = 0, \\ a_{21}x_1 + a_{22}x_2 + \cdots + a_{2n}x_n = 0, \\ \cdots\cdots\cdots\cdots\cdots\cdots\cdots\cdots\cdots \\ a_{n1}x_1 + a_{n2}x_2 + \cdots + a_{nn}x_n = 0, \end{cases} \tag{4}$$

它一定有解 $x_j = 0(j = 1, 2, \cdots, n)$，这个解称为齐次线性方程组的零解．若一组不全为零的数是方程组(4)的解，则称它为齐次线性方程组(4)的非零解．齐次线性方程组(4)一定有零解，但不一定有非零解．一般地，有

定理 1.4.2 齐次线性方程组(4)仅有零解的充分必要条件是它的系数行列式 $D \neq 0$.

证 充分性．

设方程组(4)的系数行列式 $D \neq 0$，则由克莱姆法则知，方程组(4)有唯一解

$$x_j = \frac{D_j}{D} \qquad (j = 1, 2, \cdots, n),$$

但 $D_j = 0(j = 1, 2, \cdots, n)$，所以方程组仅有零解．

必要性．

设方程组(4)仅有零解．假设系数行列式 $D = 0$，则由克莱姆法则可知，方程组(4)至少有两个不同的解与方程组仅有零解矛盾．所以 $D \neq 0$.

定理 1.4.2 也可叙述为：齐次线性方程组(4)有非零解的充分必要条件是它的系数行列式 $D = 0$.

例 1 用克莱姆法则解线性方程组

$$\begin{cases} x_1 - x_2 - x_3 - 2x_4 = -1, \\ x_1 + x_2 - 2x_3 + x_4 = 1, \\ x_1 + x_2 + x_4 = 2, \\ x_2 + x_3 - x_4 = 1. \end{cases}$$

解 方程组的系数行列式

$$D = \begin{vmatrix} 1 & -1 & -1 & -2 \\ 1 & 1 & -2 & 1 \\ 1 & 1 & 0 & 1 \\ 0 & 1 & 1 & -1 \end{vmatrix} = -10 \neq 0,$$

所以方程组有唯一解．又

$$D_1=\begin{vmatrix}-1&-1&-1&-2\\1&1&-2&1\\2&1&0&1\\1&1&1&-1\end{vmatrix}=-9,$$

$$D_2=\begin{vmatrix}1&-1&-1&-2\\1&1&-2&1\\1&2&0&1\\0&1&1&-1\end{vmatrix}=-8,$$

$$D_3=\begin{vmatrix}1&-1&-1&-2\\1&1&1&1\\1&1&2&1\\0&1&1&-1\end{vmatrix}=-5,$$

$$D_4=\begin{vmatrix}1&-1&-1&-1\\1&1&-2&1\\1&1&0&2\\0&1&1&1\end{vmatrix}=-3,$$

所以方程组的解为:

$$x_1=\frac{9}{10},x_2=\frac{4}{5},x_3=\frac{1}{2},x_4=\frac{3}{10}.$$

例 2 设齐次线性方程组

$$\begin{cases}x_1+x_2+x_3=0,\\ax_1+bx_2+cx_3=0,\\bcx_1+acx_2+abx_3=0,\end{cases}$$

有非零解,试确定 a,b,c 应满足的条件.

解 齐次线性方程组有非零解,则其系数行列式 $D=0$. 而

$$D=\begin{vmatrix}1&1&1\\a&b&c\\bc&ac&ab\end{vmatrix}=\begin{vmatrix}1&0&0\\a&b-a&c-a\\bc&c(a-b)&b(a-c)\end{vmatrix}$$

$$=(a-b)(c-a)\begin{vmatrix}1&0&0\\a&-1&1\\bc&c&-b\end{vmatrix}$$

$$=(a-b)(b-c)(c-a),$$

由 $D=0$,得 a,b,c 中至少有两个相等.

应注意,克莱姆法则只能应用于 n 个未知量、n 个方程并且系数行列式不等于零的线性方程组. 同时,由于需计算 $n+1$ 个 n 阶行列式,计算量较大,在求解未知量较多的方程组时,克莱姆法则不太具有实用价值. 在这一意义上,克莱姆法则仅具有理论上的意义.

对于一般的线性方程组,如果线性方程组中未知量个数与方程个数不等或未知量个数与方程个数相同,但系数行列式等于零的情形,我们将在第三章中作进一步的讨论.

思考与练习 1.4

1. 用克莱姆法则解下列线性方程组.

(1) $\begin{cases} 2x+5y=1 \\ 3x+7y=2 \end{cases}$;　　(2) $\begin{cases} x_1+2x_2+4x_3=31 \\ 5x_1+x_2+2x_3=29 \\ 3x_1-x_2+x_3=10 \end{cases}$;

(3) $\begin{cases} 2x_1+3x_2+11x_3+5x_4=2 \\ x_1+x_2+5x_3+2x_4=1 \\ 2x_1+x_2+3x_3+4x_4=-3 \\ x_1+x_2+3x_3+4x_4=-3 \end{cases}$.

2. 某商店经营甲、乙、丙三类商品,第一季度的销售额及利润如下表所示.

类别 / 月次	销售额(千元)			利润(千元)
	甲	乙	丙	
1	250	200	300	56
2	200	100	500	53
3	160	300	400	60

试求每类商品的利润率.

3. 判断齐次线性方程组 $\begin{cases} 2x_1+2x_2-x_3=0 \\ x_1-2x_2+4x_3=0 \\ 5x_1+8x_2-2x_3=0 \end{cases}$ 是否仅有零解.

4. 问 λ,μ 取何值时,齐次线性方程组 $\begin{cases} \lambda x_1+x_2+x_3=0 \\ x_1+\mu x_2+x_3=0 \\ x_1+2\mu x_2+x_3=0 \end{cases}$ 有非零解?

习 题 一

1. 填空题.

(1) n 阶行列式中零元素的个数多于 n^2-n 个,则该行列式值为________.

(2) 4 阶行列式 D 的第三行元素为 1,2,2,1,它们的代数余子式分别为 2,0,-9,1,则 $D=$________.

(3) 4 阶行列式 $D=\begin{vmatrix} 3 & 0 & 4 & 0 \\ 2 & 2 & 2 & 2 \\ 0 & -7 & 0 & 0 \\ 5 & 3 & -2 & 2 \end{vmatrix}$,则 $M_{41}+M_{42}+M_{43}+M_{44}=$________.

(4) 已知 3 阶行列式 $D=|a_{ij}|=m$,则 $|-ma_{ij}|=$________.

2. 选择题.

(1) 当(　　)成立时,$n(n>2)$ 阶行列式的值为零.

(a) 行列式主对角线的元素全为零

(b) 行列式中零元素的个数多于 n 个

(c) 行列式中非零元素的个数少于 n 个

(d) 行列式中每行元素之和为零

(2) $n(n>2)$ 阶行列式的值不为零,则必有(　　).

(a) 行列式中任何一列元素不全为零

(b) 行列式中任何两列元素不成比例

(c) 行列式中非零元素的个数多于 n 个

(d) 行列式中零元素的个数少于 n 个

(3) 记 $f(x)=\begin{vmatrix} x-2 & x-1 & x-2 & x-3 \\ 2x-2 & 2x-1 & 2x-2 & 2x-3 \\ 3x-2 & 3x-2 & 4x-5 & 3x-5 \\ 4x & 4x-3 & 5x-7 & 4x-3 \end{vmatrix}$,则方程 $f(x)=0$ 的根的个数为(　　).

(a) 1　　(b) 2　　(c) 3　　(d) 4

(4) 多项式 $f(x)=\begin{vmatrix} x & -1 & 0 & x \\ 2 & 2 & 3 & x \\ -7 & 10 & 4 & 3 \\ 1 & -7 & 1 & x \end{vmatrix}$ 中的常数项是(　　).

(a) 3　　(b) -3　　(c) 15　　(d) -15

(5) 如果 $\begin{vmatrix} a_{11} & a_{12} & a_{13} \\ a_{21} & a_{22} & a_{23} \\ a_{31} & a_{32} & a_{33} \end{vmatrix}=1$,则 $\begin{vmatrix} a_{11} & a_{11}-2a_{12} & a_{12}-3a_{13} \\ a_{21} & a_{21}-2a_{22} & a_{22}-3a_{23} \\ a_{31} & a_{31}-2a_{32} & a_{32}-3a_{33} \end{vmatrix}=$(　　).

(a) 1　　(b) -2　　(c) -3　　(d) 6

(6)设 $D_1=\begin{vmatrix} a_1 & a_2 & a_3 \\ x_1 & x_2 & x_3 \\ y_1 & y_2 & y_3 \end{vmatrix}=4, D_2=\begin{vmatrix} b_1 & b_2 & b_3 \\ x_1 & x_2 & x_3 \\ y_1 & y_2 & y_3 \end{vmatrix}=1$,则 $\begin{vmatrix} a_1+b_1 & a_2+b_2 & a_3+b_3 \\ 2x_1 & 2x_2 & 2x_3 \\ 2y_1 & 2y_2 & 2y_3 \end{vmatrix}=($　　$)$.

(a)5　　(b)10　　(c)20　　(d)以上结果都不对

3. 计算行列式.

(1) $\begin{vmatrix} 1 & 3 & 3 & \cdots & 3 \\ 3 & 2 & 3 & \cdots & 3 \\ 3 & 3 & 3 & \cdots & 3 \\ \cdots & \cdots & \cdots & \cdots & \cdots \\ 3 & 3 & 3 & \cdots & n \end{vmatrix}$;

(2) $\begin{vmatrix} 1 & 2 & 3 & \cdots & n-1 & n \\ 1 & -1 & 0 & \cdots & 0 & 0 \\ 0 & 2 & -2 & \cdots & 0 & 0 \\ \cdots & \cdots & \cdots & \cdots & \cdots & \cdots \\ 0 & 0 & 0 & \cdots & n-1 & 1-n \end{vmatrix}$;

(3) $\begin{vmatrix} 1 & 2 & 3 & \cdots & n \\ 2 & 3 & 4 & \cdots & 1 \\ 3 & 4 & 5 & \cdots & 2 \\ \cdots & \cdots & \cdots & \cdots & \cdots \\ n & 1 & 2 & \cdots & n-1 \end{vmatrix}$;

(4) $\begin{vmatrix} -a_1 & a_1 & 0 & \cdots & 0 & 0 \\ 0 & -a_2 & a_2 & \cdots & 0 & 0 \\ \cdots & \cdots & \cdots & \cdots & \cdots & \cdots \\ 0 & 0 & 0 & \cdots & -a_n & a_n \\ 1 & 1 & 1 & \cdots & 1 & 1 \end{vmatrix}$;

(5) $\begin{vmatrix} a_1+b & a_2 & a_3 & \cdots & a_n \\ a_1 & a_2+b & a_3 & \cdots & a_n \\ a_1 & a_2 & a_3+b & \cdots & a_n \\ \cdots & \cdots & \cdots & \cdots & \cdots \\ a_1 & a_2 & a_3 & \cdots & a_n+b \end{vmatrix}$;

(6) $\begin{vmatrix} 1 & a_1 & 0 & \cdots & 0 & 0 \\ -1 & 1-a_1 & a_2 & \cdots & 0 & 0 \\ 0 & -1 & 1-a_2 & \cdots & 0 & 0 \\ \cdots & \cdots & \cdots & \cdots & \cdots & \cdots \\ 0 & 0 & 0 & \cdots & 1-a_{n-1} & a_n \\ 0 & 0 & 0 & \cdots & -1 & 1-a_n \end{vmatrix}$.

4. 问 λ 取何值时,齐次线性方程组

$$\begin{cases} (1-\lambda)x_1 - 2x_2 + 4x_3 = 0, \\ 2x_1 + (3-\lambda)x_2 + x_3 = 0, \\ x_1 + x_2 + (1-\lambda)x_3 = 0, \end{cases}$$

有非零解?

5. 设 $f(x)=a_3x^3+a_2x^2+a_1x+a_0$,当 $x=1,2,3,-1$ 时,$f(x)$ 的值分别为 $-3,5,35,5$,试求 $f(4)$.

6. 某电器公司销售三种电器,其销售原则是,每种电器 10 台以下不打折,10 台及 10 台以上打 9.5 折,20 台及 20 台以上打 9 折,有三家公司来采购电器,其数量与总价见下表:

电器 / 公司	甲	乙	丙	总价
1	10	20	15	21350
2	20	10	10	17650
3	20	30	20	31500

问各电器原价为多少?

第二章

矩　　阵

在上一章中,我们应用行列式讨论了一类特殊的线性方程组—方程的个数与未知量的个数相等且系数行列式不等于零的线性方程组解的情况．要揭示一般线性方程组解的情况,就需要用到矩阵的理论．

矩阵理论是线性代数的最基本最重要的内容,是现代科学技术不可缺少的数学工具．特别是电子计算机出现以后,矩阵论的方法得到了更广泛的应用．本章介绍矩阵的概念、矩阵的运算以及矩阵的秩等内容．

§2.1　矩阵的概念

2.1.1　矩阵的概念

在科学研究和经济管理的各领域中,我们经常需要处理大量的数据,为了方便,常常将这些数据按一定顺序列成矩形数表．

例 1　某航空公司在 A、B、C、D 四城市之间开辟了若干航线,图 2－1 表示了四城市间的航班图,若从 A 到 B 有航班,则用带箭头的线连接 A 与 B.

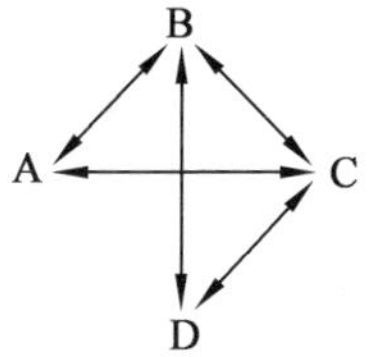

图 2－1

为便于研究，两地之间有航班用数"1"表示，两地之间无航班用数"0"表示，则得到一个数表：

$$
\begin{array}{c}
\text{(目的地)} \\
\begin{array}{cc}
 & \begin{array}{cccc} A & B & C & D \end{array} \\
\text{(出发地)}\begin{array}{c} A \\ B \\ C \\ D \end{array} & \begin{pmatrix} 0 & 1 & 1 & 0 \\ 1 & 0 & 1 & 1 \\ 1 & 1 & 0 & 1 \\ 0 & 1 & 1 & 0 \end{pmatrix}
\end{array}
\end{array}
$$

该数表反映了四城市间的空中交通连接情况．

例 2 某企业生产 4 种产品，各种产品的季度产值（单位：万元）如下表：

产值 产品 / 季度	A	B	C	D
1	80	75	75	78
2	98	70	85	84
3	90	75	90	90
4	88	70	82	80

抽取表中数据按原来顺序排列，就得到数表 $\begin{pmatrix} 80 & 75 & 75 & 78 \\ 98 & 70 & 85 & 84 \\ 90 & 75 & 90 & 90 \\ 88 & 70 & 82 & 80 \end{pmatrix}$，它具体描述了这家企业各种产品季度的产值，同时也揭示了产值随季度变化的规律、季增长率和年产量等情况．

例 3 线性方程组

$$
\begin{cases}
a_{11}x_1 + a_{12}x_2 + \cdots + a_{1n}x_n = b_1 \\
a_{21}x_1 + a_{22}x_2 + \cdots + a_{2n}x_n = b_2 \\
\cdots\cdots\cdots\cdots\cdots\cdots\cdots\cdots \\
a_{n1}x_1 + a_{n2}x_2 + \cdots + a_{nn}x_n = b_n
\end{cases}
\qquad (1)
$$

的未知量系数 $a_{ij}(i,j=1,2,\cdots,n)$ 和常数项 $b_j(j=1,2,\cdots,n)$ 按原有的相对位置构成一个矩形数表

$$\begin{pmatrix} a_{11} & a_{12} & \cdots & a_{1n} & b_1 \\ a_{21} & a_{22} & \cdots & a_{2n} & b_2 \\ \cdots & \cdots & \cdots & \cdots & \cdots \\ a_{n1} & a_{n2} & \cdots & a_{nn} & b_n \end{pmatrix} \tag{2}$$

显然,线性方程组(1)与矩形数表(2)相互唯一确定. 根据克莱姆法则,该矩形数表决定了上述线性方程组是否有解,以及如果有解,解是什么等问题. 因此对线性方程组(1)的研究就可转换为对这个矩形数表的研究.

总之,许多问题都需要用矩形数表来表示或通过矩形数表来表达相互间的关系. 从上面的例子可以看出,如此表示既直观,又便于数学处理,我们把这样的矩形数表称为矩阵.

定义 2.1.1 由 $m\times n$ 个数 $a_{ij}(i=1,2,\cdots,m;j=1,2,\cdots,n)$ 排成的 m 行 n 列的矩形表,称为一个 $m\times n$ **矩阵**①(matrix),记作

$$\begin{pmatrix} a_{11} & a_{12} & \cdots & a_{1n} \\ a_{21} & a_{22} & \cdots & a_{2n} \\ \cdots & \cdots & \cdots & \cdots \\ a_{m1} & a_{m2} & \cdots & a_{mn} \end{pmatrix},$$

其中,$a_{ij}(i=1,2,\cdots,m;j=1,2,\cdots,n)$ 称为矩阵的第 i 行第 j 列元素. 通常用大写字母 $\boldsymbol{A},\boldsymbol{B},\boldsymbol{C}$ 等表示矩阵,有时也用小写黑体英文字母 $\boldsymbol{a},\boldsymbol{b},\boldsymbol{c},\boldsymbol{x},\boldsymbol{y},\boldsymbol{z}$ 等表示矩阵. 为了指明其中元素的特征,矩阵也用 (a_{ij}),(b_{ij}) 等来表示;为了指明行数和列数,矩阵又用 $\boldsymbol{A}_{m\times n}$,$(a_{ij})_{m\times n}$ 等表示.

元素是实数的矩阵称为**实矩阵**,而元素是复数的矩阵称为**复矩阵**. 本书中的矩阵除有特殊说明外,都指实矩阵.

2.1.2 几类特殊的矩阵

(1)零矩阵 所有元素均为零的矩阵,称为**零矩阵**,记作 $\boldsymbol{O}$.

(2)行矩阵与列矩阵 仅有 1 行的矩阵

$$(a_1 \quad a_2 \quad \cdots \quad a_n)$$

---

① "矩阵"这个名词是英国数学家西尔维斯特(J. J. Sylvester, 1814 ~ 1897)于 1850 年首先使用的. 西尔维斯特在数论方面有突出贡献,其代表著作是《椭圆函数论》. 1858 年,英国数学家凯莱(A. Cayley, 1821 ~ 1895)在其发表的文章《矩阵论的研究报告》中给出了矩阵相等、零矩阵、单位矩阵的概念,定义了矩阵的和、数乘、矩阵乘法、转置和逆矩阵,由于凯莱首先将矩阵作为一个独立的数学对象加以研究,并得到许多重要成果,他被认为是矩阵论的创立者.

称为**行矩阵**. 仅有 1 列的矩阵

$$\begin{pmatrix} b_1 \\ b_2 \\ \vdots \\ b_m \end{pmatrix}$$

称为**列矩阵**.

(3) 非负矩阵 所有元素均为非负数的矩阵,称为**非负矩阵**.

(4) 方阵 设矩阵 $\boldsymbol{A}=(a_{ij})_{m\times n}$,若 $m=n$,则称 $\boldsymbol{A}$ 为 n 阶**方阵**或 n 阶矩阵. 在方阵 $\boldsymbol{A}=(a_{ij})_{n\times n}$ 中,元素 $a_{ii}(i=1,2,\cdots,n)$ 所在的斜线位置称为 $\boldsymbol{A}$ 的**主对角线**,主对角线上的元素 $a_{ii}(i=1,2,\cdots,n)$ 的和称为 $\boldsymbol{A}$ 的**迹**,记作 $\mathrm{tr}(\boldsymbol{A})$,即

$$\mathrm{tr}(\boldsymbol{A})=\sum_{i=1}^{n}a_{ii}.$$

n 阶方阵 $\boldsymbol{A}=(a_{ij})_{n\times n}$ 的元素按原来排列的形式构成的 n 阶行列式,称为**方阵 $\boldsymbol{A}$ 的行列式**,记作 $|\boldsymbol{A}|$ 或 $\det\boldsymbol{A}$,即

$$|\boldsymbol{A}|=\begin{vmatrix} a_{11} & a_{12} & \cdots & a_{1n} \\ a_{21} & a_{22} & \cdots & a_{2n} \\ \cdots & \cdots & \cdots & \cdots \\ a_{n1} & a_{n2} & \cdots & a_{nn} \end{vmatrix}.$$

通常把一阶方阵 (a) 写成 a,即把一阶方阵和一个数不加区分.

(5) 对角形矩阵 形如

$$\begin{pmatrix} a_1 & & & \\ & a_2 & & \\ & & \ddots & \\ & & & a_n \end{pmatrix}$$

的方阵,称为**对角形矩阵**,简称为对角阵. n 阶对角矩阵也常记作 $\boldsymbol{\Lambda}=\mathrm{diag}(a_1,a_2,\cdots,a_n)$.

例如,

$$\mathrm{diag}(-1,0,3)=\begin{pmatrix} -1 & 0 & 0 \\ 0 & 0 & 0 \\ 0 & 0 & 3 \end{pmatrix}.$$

(6) 数量矩阵 形如

$$\begin{pmatrix} a & & & \\ & a & & \\ & & \ddots & \\ & & & a \end{pmatrix}$$

的对角形矩阵,称为**数量矩阵**.

(7) 单位矩阵 形如

$$\begin{pmatrix} 1 & & & \\ & 1 & & \\ & & \ddots & \\ & & & 1 \end{pmatrix}$$

的数量矩阵,称为**单位矩阵**,记作 $\boldsymbol{I}$. 若要表明其阶数 n,则把它记为 $\boldsymbol{I}_n$.

(8) 上(下)三角形矩阵 主对角线下方的元素全为零的方阵和主对角线上方的元素全为零的方阵,即

$$\begin{pmatrix} a_{11} & a_{12} & \cdots & a_{1n} \\ 0 & a_{22} & \cdots & a_{2n} \\ \cdots & \cdots & \cdots & \cdots \\ 0 & 0 & \cdots & a_{nn} \end{pmatrix} \text{和} \begin{pmatrix} a_{11} & 0 & \cdots & 0 \\ a_{21} & a_{22} & \cdots & 0 \\ \cdots & \cdots & \cdots & \cdots \\ a_{n1} & a_{n2} & \cdots & a_{nn} \end{pmatrix}$$

分别称为**上三角形矩阵**和**下三角形矩阵**.

上三角形矩阵、下三角形矩阵统称为**三角形矩阵**.

(9) 对称矩阵和反对称矩阵 设方阵 $\boldsymbol{A}=(a_{ij})_{n\times n}$,若 $a_{ij}=a_{ji}(i,j=1,2,\cdots,n)$,则称 $\boldsymbol{A}$ 为**对称矩阵**;若 $a_{ij}=-a_{ji}(i,j=1,2,\cdots,n)$,则称 $\boldsymbol{A}$ 为**反对称矩阵**.

显然,反对称矩阵的主对角线上的元素全为零.

例如,矩阵

$$\begin{pmatrix} 1 & -1 & 0 \\ -1 & 2 & 2 \\ 0 & 2 & 3 \end{pmatrix} \text{和} \begin{pmatrix} 0 & 1 & -2 \\ -1 & 0 & 3 \\ 2 & -3 & 0 \end{pmatrix}$$

分别是对称矩阵和反对称矩阵.

定义 2.1.2 设 $\boldsymbol{A}=(a_{ij})_{m\times n}$,$\boldsymbol{B}=(b_{ij})_{m\times n}$是两个 $m\times n$ 矩阵(称为**同型矩阵**),若它们的对应元素相等,即

$$a_{ij}=b_{ij}(i=1,2,\cdots,m;j=1,2,\cdots,n),$$

则称矩阵 $\boldsymbol{A}$ 与矩阵 $\boldsymbol{B}$ **相等**,记作 $\boldsymbol{A}=\boldsymbol{B}$.

需要指出的是,矩阵与行列式是两个完全不同的概念. 从本质上讲,行列式是一个数值,而矩阵是一个数表.

思考与练习 2.1

1. 试举出几个学习和生活中用到的矩阵的例子．
2. (两人零和对策问题)两儿童 A、B 玩“石头—剪子—布”游戏，每人的出法只能在{石头，剪子，布}中选择一种，当他们各自选定一个出法(即策略)时，就确定了一个“局势”，也就得到了各自的输赢．若规定胜者得 1 分，负者得 -1 分，平手各得零分，则对于各种可能的局势(每一局势得分之和为零，即零和)，试用赢得矩阵来表示儿童 A 的得分．
3. 对于线性方程组

$$\begin{cases} a_{11}x_1+a_{12}x_2+\cdots+a_{1n}x_n=b_1 \\ a_{21}x_1+a_{22}x_2+\cdots+a_{2n}x_n=b_2 \\ \cdots\cdots\cdots\cdots\cdots\cdots\cdots\cdots \\ a_{m1}x_1+a_{m2}x_2+\cdots+a_{mn}x_n=b_m \end{cases},$$

矩阵 $\boldsymbol{A}=\begin{pmatrix} a_{11} & a_{12} & \cdots & a_{1n} \\ a_{21} & a_{22} & \cdots & a_{2n} \\ \cdots & \cdots & \cdots & \cdots \\ a_{m1} & a_{m2} & & a_{mn} \end{pmatrix},\overline{\boldsymbol{A}}=\begin{pmatrix} a_{11} & a_{12} & \cdots & a_{1n} & b_1 \\ a_{21} & a_{22} & \cdots & a_{2n} & b_2 \\ \cdots & \cdots & \cdots & \cdots & \cdots \\ a_{m1} & a_{m2} & \cdots & a_{mn} & b_m \end{pmatrix}$ 分别称为方程组的**系数矩阵**和**增广矩阵**．

(1)写出线性方程组 $\begin{cases} 3x_1+x_2+2x_3=4 \\ x_1+2x_2-x_3=3 \\ \quad -2x_2+3x_3=-1 \end{cases}$ 的增广矩阵；

(2)写出增广矩阵 $\overline{\boldsymbol{A}}=\begin{pmatrix} 1 & 1 & -3 & -1 & 1 \\ 3 & -1 & -3 & 4 & 4 \\ 1 & 5 & -9 & -8 & 0 \end{pmatrix}$ 对应的线性方程组．

4. 判断下列命题的真伪，并说明理由．
   (1)两个零矩阵一定相等；
   (2)对称矩阵主对角线上的元素可以为任意数；
   (3)反对称矩阵主对角线上的元素一定为零．

§2.2 矩阵的运算

矩阵的意义不仅在于把实际问题中一些数据排成一个矩形数表，如果是那样的话，矩阵也只是起着各种表格的作用，而且在于对他们可以实施一些有理论和实际意义的运算．实际问题中提出的矩阵相互之间存在着密切的关系，其中最重要的是在它们之间可以进行代数运算．本节将介绍矩阵的加法、数乘、乘法和转置等基本运算．矩阵的运算是矩阵理论中最基本内容之一，正是由于矩阵的各种运算，才使矩阵获得了广泛的应用．

2.2.1 矩阵的线性运算

1. 矩阵的加法

定义 2.2.1 设矩阵 $\boldsymbol{A}=(a_{ij})_{m\times n}$，$\boldsymbol{B}=(b_{ij})_{m\times n}$，由 $\boldsymbol{A}$ 与 $\boldsymbol{B}$ 对应位置上元素相加所得到的 $m\times n$ 矩阵，称为矩阵 $\boldsymbol{A}$ 与矩阵 $\boldsymbol{B}$ 的**和**，记作 $\boldsymbol{A}+\boldsymbol{B}$，即

$$\boldsymbol{A}+\boldsymbol{B}=(a_{ij}+b_{ij})_{m\times n}.$$

例如，

$$\begin{pmatrix}1&2&3\\-1&0&7\end{pmatrix}+\begin{pmatrix}2&3&7\\1&2&1\end{pmatrix}=\begin{pmatrix}3&5&10\\0&2&8\end{pmatrix}.$$

由定义 2.2.1 可知，只有同型矩阵才可以相加，而且同型矩阵相加归结为它们的对应元素相加．

设矩阵 $\boldsymbol{A}=(a_{ij})_{m\times n}$，称矩阵 $(-a_{ij})_{m\times n}$ 为 $\boldsymbol{A}$ 的**负矩阵**，记作 $-\boldsymbol{A}$.

设矩阵 $\boldsymbol{A}=(a_{ij})_{m\times n}$，$\boldsymbol{B}=(b_{ij})_{m\times n}$，矩阵

$$\boldsymbol{A}+(-\boldsymbol{B})$$

称为矩阵 $\boldsymbol{A}$ 与矩阵 $\boldsymbol{B}$ 的**差**，记作 $\boldsymbol{A}-\boldsymbol{B}$，即

$$\boldsymbol{A}-\boldsymbol{B}=\boldsymbol{A}+(-\boldsymbol{B})=(a_{ij}-b_{ij})_{m\times n}.$$

定义 2.2.2 设矩阵 $\boldsymbol{A}=(a_{ij})_{m\times n}$，$k$ 为常数，用数 k 去乘 $\boldsymbol{A}$ 的每个元素所得到的矩阵，称为数 k 与矩阵 $\boldsymbol{A}$ 的**积**，记作 $k\boldsymbol{A}$，即

$$k\boldsymbol{A}=(ka_{ij})_{m\times n}.$$

矩阵的加法和数与矩阵的乘法统称为矩阵的**线性运算**．容易验证，矩阵的线性运算满足下列运算规律：

(1) $\boldsymbol{A}+\boldsymbol{B}=\boldsymbol{B}+\boldsymbol{A}$；

(2) $(\boldsymbol{A}+\boldsymbol{B})+\boldsymbol{C}=\boldsymbol{A}+(\boldsymbol{B}+\boldsymbol{C})$；

(3) $\boldsymbol{A}+\boldsymbol{O}=\boldsymbol{A}$；

(4) $\boldsymbol{A}+(-\boldsymbol{A})=\boldsymbol{O}$；

(5) $k(\boldsymbol{A}+\boldsymbol{B})=k\boldsymbol{A}+k\boldsymbol{B}$；

(6) $(k+l)\boldsymbol{A}=k\boldsymbol{A}+l\boldsymbol{A}$；

(7) $(kl)\boldsymbol{A}=k(l\boldsymbol{A})$；

(8) $1\cdot\boldsymbol{A}=\boldsymbol{A}$.

其中，$\boldsymbol{A}$、$\boldsymbol{B}$、$\boldsymbol{C}$、$\boldsymbol{O}$ 为同型矩阵，k、l 为常数．

运算规律(3)和(4)表明:零矩阵在矩阵的加法运算中的作用与数 0 在数的加法运算中的作用类似.

例 1 设矩阵

$$A=\begin{pmatrix}2&3&6\\-1&3&5\end{pmatrix},\quad B=\begin{pmatrix}3&2&4\\1&-3&5\end{pmatrix}.$$

求矩阵 X,使满足矩阵方程 $3(A+X)=2(B-X)$.

解 由 $3(A+X)=2(B-X)$,得

$$X=\frac{1}{5}(2B-3A).$$

由于 $2B-3A=\begin{pmatrix}6&4&8\\2&-6&10\end{pmatrix}-\begin{pmatrix}6&9&18\\-3&9&15\end{pmatrix}=\begin{pmatrix}0&-5&-10\\5&-15&-5\end{pmatrix}$,所以

$$X=\frac{1}{5}\begin{pmatrix}0&-5&-10\\5&-15&-5\end{pmatrix}=\begin{pmatrix}0&-1&-2\\1&-3&-1\end{pmatrix}.$$

例 2 设 $A=(a_{ij})_{3\times 3}$,且 $|A|=-2$,求 $||A|A|$.

解 由于 $|A|A=(-2)A=\begin{pmatrix}-2a_{11}&-2a_{12}&-2a_{13}\\-2a_{21}&-2a_{22}&-2a_{23}\\-2a_{31}&-2a_{32}&-2a_{33}\end{pmatrix}$,所以

$$||A|A|=\begin{vmatrix}-2a_{11}&-2a_{12}&-2a_{13}\\-2a_{21}&-2a_{22}&-2a_{23}\\-2a_{31}&-2a_{32}&-2a_{33}\end{vmatrix}$$

$$=(-2)^3\begin{vmatrix}a_{11}&a_{12}&a_{13}\\a_{21}&a_{22}&a_{23}\\a_{31}&a_{32}&a_{33}\end{vmatrix}=(-2)^3\times(-2)=16.$$

例 3 某学校某班 42 名学生 5 门课程的期中考试成绩表和期末考试成绩表是两个 42×5 矩阵,分别设为 A 和 B,学校规定期中考试成绩的 30% 加上期末考试成绩的 70% 作为该学期的成绩,显然,该成绩表也是一个 42×5 矩阵,设为 C,则有 $C=0.3A+0.7B$.

2.2.2 矩阵的乘法

1. 矩阵的积

首先分析一个实例.

例 1 某地区有四个工厂Ⅰ、Ⅱ、Ⅲ、Ⅳ，生产甲、乙、丙三种产品．矩阵 $\boldsymbol{A}$ 表示一年中各工厂生产各种产品的数量，矩阵 $\boldsymbol{B}$ 表示各种产品的单位价格(元)及单位利润(元)，矩阵 $\boldsymbol{C}$ 表示各工厂的总收入及总利润．

$$\boldsymbol{A}=\begin{pmatrix} a_{11} & a_{12} & a_{13} \\ a_{21} & a_{22} & a_{23} \\ a_{31} & a_{32} & a_{33} \\ a_{41} & a_{42} & a_{43} \end{pmatrix}\begin{matrix}\text{Ⅰ}\\ \text{Ⅱ}\\ \text{Ⅲ}\\ \text{Ⅳ}\end{matrix},\ \boldsymbol{B}=\begin{pmatrix} b_{11} & b_{12} \\ b_{21} & b_{22} \\ b_{31} & b_{32} \end{pmatrix}\begin{matrix}\text{甲}\\ \text{乙}\\ \text{丙}\end{matrix},\ \boldsymbol{C}=\begin{pmatrix} c_{11} & c_{12} \\ c_{21} & c_{22} \\ c_{31} & c_{32} \\ c_{41} & c_{42} \end{pmatrix}\begin{matrix}\text{Ⅰ}\\ \text{Ⅱ}\\ \text{Ⅲ}\\ \text{Ⅳ}\end{matrix}$$

甲 乙 丙　　单位价格 单位利润　　总收入 总利润

其中，$a_{ik}(i=1,2,3,4;k=1,2,3)$是第 i 个工厂生产第 k 种产品的数量，b_{k1} 及 $b_{k2}(k=1,2,3)$分别是第 k 种产品的单位价格及单位利润，c_{i1} 及 $c_{i2}(i=1,2,3,4)$分别是第 i 个工厂生产三种产品的总收入及总利润，则矩阵 $\boldsymbol{A}$、$\boldsymbol{B}$、$\boldsymbol{C}$ 的元素之间有下列关系：

$$\begin{pmatrix} a_{11}b_{11}+a_{12}b_{21}+a_{13}b_{31} & a_{11}b_{12}+a_{12}b_{22}+a_{13}b_{32} \\ a_{21}b_{11}+a_{22}b_{21}+a_{23}b_{31} & a_{21}b_{12}+a_{22}b_{22}+a_{23}b_{32} \\ a_{31}b_{11}+a_{32}b_{21}+a_{33}b_{31} & a_{31}b_{12}+a_{32}b_{22}+a_{33}b_{32} \\ a_{41}b_{11}+a_{42}b_{21}+a_{43}b_{31} & a_{41}b_{12}+a_{42}b_{22}+a_{43}b_{32} \end{pmatrix}=\begin{pmatrix} c_{11} & c_{12} \\ c_{21} & c_{22} \\ c_{31} & c_{32} \\ c_{41} & c_{42} \end{pmatrix}$$

总收入　　总利润

其中，$c_{ij}=a_{i1}b_{1j}+a_{i2}b_{2j}+a_{i3}b_{3j}(i=1,2,3,4;j=1,2)$，即矩阵 $\boldsymbol{C}$ 中第 i 行第 j 列的元素等于矩阵 $\boldsymbol{A}$ 第 i 行元素与矩阵 $\boldsymbol{B}$ 第 j 列对应元素乘积之和．

上例中矩阵之间的这种关系具有普遍意义，我们可以抽象出矩阵的乘积的概念．

定义 2.2.3 设矩阵 $\boldsymbol{A}=(a_{ik})_{m\times s}$，$\boldsymbol{B}=(b_{kj})_{s\times n}$，由元素

$$c_{ij}=a_{i1}b_{1j}+a_{i2}b_{2j}+\cdots+a_{is}b_{sj}=\sum_{k=1}^{s}a_{ik}b_{kj}$$
$$(i=1,2,\cdots,m;j=1,2,\cdots,n)$$

构成的 $m\times n$ 矩阵

$$(c_{ij})_{m\times n}=\left(\sum_{k=1}^{s}a_{ik}b_{kj}\right)_{m\times n}$$

称为矩阵 $\boldsymbol{A}$ 与矩阵 $\boldsymbol{B}$ 的积，记作 $\boldsymbol{AB}$，即

$$\boldsymbol{AB}=(c_{ij})_{m\times n}=\left(\sum_{k=1}^{s}a_{ik}b_{kj}\right)_{m\times n}.$$

由定义 2.2.3 可知，两个矩阵相乘，左边矩阵 $\boldsymbol{A}$ 的列数必须与右边矩阵 $\boldsymbol{B}$ 的行数相等．矩阵 $\boldsymbol{A}$ 与矩阵 $\boldsymbol{B}$ 的积 $\boldsymbol{AB}$ 中，第 i 行第 j 列元素等于 $\boldsymbol{A}$ 的第 i 行元素与

$\boldsymbol{B}$ 的第 j 列对应元素乘积之和,并且 $\boldsymbol{AB}$ 的行数等于 $\boldsymbol{A}$ 的行数,$\boldsymbol{AB}$ 的列数等于 $\boldsymbol{B}$ 的列数.

例 2 设矩阵

$$\boldsymbol{A}=\begin{pmatrix}1 & 2\\ 3 & 4\\ -1 & 0\\ 7 & -1\end{pmatrix},\quad \boldsymbol{B}=\begin{pmatrix}1 & 2 & 0\\ -1 & 3 & 4\end{pmatrix},$$

$$
\begin{aligned}
\text{则 } \boldsymbol{AB} &= \begin{pmatrix}1 & 2\\ 3 & 4\\ -1 & 0\\ 7 & -1\end{pmatrix}\begin{pmatrix}1 & 2 & 0\\ -1 & 3 & 4\end{pmatrix}\\
&= \begin{pmatrix}1\times1+2\times(-1) & 1\times2+2\times3 & 1\times0+2\times4\\ 3\times1+4\times(-1) & 3\times2+4\times3 & 3\times0+4\times4\\ -1\times1+0\times(-1) & -1\times2+0\times3 & -1\times0+0\times4\\ 7\times1+(-1)\times(-1) & 7\times2+(-1)\times3 & 7\times0+(-1)\times4\end{pmatrix}\\
&= \begin{pmatrix}-1 & 8 & 8\\ -1 & 18 & 16\\ -1 & -2 & 0\\ 8 & 11 & -4\end{pmatrix}.
\end{aligned}
$$

例 3 设矩阵

$$\boldsymbol{A}=\begin{pmatrix}-2 & 1\\ 1 & 0\\ 0 & 4\end{pmatrix},\quad \boldsymbol{B}=\begin{pmatrix}1 & 3 & 2\\ 2 & 0 & -1\end{pmatrix},$$

则

$$\boldsymbol{AB}=\begin{pmatrix}-2 & 1\\ 1 & 0\\ 0 & 4\end{pmatrix}\begin{pmatrix}1 & 3 & 2\\ 2 & 0 & -1\end{pmatrix}=\begin{pmatrix}0 & -6 & -5\\ 1 & 3 & 2\\ 8 & 0 & -4\end{pmatrix},$$

$$\boldsymbol{BA}=\begin{pmatrix}1 & 3 & 2\\ 2 & 0 & -1\end{pmatrix}\begin{pmatrix}-2 & 1\\ 1 & 0\\ 0 & 4\end{pmatrix}=\begin{pmatrix}1 & 9\\ -4 & -2\end{pmatrix}.$$

例 4 设矩阵

$$\boldsymbol{A}=\begin{pmatrix}2 & 1\\ -1 & 0\end{pmatrix},\boldsymbol{B}=\begin{pmatrix}-1 & 0\\ 2 & 1\end{pmatrix},$$

则

$$\boldsymbol{AB}=\begin{pmatrix}2 & 1\\ -1 & 0\end{pmatrix}\begin{pmatrix}-1 & 0\\ 2 & 1\end{pmatrix}=\begin{pmatrix}0 & 1\\ 1 & 0\end{pmatrix},$$

$$\boldsymbol{BA}=\begin{pmatrix}-1&0\\2&1\end{pmatrix}\begin{pmatrix}2&1\\-1&0\end{pmatrix}\begin{pmatrix}-2&-1\\3&2\end{pmatrix}.$$

从以上三个例子可以看出,矩阵的乘法不满足交换律. 因为 $\boldsymbol{AB}$ 有意义,$\boldsymbol{BA}$ 可能没有意义,如例 2. 即使 $\boldsymbol{AB}$、$\boldsymbol{BA}$ 都有意义,也不一定有 $\boldsymbol{AB}=\boldsymbol{BA}$,如例 3、例 4. 因此,作矩阵乘法时必须注意顺序,我们把 $\boldsymbol{AB}$ 称为 $\boldsymbol{A}$ **左乘** $\boldsymbol{B}$,或 $\boldsymbol{B}$ **右乘** $\boldsymbol{A}$.

例 5 设矩阵

$$\boldsymbol{A}=\begin{pmatrix}1&-1\\1&-1\end{pmatrix},\quad \boldsymbol{B}=\begin{pmatrix}2&1\\1&1\end{pmatrix},$$

$$\boldsymbol{C}=\begin{pmatrix}3&6\\2&6\end{pmatrix},\quad \boldsymbol{M}=\begin{pmatrix}-2&3\\-2&3\end{pmatrix},$$

则

$$\boldsymbol{AB}=\begin{pmatrix}1&-1\\1&-1\end{pmatrix}\begin{pmatrix}2&1\\1&1\end{pmatrix}=\begin{pmatrix}1&0\\1&0\end{pmatrix},$$

$$\boldsymbol{AC}=\begin{pmatrix}1&-1\\1&-1\end{pmatrix}\begin{pmatrix}3&6\\2&6\end{pmatrix}=\begin{pmatrix}1&0\\1&0\end{pmatrix},$$

$$\boldsymbol{AM}=\begin{pmatrix}1&-1\\1&-1\end{pmatrix}\begin{pmatrix}-2&3\\-2&3\end{pmatrix}=\begin{pmatrix}0&0\\0&0\end{pmatrix}.$$

此例表明矩阵的乘法不满足消去律,即由 $\boldsymbol{AB}=\boldsymbol{AC}$,且 $\boldsymbol{A}\neq\boldsymbol{O}$,推不出 $\boldsymbol{B}=\boldsymbol{C}$,而且两个非零矩阵的积可能是零矩阵,即由 $\boldsymbol{AM}=\boldsymbol{O}$,推不出 $\boldsymbol{A}=\boldsymbol{O}$ 或 $\boldsymbol{M}=\boldsymbol{O}$.

矩阵的乘法与数的乘法有不同之处,但也有与数的乘法相似之处,不难证明矩阵的乘法满足下列运算规律(假设其中的矩阵 $\boldsymbol{A}$、$\boldsymbol{B}$、$\boldsymbol{C}$ 及零矩阵 $\boldsymbol{O}$ 可进行有关运算):

(1) $(\boldsymbol{AB})\boldsymbol{C}=\boldsymbol{A}(\boldsymbol{BC})$;

(2) $(\boldsymbol{A}+\boldsymbol{B})\boldsymbol{C}=\boldsymbol{AC}+\boldsymbol{BC}$;

(3) $\boldsymbol{C}(\boldsymbol{A}+\boldsymbol{B})=\boldsymbol{CA}+\boldsymbol{CB}$;

(4) $k(\boldsymbol{AB})=(k\boldsymbol{A})\boldsymbol{B}=\boldsymbol{A}(k\boldsymbol{B})$ (k 为常数);

(5) $\boldsymbol{AO}=\boldsymbol{O},\boldsymbol{OA}=\boldsymbol{O}$.

此式表明,零矩阵在矩阵乘法中的作用与数 0 在数的乘法中的作用类似.

(6) 对任何 $m\times n$ 矩阵 $\boldsymbol{A}$,有 $\boldsymbol{AI}_n=\boldsymbol{I}_m\boldsymbol{A}=\boldsymbol{A}$.

此式表明,单位矩阵在矩阵乘法中的作用与数 1 在数的乘法中的作用类似.

矩阵的乘法还有下面一个重要结论:若 $\boldsymbol{A}$,$\boldsymbol{B}$ 为同阶方阵,则

$$|\boldsymbol{AB}|=|\boldsymbol{A}||\boldsymbol{B}|.$$

例如,设矩阵 $\boldsymbol{A}=\begin{pmatrix}6&1\\3&2\end{pmatrix}$,$\boldsymbol{B}=\begin{pmatrix}4&3\\1&2\end{pmatrix}$,则

$$AB=\begin{pmatrix}6&1\\3&2\end{pmatrix}\begin{pmatrix}4&3\\1&2\end{pmatrix}=\begin{pmatrix}25&20\\14&13\end{pmatrix},$$

$$|AB|=\begin{vmatrix}25&20\\14&13\end{vmatrix}=25\times13-20\times14=45,$$

而 $|A|=9$, $|B|=5$, 于是 $|A||B|=9\times5=45=|AB|$.

用数学归纳法,不难把上述结论推广到有限个同阶方阵的情形,即

$$|A_1A_2\cdots A_m|=|A_1||A_2|\cdots|A_m|$$

其中 $A_i(i=1,2,\cdots,m)$ 为同阶方阵.

矩阵的乘法比通常我们所熟悉的数的乘法要复杂得多,这主要是由于实际的需要,许多实际问题都要求矩阵的乘法作上述的定义. 在历史上也有过将矩阵 $A=(a_{ij})_{m\times n}$ 与 $B=(b_{ij})_{m\times n}$ 定义为 $AB=(a_{ij}b_{ij})_{m\times n}$,称为**阿达玛**①**乘积**. 这种乘法在实践中用处要少得多.

例 6 若两个 n 阶矩阵 A 和 B 满足 $AB=BA$,则称 A 与 B 是**可交换**的. 设矩阵 $A=\begin{pmatrix}1&2\\0&1\end{pmatrix}$,求与 A 可交换的所有矩阵.

解 设矩阵 B 与 A 可交换,则 $AB=BA$. 由此可知 B 为 2 阶矩阵.

设 $B=\begin{pmatrix}x_{11}&x_{12}\\x_{21}&x_{22}\end{pmatrix}$,于是

$$AB=\begin{pmatrix}1&2\\0&1\end{pmatrix}\begin{pmatrix}x_{11}&x_{12}\\x_{21}&x_{22}\end{pmatrix}=\begin{pmatrix}x_{11}+2x_{21}&x_{12}+2x_{22}\\x_{21}&x_{22}\end{pmatrix},$$

$$BA=\begin{pmatrix}x_{11}&x_{12}\\x_{21}&x_{22}\end{pmatrix}\begin{pmatrix}1&2\\0&1\end{pmatrix}=\begin{pmatrix}x_{11}&2x_{11}+x_{12}\\x_{21}&2x_{21}+x_{22}\end{pmatrix}.$$

由 $AB=BA$,得

$$\begin{cases}x_{11}+2x_{21}=x_{11},\\x_{12}+2x_{22}=2x_{11}+x_{12},\\x_{21}=x_{21},\\x_{22}=2x_{21}+x_{22}.\end{cases}$$

解得 $x_{11}=x_{22}$, $x_{21}=0$. 令 $x_{11}=x_{22}=a$, $x_{12}=b$,则与 A 可交换的所有矩阵为 $B=\begin{pmatrix}a&b\\0&a\end{pmatrix}$.

---

① 阿达玛(J. S. Hadamard,1865~1963),法国数学家. 阿达玛最先证明了素数定理,在复变函数论方面有重要贡献,他的著作《变分法教程》对于泛函分析近代理论的奠定打下了基础.

下面给出矩阵乘法应用的两个重要例子.

例 7(线性方程组的矩阵形式) 设有线性方程组

$$\begin{cases} a_{11}x_1 + a_{12}x_2 + \cdots + a_{1n}x_n = b_1, \\ a_{21}x_1 + a_{22}x_2 + \cdots + a_{2n}x_n = b_2, \\ \cdots\cdots\cdots\cdots\cdots\cdots \\ a_{m1}x_1 + a_{m2}x_2 + \cdots + a_{mn}x_n = b_m. \end{cases} \tag{1}$$

根据矩阵相等的定义,可以把式(1)写成

$$\begin{pmatrix} a_{11}x_1 + a_{12}x_2 + \cdots + a_{1n}x_n \\ a_{21}x_1 + a_{22}x_2 + \cdots + a_{2n}x_n \\ \cdots\cdots\cdots\cdots\cdots\cdots \\ a_{m1}x_1 + a_{m2}x_2 + \cdots + a_{mn}x_n \end{pmatrix} = \begin{pmatrix} b_1 \\ b_2 \\ \cdots \\ b_m \end{pmatrix}. \tag{2}$$

利用矩阵乘法,又可把式(2)写成

$$\begin{pmatrix} a_{11} & a_{12} & \cdots & a_{1n} \\ a_{21} & a_{22} & \cdots & a_{2n} \\ \cdots & \cdots & \cdots & \cdots \\ a_{m1} & a_{m2} & \cdots & a_{mn} \end{pmatrix} \begin{pmatrix} x_1 \\ x_2 \\ \cdots \\ x_n \end{pmatrix} = \begin{pmatrix} b_1 \\ b_2 \\ \cdots \\ b_m \end{pmatrix}, \tag{3}$$

即

$$\boldsymbol{A}\boldsymbol{x} = \boldsymbol{b}. \tag{4}$$

其中

$$\boldsymbol{A} = (a_{ij})_{m \times n}, \boldsymbol{x} = \begin{pmatrix} x_1 \\ x_2 \\ \cdots \\ x_n \end{pmatrix}, \quad \boldsymbol{b} = \begin{pmatrix} b_1 \\ b_2 \\ \cdots \\ b_m \end{pmatrix},$$

称式(4)为方程组(1)的矩阵表示形式.

例 8 在平面直角坐标系中,坐标轴绕原点逆时针旋转 θ 角(见图 2-2),点 M 在新坐标系下的坐标(x',y')和原坐标系下的坐标(x,y)之间的关系为

$$\begin{cases} x = x'\cos\theta - y'\sin\theta \\ y = x'\sin\theta + y'\cos\theta \end{cases} \tag{5}$$

利用矩阵的乘法,式(5)可以写成

$$\begin{pmatrix} x \\ y \end{pmatrix} = \boldsymbol{A} \begin{pmatrix} x' \\ y' \end{pmatrix} \tag{6}$$

其中 $\boldsymbol{A}=\begin{pmatrix}\cos\theta & -\sin\theta\\ \sin\theta & \cos\theta\end{pmatrix}$.

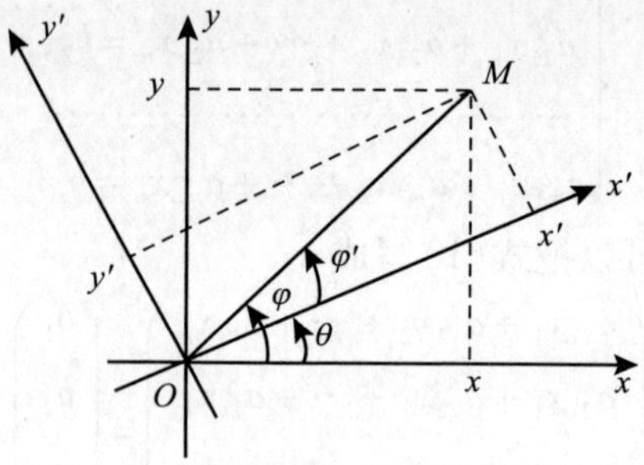

图 2－2

若再将坐标系 $x'Oy'$ 绕原点顺时针旋转 θ 角，则点 M 在坐标系 xOy 下的坐标 (x,y) 和坐标系 $x'Oy'$ 下的坐标 (x',y') 之间的关系为

$$\begin{pmatrix}x'\\ y'\end{pmatrix}=\boldsymbol{B}\begin{pmatrix}x\\ y\end{pmatrix} \tag{7}$$

其中 $\boldsymbol{B}=\begin{pmatrix}\cos(-\theta) & -\sin(-\theta)\\ \sin(-\theta) & \cos(-\theta)\end{pmatrix}=\begin{pmatrix}\cos\theta & \sin\theta\\ -\sin\theta & \cos\theta\end{pmatrix}$.

一般地，称

$$\begin{cases}y_1=a_{11}x_1+a_{12}x_2+\cdots+a_{1n}x_n\\ y_2=a_{21}x_1+a_{22}x_2+\cdots+a_{2n}x_n\\ \cdots\cdots\cdots\cdots\cdots\cdots\cdots\cdots\cdots\cdots\\ y_m=a_{m1}x_1+a_{m2}x_2+\cdots+a_{mn}x_n\end{cases} \tag{8}$$

为从变量 $x_1,x_2,\cdots,x_n$ 到 $y_1,y_2,\cdots,y_m$ 的线性变换，其矩阵表示形式为

$$\boldsymbol{y}=\boldsymbol{A}\boldsymbol{x} \tag{9}$$

其中 $\boldsymbol{A}=\begin{pmatrix}a_{11} & a_{12} & \cdots & a_{1n}\\ a_{21} & a_{22} & \cdots & a_{2n}\\ \cdots & \cdots & \cdots & \cdots\\ a_{m1} & a_{m2} & \cdots & a_{mn}\end{pmatrix}$（称为线性变换矩阵），$\boldsymbol{y}=\begin{pmatrix}y_1\\ y_2\\ \vdots\\ y_m\end{pmatrix}$，$\boldsymbol{x}=\begin{pmatrix}x_1\\ x_2\\ \vdots\\ x_n\end{pmatrix}$. 显然，线性变换(9)完全由矩阵 $\boldsymbol{A}$ 唯一确定．当线性变换矩阵 $\boldsymbol{A}=\begin{pmatrix}\cos\theta & -\sin\theta\\ \sin\theta & \cos\theta\end{pmatrix}$ 时，即式(5)称为旋转变换．从几何意义上看，在旋转变换作用下，任何平面图形仅仅改变

位置,其形状保持不变.

2. 方阵的幂

定义 2.2.4 设 $\boldsymbol{A}$ 为一个 n 阶方阵,k 为正整数,k 个 $\boldsymbol{A}$ 的连乘积称为 $\boldsymbol{A}$ 的 k 次幂,记作 $\boldsymbol{A}^k$,即

$$\boldsymbol{A}^k=\underbrace{\boldsymbol{A}\boldsymbol{A}\cdots\boldsymbol{A}}_{k\text{个}}.$$

规定 $\boldsymbol{A}^0=\boldsymbol{I}$.

不难验证方阵的幂满足以下运算规律:

(1) $\boldsymbol{A}^k\boldsymbol{A}^l=\boldsymbol{A}^{k+l}$;

(2) $(\boldsymbol{A}^k)^l=\boldsymbol{A}^{kl}$.

其中,k、l 为非负整数.

应当注意,由于矩阵的乘法不满足交换律,所以一般来说 $(\boldsymbol{A}\boldsymbol{B})^k\neq\boldsymbol{A}^k\boldsymbol{B}^k$,其中 $\boldsymbol{A}$、$\boldsymbol{B}$ 为同阶方阵,k 为正整数.

例 9 设矩阵

$$\boldsymbol{A}=\begin{pmatrix}1&1&1&1\\1&1&-1&-1\\1&-1&1&-1\\1&-1&-1&1\end{pmatrix},$$

求 $\boldsymbol{A}^3,\boldsymbol{A}^{10}$.

解 $\boldsymbol{A}^2=\begin{pmatrix}4&&&\\&4&&\\&&4&\\&&&4\end{pmatrix}=4\boldsymbol{I}$,所以

$$\boldsymbol{A}^3=\boldsymbol{A}^2\boldsymbol{A}=(4\boldsymbol{I})\boldsymbol{A}=4(\boldsymbol{I}\boldsymbol{A})=4\boldsymbol{A},$$

$$\boldsymbol{A}^{10}=(\boldsymbol{A}^2)^5=(4\boldsymbol{I})^5=4^5\boldsymbol{I}^5=4^5\boldsymbol{I}=\begin{pmatrix}4^5&&&\\&4^5&&\\&&4^5&\\&&&4^5\end{pmatrix}.$$

例 10 设某城市有 15 万具有本科以上学历的人,其中有 1.5 万人是教师.据调查,平均每年有 10% 的人从教师职业转为其他职业,又有 1% 的人从其他职业转为教师职业.假设具有本科以上学历的人的总数为一常数,问 1 年后,有多少人从事教师职业?2 年后呢?

解 根据题意构造矩阵 $\boldsymbol{A}$ 如下:$\boldsymbol{A}$ 的第一行元素分别为 1 年后继续从事教师职业和从其他职业转为教师职业的百分比,$\boldsymbol{A}$ 的第二行元素分别为 1 年后从教师职业转为其他职业和继续从事其他职业的百分比．因此

$$\boldsymbol{A}=\begin{pmatrix}0.90 & 0.01\\ 0.10 & 0.99\end{pmatrix}.$$

令 $\boldsymbol{x}$ 表示从事教师职业和其他职业的人数,即 $\boldsymbol{x}=\begin{pmatrix}1.5\\ 13.5\end{pmatrix}$. 则 1 年后从事教师职业和其他职业的人数为

$$\boldsymbol{A}\boldsymbol{x}=\begin{pmatrix}0.90 & 0.01\\ 0.10 & 0.99\end{pmatrix}\begin{pmatrix}1.5\\ 13.5\end{pmatrix}=\begin{pmatrix}1.485\\ 13.515\end{pmatrix}.$$

即 1 年后从事教师职业为 1.485 万人,从事其他职业的人数为 13.515 万人．2 年后从事教师职业和其他职业的人数为

$$\boldsymbol{A}^2\boldsymbol{x}=\boldsymbol{A}(\boldsymbol{A}\boldsymbol{x})=\begin{pmatrix}0.90 & 0.01\\ 0.10 & 0.99\end{pmatrix}\begin{pmatrix}1.485\\ 13.515\end{pmatrix}=\begin{pmatrix}1.472\\ 13.528\end{pmatrix}.$$

即 2 年后从事教师职业为 1.472 万人,从事其他职业的人数为 13.528 万人．一般地,n 年后从事教师职业和其他职业的人数可由 $\boldsymbol{A}^n\boldsymbol{x}$ 求得．

2.2.3 矩阵的转置

定义 2.2.5 设 $m\times n$ 矩阵

$$\boldsymbol{A}=\begin{pmatrix}a_{11} & a_{12} & \cdots & a_{1n}\\ a_{21} & a_{22} & \cdots & a_{2n}\\ \cdots & \cdots & \cdots & \cdots\\ a_{m1} & a_{m2} & \cdots & a_{mn}\end{pmatrix},$$

将矩阵 $\boldsymbol{A}$ 的行依次换成列(列依次换成行)后所得到的 $n\times m$ 矩阵,称为 $\boldsymbol{A}$ **的转置矩阵**,记作 $\boldsymbol{A}^T$ 或 $\boldsymbol{A}'$,即

$$\boldsymbol{A}^T=\begin{pmatrix}a_{11} & a_{21} & \cdots & a_{m1}\\ a_{12} & a_{22} & \cdots & a_{m2}\\ \cdots & \cdots & \cdots & \cdots\\ a_{1n} & a_{2n} & \cdots & a_{mn}\end{pmatrix}.$$

例如,设 $\boldsymbol{x}=(x_1\quad x_2\quad \cdots\quad x_n)$,$\boldsymbol{y}=(y_1\quad y_2\quad \cdots\quad y_n)$,则

$$\boldsymbol{x}^T\boldsymbol{y}=\begin{pmatrix}x_1\\x_2\\\cdots\\x_n\end{pmatrix}(y_1\quad y_2\quad\cdots\quad y_n)=\begin{pmatrix}x_1y_1 & x_1y_2 & \cdots & x_1y_n\\x_2y_1 & x_2y_2 & \cdots & x_2y_n\\\cdots & \cdots & \cdots & \cdots\\x_ny_1 & x_ny_2 & \cdots & x_ny_n\end{pmatrix}.$$

由对称矩阵和反对称矩阵的定义可知,如果 $\boldsymbol{A}^T=\boldsymbol{A}$,则 $\boldsymbol{A}$ 为对称矩阵;如果 $\boldsymbol{A}^T=-\boldsymbol{A}$,则 $\boldsymbol{A}$ 为反对称矩阵.

显然,两个同阶对称矩阵的和仍为对称矩阵;数与对称矩阵的乘积仍为对称矩阵;两个反对称矩阵的和(差)仍是反对称矩阵;数与反对称矩阵的乘积仍为反对称矩阵.

应注意,两个对称矩阵的乘积不一定是对称矩阵. 例如,设

$$\boldsymbol{A}=\begin{pmatrix}0 & 1\\1 & 1\end{pmatrix},\boldsymbol{B}=\begin{pmatrix}0 & 1\\1 & 0\end{pmatrix}$$

都是对称矩阵,但其乘积

$$\boldsymbol{AB}=\begin{pmatrix}0 & 1\\1 & 1\end{pmatrix}\begin{pmatrix}0 & 1\\1 & 0\end{pmatrix}=\begin{pmatrix}1 & 0\\1 & 1\end{pmatrix}$$

却不是对称矩阵.

矩阵的转置运算满足以下运算规律:

(1) $(\boldsymbol{A}^T)^T=\boldsymbol{A}$;

(2) $(\boldsymbol{A}+\boldsymbol{B})^T=\boldsymbol{A}^T+\boldsymbol{B}^T$;

(3) $(k\boldsymbol{A})^T=k\boldsymbol{A}^T$($k$ 为常数);

(4) $(\boldsymbol{AB})^T=\boldsymbol{B}^T\boldsymbol{A}^T$.

运算规律(2)、(4)可以推广到有限个矩阵的情形,即

$$(\boldsymbol{A}_1+\boldsymbol{A}_2+\cdots+\boldsymbol{A}_m)^T=\boldsymbol{A}_1^T+\boldsymbol{A}_2^T+\cdots+\boldsymbol{A}_m^T,$$

$$(\boldsymbol{A}_1\boldsymbol{A}_2\cdots\boldsymbol{A}_m)^T=\boldsymbol{A}_m^T\boldsymbol{A}_{m-1}^T\cdots\boldsymbol{A}_2^T\boldsymbol{A}_1^T.$$

思考与练习 2.2

1. 设 $\boldsymbol{A}=\begin{pmatrix}2 & 3 & -1\\-1 & 0 & 1\end{pmatrix}$, $\boldsymbol{B}=\begin{pmatrix}4 & 5 & 2\\1 & 2 & 7\end{pmatrix}$,求(1) $\boldsymbol{A}+2\boldsymbol{B}$;(2) $3\boldsymbol{A}-\boldsymbol{B}$.

2. 设矩阵 $\boldsymbol{X}$ 满足 $\boldsymbol{A}+2\boldsymbol{X}=\boldsymbol{B}$,其中

$$\boldsymbol{A}=\begin{pmatrix}3 & 1\\-2 & -1\\1 & 2\end{pmatrix},\qquad\boldsymbol{B}=\begin{pmatrix}-1 & 5\\-2 & 4\\3 & 1\end{pmatrix},$$

求 $\boldsymbol{X}$.

3. 设$\boldsymbol{A}=\begin{pmatrix}x & 0\\ 7 & y\end{pmatrix}$,$\boldsymbol{B}=\begin{pmatrix}u & v\\ y & 2\end{pmatrix}$,$\boldsymbol{C}=\begin{pmatrix}3 & -4\\ x & v\end{pmatrix}$,且$\boldsymbol{A}+2\boldsymbol{B}=\boldsymbol{C}$,求$x,y,u,v$的值.

4. 计算下列矩阵的乘积.

(1)$\begin{pmatrix}3 & 5\\ -2 & -4\end{pmatrix}\begin{pmatrix}3 & 2\\ 4 & 5\end{pmatrix}$;　(2)$\begin{pmatrix}1 & 0 & 3\\ 2 & 1 & 0\\ 0 & 1 & -1\end{pmatrix}\begin{pmatrix}1 & -2\\ 2 & 1\\ 3 & 2\end{pmatrix}$;

(3)$\begin{pmatrix}1 & 2 & 0\\ 0 & 1 & 1\\ 3 & 0 & -1\end{pmatrix}\begin{pmatrix}1 & 0 & 5\\ 0 & 2 & 0\\ 1 & 0 & 1\end{pmatrix}$;　(4)$(a_1\ a_2\ \cdots\ a_n)\begin{pmatrix}b_1\\ b_2\\ \vdots\\ b_n\end{pmatrix}$;

(5)$\begin{pmatrix}a_1\\ a_2\\ \vdots\\ a_n\end{pmatrix}(b_1\ \ b_2\ \ \cdots\ \ b_n)$;　(6)$(1\ \ -1\ \ 2)\begin{pmatrix}-1 & 2 & 0\\ 0 & 1 & 1\\ 3 & 0 & -1\end{pmatrix}\begin{pmatrix}2\\ -1\\ -2\end{pmatrix}$.

5. 将线性方程组$\begin{cases}3x_1+2x_2+x_3=5\\ x_1-2x_2+5x_3=-2\\ 2x_1+x_2-3x_3=1\end{cases}$写成矩阵方程$\boldsymbol{Ax}=\boldsymbol{b}$的形式.

6. 设(1)$\boldsymbol{A}=\begin{pmatrix}1 & 1\\ 0 & 1\end{pmatrix}$,(2)$\boldsymbol{A}=\begin{pmatrix}0 & 1 & 0\\ 0 & 0 & 1\\ 0 & 0 & 0\end{pmatrix}$,求所有与$\boldsymbol{A}$可交换的矩阵.

7. 判断下列命题真伪,并说明理由.

(1)设$\boldsymbol{A},\boldsymbol{B}$为$n$阶方阵,则$\boldsymbol{A}^2-\boldsymbol{B}^2=(\boldsymbol{A}+\boldsymbol{B})(\boldsymbol{A}-\boldsymbol{B})$;

(2)设$\boldsymbol{A},\boldsymbol{B}$为$n$阶方阵,则$(\boldsymbol{A}+\boldsymbol{B})^2=\boldsymbol{A}^2+2\boldsymbol{AB}+\boldsymbol{B}^2$;

(3)$\boldsymbol{A}+\boldsymbol{B}=\boldsymbol{B}+\boldsymbol{A}$;

(4)若$\boldsymbol{AB}=\boldsymbol{O}$,则$\boldsymbol{A}=\boldsymbol{O}$或$\boldsymbol{B}=\boldsymbol{O}$;

(5)$\boldsymbol{AB}=\boldsymbol{BA}$.

8. 计算下列矩阵(其中n为正整数):

(1)$\begin{pmatrix}1 & 1\\ 1 & 1\end{pmatrix}^2$;　(2)$\begin{pmatrix}0 & 1 & 0\\ 0 & 0 & 1\\ 1 & 0 & 0\end{pmatrix}^5$;

(3)$\begin{pmatrix}1 & 0\\ 1 & 0\end{pmatrix}^2$;　(4)$\begin{pmatrix}1 & 1\\ 0 & 1\end{pmatrix}^n$;

(5)$\begin{pmatrix}0 & 0 & 0\\ 1 & 0 & 0\\ 1 & 1 & 0\end{pmatrix}^n$;　(6)$\begin{pmatrix}1 & 0 & 0\\ 0 & 2 & 0\\ 0 & 0 & 3\end{pmatrix}^n$.

9. 设$\boldsymbol{A}$、$\boldsymbol{B}$均为n阶方阵,且$\boldsymbol{A}=\frac{1}{2}(\boldsymbol{B}+\boldsymbol{I})$,证明:$\boldsymbol{A}^2=\boldsymbol{A}$的充分必要条件是$\boldsymbol{B}^2=\boldsymbol{I}$.

10. 设 $\boldsymbol{A}$ 为反对称矩阵,$\boldsymbol{B}$ 为对称矩阵,证明:

(1)$\boldsymbol{A}^2$ 是对称矩阵;

(2)$\boldsymbol{AB}-\boldsymbol{BA}$ 是对称矩阵;

(3)$\boldsymbol{AB}$ 是反对称矩阵的充要条件是 $\boldsymbol{AB}=\boldsymbol{BA}$.

11. 证明:对任意 $m\times n$ 矩阵 $\boldsymbol{A}$,$\boldsymbol{A}^T\boldsymbol{A}$ 及 $\boldsymbol{AA}^T$ 都是对称矩阵.

12. 某石油公司所属的三个炼油厂 A_1,A_2,A_3 在 2004 年和 2005 年所生产的四种油品 B_1,B_2,B_3,B_4 的数量如下表(单位:10^4t):

产量 / 油品 / 工厂	2004 年				2005 年			
	B_1	B_2	B_3	B_4	B_1	B_2	B_3	B_4
A_1	58	27	15	4	63	25	13	5
A_2	72	30	18	5	90	30	20	7
A_3	65	25	14	3	80	28	18	5

(1)作矩阵 $\boldsymbol{A}_{3\times4}$ 和 $\boldsymbol{B}_{3\times4}$ 分别表示 2004 年、2005 年工厂 A_i 产油品 B_j 的数量;

(2)计算 $\boldsymbol{A}+\boldsymbol{B}$ 和 $\boldsymbol{B}-\boldsymbol{A}$,分别说明其经济意义;

(3)计算 $\frac{1}{2}(\boldsymbol{A}+\boldsymbol{B})$,并说明其经济意义.

§2.3 逆 矩 阵

当常数 $a\neq0$ 时,一元一次代数方程 $ax=b$ 的解为 $x=\dfrac{b}{a}$,也可以写成 $x=a^{-1}b$.它可以看成是由 a^{-1} 乘方程 $ax=b$ 两端而得到的.同样的想法可用于含 n 个未知量 n 个方程的线性方程组 $\boldsymbol{Ax}=\boldsymbol{b}$,即如果存在方阵 $\boldsymbol{B}$,使 $\boldsymbol{BA}=\boldsymbol{I}$,则可用 $\boldsymbol{B}$ 左乘 $\boldsymbol{Ax}=\boldsymbol{b}$ 的两端,就得到 $\boldsymbol{Ix}=\boldsymbol{Bb}$,从而得到方程组的解 $\boldsymbol{x}=\boldsymbol{Bb}$. 数学上把这样的方阵 $\boldsymbol{B}(\boldsymbol{BA}=\boldsymbol{I})$,称为方阵 $\boldsymbol{A}$ 的逆矩阵.

2.3.1 逆矩阵的概念

定义 2.3.1 设 $\boldsymbol{A}$ 为 n 阶方阵,若存在 n 阶方阵 $\boldsymbol{B}$,使得

$$\boldsymbol{AB}=\boldsymbol{BA}=\boldsymbol{I},$$

则称矩阵 $\boldsymbol{A}$ 是**可逆矩阵**(invertible matrix),简称 $\boldsymbol{A}$ 可逆,而矩阵 $\boldsymbol{B}$ 称为矩阵 $\boldsymbol{A}$ 的**逆矩阵**(inverse matrix).

例如,对于2.2.2小节中式(6)、(7)中的矩阵 $\boldsymbol{A},\boldsymbol{B}$,因

$$\boldsymbol{AB}=\begin{pmatrix}\cos\theta & -\sin\theta\\ \sin\theta & \cos\theta\end{pmatrix}\begin{pmatrix}\cos\theta & \sin\theta\\ -\sin\theta & \cos\theta\end{pmatrix}$$
$$=\begin{pmatrix}\cos\theta & \sin\theta\\ -\sin\theta & \cos\theta\end{pmatrix}\begin{pmatrix}\cos\theta & -\sin\theta\\ \sin\theta & \cos\theta\end{pmatrix}=\boldsymbol{BA}=\begin{pmatrix}1 & 0\\ 0 & 1\end{pmatrix},$$

所以,矩阵$\begin{pmatrix}\cos\theta & -\sin\theta\\ \sin\theta & \cos\theta\end{pmatrix}$可逆,且$\begin{pmatrix}\cos\theta & \sin\theta\\ -\sin\theta & \cos\theta\end{pmatrix}$是其逆矩阵.

如果矩阵 $\boldsymbol{A}$ 可逆,则 $\boldsymbol{A}$ 的逆矩阵是唯一的. 事实上,假设矩阵 $\boldsymbol{B}$ 和 $\boldsymbol{B}_1$ 都是 $\boldsymbol{A}$ 的逆矩阵,则

$$\boldsymbol{AB}=\boldsymbol{BA}=\boldsymbol{I},\boldsymbol{AB}_1=\boldsymbol{B}_1\boldsymbol{A}=\boldsymbol{I},$$

于是

$$\boldsymbol{B}=\boldsymbol{BI}=\boldsymbol{B}(\boldsymbol{AB}_1)=(\boldsymbol{BA})\boldsymbol{B}_1=\boldsymbol{IB}_1=\boldsymbol{B}_1.$$

我们把矩阵 $\boldsymbol{A}$ 唯一的逆矩阵记作 $\boldsymbol{A}^{-1}$.

下面要解决的问题是:在什么条件下方阵是可逆的? 当方阵可逆时,又如何求其逆矩阵?

定义 2.3.2 设 $\boldsymbol{A}$ 为 n 阶方阵,若 $|\boldsymbol{A}|\neq 0$,则称 $\boldsymbol{A}$ 为**非奇异矩阵**(nonsingular matrix);否则,称 $\boldsymbol{A}$ 为**奇异矩阵**(singular matrix).

定义 2.3.3 设矩阵 $\boldsymbol{A}=(a_{ij})_{n\times n}(n\geqslant 2)$,矩阵

$$\boldsymbol{A}^*=\begin{pmatrix}A_{11} & A_{21} & \cdots & A_{n1}\\ A_{12} & A_{22} & \cdots & A_{n2}\\ \cdots & \cdots & \cdots & \cdots\\ A_{1n} & A_{2n} & \cdots & A_{nn}\end{pmatrix},$$

其中,$A_{ij}(i,j=1,2,\cdots,n)$是$|\boldsymbol{A}|$中元素 a_{ij} 的代数余子式,称为 $\boldsymbol{A}$ 的**伴随矩阵**(adjoint matrix).

关于伴随矩阵,有下面的重要结论.

定理 2.3.1 设矩阵 $\boldsymbol{A}=(a_{ij})_{n\times n}(n\geqslant 2)$,则

$$\boldsymbol{AA}^*=\boldsymbol{A}^*\boldsymbol{A}=|\boldsymbol{A}|\boldsymbol{I}. \tag{1}$$

证 由矩阵乘法定义及定理1.3.1和定理1.3.2得

$$AA^*=\begin{pmatrix}a_{11} & a_{21} & \cdots & a_{1n}\\ a_{21} & a_{22} & \cdots & a_{2n}\\ \cdots & \cdots & \cdots & \cdots\\ a_{n1} & a_{n2} & \cdots & a_{nn}\end{pmatrix}\begin{pmatrix}A_{11} & A_{21} & \cdots & A_{n1}\\ A_{12} & A_{22} & \cdots & A_{n2}\\ \cdots & \cdots & \cdots & \cdots\\ A_{1n} & A_{2n} & \cdots & A_{nn}\end{pmatrix}$$

$$=\begin{pmatrix}|A| & 0 & \cdots & 0\\ 0 & |A| & \cdots & 0\\ \cdots & \cdots & \cdots & \cdots\\ 0 & 0 & \cdots & |A|\end{pmatrix}=|A|I.$$

同理可得 $A^*A=|A|I$. 所以,

$$AA^*=A^*A=|A|I.$$

若 $|A|\neq0$,则由式(1)可得

$$A\left(\frac{1}{|A|}A^*\right)=\left(\frac{1}{|A|}A^*\right)A=I,\tag{2}$$

即 A 可逆,且 $A^{-1}=\frac{1}{|A|}A^*$.

定理 2.3.2 n 阶方阵 $A=(a_{ij})$ 可逆的充要条件是 A 为非奇异矩阵,且当 A 可逆时,有

$$A^{-1}=\frac{1}{|A|}A^*.$$

证 必要性:设 A 可逆,则存在 A^{-1},有

$$AA^{-1}=I,$$

从而 $|AA^{-1}|=|I|=1$,即

$$|A|\,|A^{-1}|=1.$$

所以 $|A|\neq0$,即 A 为非奇异矩阵.

充分性:设 $|A|\neq0$,令 $B=\frac{1}{|A|}A^*$,由式(2)可知

$$AB=BA=I,$$

即 A 可逆,且 $A^{-1}=\frac{1}{|A|}A^*$.

定理 2.3.2 给出了判断方阵是否可逆的充要条件,并且给出了求逆矩阵的一种方法——伴随矩阵法.

例 1 判定矩阵

$$A=\begin{pmatrix}1 & 0 & 1\\ 2 & 1 & 0\\ -3 & 2 & -5\end{pmatrix}$$

是否可逆？若可逆，求其逆矩阵．

解 因为 $|A|=2\neq0$，所以 A 可逆．又 A 的伴随矩阵为

$$A^*=\begin{pmatrix}-5&2&-1\\10&-2&2\\7&-2&1\end{pmatrix},$$

于是

$$A^{-1}=\frac{1}{|A|}A^*=\frac{1}{2}\begin{pmatrix}-5&2&-1\\10&-2&2\\7&-2&1\end{pmatrix}=\begin{pmatrix}-\frac{5}{2}&1&-\frac{1}{2}\\5&-1&1\\\frac{7}{2}&-1&\frac{1}{2}\end{pmatrix}.$$

推论 设 A、B 为同阶方阵，若 $AB=I$，则 A、B 都可逆，且 $A^{-1}=B$，$B^{-1}=A$.

证 由 $AB=I$，得 $|AB|=|A||B|=|I|=1$，所以 $|A|\neq0$，$|B|\neq0$，即 A、B 都可逆，从而 A^{-1}、B^{-1} 都存在．这时有

$$A^{-1}=A^{-1}I=A^{-1}(AB)=(A^{-1}A)B=IB=B,$$
$$B^{-1}=IB^{-1}=(AB)B^{-1}=A(BB^{-1})=AI=A.$$

这一结果表明：要验证矩阵 A 可逆，且 A 的逆矩阵为 B，只要验证 $AB=I$ 即可．

例 2 设

$$A=\begin{pmatrix}a_1&0&\cdots&0\\0&a_2&\cdots&0\\\cdots&\cdots&\cdots&\cdots\\0&0&\cdots&a_n\end{pmatrix}，其中 a_i\neq0(i=1,2,\cdots,n),$$

验证 $A^{-1}=\begin{pmatrix}\frac{1}{a_1}&0&\cdots&0\\0&\frac{1}{a_2}&\cdots&0\\\cdots&\cdots&\cdots&\cdots\\0&0&\cdots&\frac{1}{a_n}\end{pmatrix}$.

证 因为

$$\begin{pmatrix} a_1 & 0 & \cdots & 0 \\ 0 & a_2 & \cdots & 0 \\ \cdots & \cdots & \cdots & \cdots \\ 0 & 0 & \cdots & a_n \end{pmatrix}\begin{pmatrix} \frac{1}{a_1} & 0 & \cdots & 0 \\ 0 & \frac{1}{a_2} & \cdots & 0 \\ \cdots & \cdots & \cdots & \cdots \\ 0 & 0 & \cdots & \frac{1}{a_n} \end{pmatrix}=\boldsymbol{I},$$

所以，$\boldsymbol{A}^{-1}=\begin{pmatrix} \frac{1}{a_1} & 0 & \cdots & 0 \\ 0 & \frac{1}{a_2} & \cdots & 0 \\ \cdots & \cdots & \cdots & \cdots \\ 0 & 0 & \cdots & \frac{1}{a_n} \end{pmatrix}$.

例 3 设 n 阶方阵 $\boldsymbol{A}$ 满足 $a\boldsymbol{A}^2+b\boldsymbol{A}+c\boldsymbol{I}=\boldsymbol{O}$，证明 $\boldsymbol{A}$ 可逆，并求 $\boldsymbol{A}^{-1}$（a、b、c 为常数，且 $c\neq0$）.

解 由$a\boldsymbol{A}^2+b\boldsymbol{A}+c\boldsymbol{I}=\boldsymbol{O}$，得

$$a\boldsymbol{A}^2+b\boldsymbol{A}=-c\boldsymbol{I},$$

又 $c\neq0$，于是

$$-\frac{a}{c}\boldsymbol{A}^2-\frac{b}{c}\boldsymbol{A}=\boldsymbol{I}.$$

即

$$\left(-\frac{a}{c}\boldsymbol{A}-\frac{b}{c}\boldsymbol{I}\right)\boldsymbol{A}=\boldsymbol{I}.$$

由定理 2.3.2 的推论知，$\boldsymbol{A}$ 可逆，且 $\boldsymbol{A}^{-1}=-\frac{a}{c}\boldsymbol{A}-\frac{b}{c}\boldsymbol{I}$.

例 4 解矩阵方程

$$\boldsymbol{AX}=2\boldsymbol{X}+\boldsymbol{B},$$

其中，$\boldsymbol{A}=\begin{pmatrix} 4 & 0 & 0 \\ 0 & 1 & -1 \\ 0 & 1 & 4 \end{pmatrix}$，$\boldsymbol{B}=\begin{pmatrix} 3 & 6 \\ 1 & 1 \\ 2 & -3 \end{pmatrix}$.

解 由 $\boldsymbol{AX}=2\boldsymbol{X}+\boldsymbol{B}$，得 $\boldsymbol{AX}-2\boldsymbol{X}=\boldsymbol{B}$，即

$$(\boldsymbol{A}-2\boldsymbol{I})\boldsymbol{X}=\boldsymbol{B}, \tag{3}$$

矩阵

$$A-2I=\begin{pmatrix}2&0&0\\0&-1&-1\\0&1&2\end{pmatrix}$$

显然可逆,用$(A-2I)^{-1}$左乘式(3)两边,得

$$X=(A-2I)^{-1}B.$$

而 $$(A-2I)^{-1}=\frac{1}{|A-2I|}(A-2I)^{*}$$

$$=\frac{1}{-2}\begin{pmatrix}-1&0&0\\0&4&2\\0&-2&-2\end{pmatrix}=\begin{pmatrix}\frac{1}{2}&0&0\\0&-2&-1\\0&1&1\end{pmatrix},$$

于是

$$X=(A-2I)^{-1}B=\begin{pmatrix}\frac{1}{2}&0&0\\0&-2&-1\\0&1&1\end{pmatrix}\begin{pmatrix}3&6\\1&1\\2&-3\end{pmatrix}$$

$$=\begin{pmatrix}\frac{3}{2}&3\\-4&1\\3&-2\end{pmatrix}.$$

利用定理 2.3.2 可简洁地证明定理 1.4.1(克莱姆法则). 首先利用矩阵运算规律,可将线性方程组

$$\begin{cases}a_{11}x_1+a_{12}x_2+\cdots+a_{1n}x_n=b_1,\\a_{21}x_1+a_{22}x_2+\cdots+a_{2n}x_n=b_2,\\\cdots\cdots\cdots\cdots\cdots\cdots\cdots\cdots\cdots\cdots\cdots\\a_{n1}x_1+a_{n2}x_2+\cdots+a_{nn}x_n=b_n,\end{cases}$$

改写为

$$Ax=b. \tag{4}$$

其中,$A=(a_{ij})_{n\times n}$为系数矩阵,$x=(x_1\ \ x_2\ \ \cdots\ \ x_n)^T$ 为未知量矩阵,$b=(b_1\ \ b_2\ \ \cdots\ \ b_n)^T$ 为常数项矩阵.

克莱姆法则的条件是$|A|=D\neq0$,故A^{-1}存在. 令$x=A^{-1}b$,有$Ax=AA^{-1}b=b$,故$x=A^{-1}b$是方程组(4)的解. 在(4)式两边左乘A^{-1},得$x=A^{-1}b$. 根据逆矩阵的唯一性可知,$x=A^{-1}b$是方程组(4)的唯一解.

由逆矩阵公式 $\boldsymbol{A}^{-1}=\frac{1}{|\boldsymbol{A}|}\boldsymbol{A}^{*}$，得 $\boldsymbol{x}=\boldsymbol{A}^{-1}\boldsymbol{b}=\frac{1}{|\boldsymbol{A}|}\boldsymbol{A}^{*}\boldsymbol{b}$，即

$$x=\begin{pmatrix}x_1\\x_2\\\vdots\\x_n\end{pmatrix}=\frac{1}{D}\begin{pmatrix}A_{11}&A_{21}&\cdots&A_{n1}\\A_{12}&A_{22}&\cdots&A_{n2}\\\vdots&\vdots&&\vdots\\A_{1n}&A_{2n}&\cdots&A_{nn}\end{pmatrix}\begin{pmatrix}b_1\\b_2\\\vdots\\b_n\end{pmatrix}=\frac{1}{D}\begin{pmatrix}\sum_{i=1}^{n}A_{i1}b_i\\\sum_{i=1}^{n}A_{i2}b_i\\\vdots\\\sum_{i=1}^{n}A_{in}b_i\end{pmatrix}=\frac{1}{D}\begin{pmatrix}D_1\\D_2\\\vdots\\D_n\end{pmatrix},$$

从而

$$x_1=\frac{D_1}{D},x_2=\frac{D_2}{D},\cdots,x_n=\frac{D_n}{D}.$$

至此克莱姆法则证毕.

2.3.2　可逆矩阵的性质

可逆矩阵有下列一些基本性质：

设 $\boldsymbol{A}$、$\boldsymbol{B}$ 为同阶可逆方阵，常数 $k\neq0$，则

(1) $\boldsymbol{A}^{-1}$ 可逆，且 $(\boldsymbol{A}^{-1})^{-1}=\boldsymbol{A}$；

(2) $\boldsymbol{A}^{T}$ 可逆，且 $(\boldsymbol{A}^{T})^{-1}=(\boldsymbol{A}^{-1})^{T}$；

(3) $k\boldsymbol{A}$ 可逆，且 $(k\boldsymbol{A})^{-1}=\frac{1}{k}\boldsymbol{A}^{-1}$；

(4) $\boldsymbol{AB}$ 可逆，且 $(\boldsymbol{AB})^{-1}=\boldsymbol{B}^{-1}\boldsymbol{A}^{-1}$；

(5) $|\boldsymbol{A}^{-1}|=\frac{1}{|\boldsymbol{A}|}$.

由定理 2.3.2 的推论不难推证性质(1)～性质(4)，性质(5)可由 $\boldsymbol{AA}^{-1}=\boldsymbol{I}$，从而 $|\boldsymbol{A}||\boldsymbol{A}^{-1}|=1$ 推得.

性质(4)可以推广到有限个同阶可逆方阵的情形，即若 $\boldsymbol{A}_1,\boldsymbol{A}_2,\cdots,\boldsymbol{A}_m$ 为同阶可逆方阵，则 $\boldsymbol{A}_1\boldsymbol{A}_2\cdots\boldsymbol{A}_m$ 可逆，且

$$(\boldsymbol{A}_1\boldsymbol{A}_2\cdots\boldsymbol{A}_m)^{-1}=\boldsymbol{A}_m^{-1}\boldsymbol{A}_{m-1}^{-1}\cdots\boldsymbol{A}_1^{-1}.$$

例 1　设矩阵 $\boldsymbol{D}=\boldsymbol{A}^{-1}\boldsymbol{B}^{T}(\boldsymbol{CB}^{-1}+\boldsymbol{I})^{T}-[(\boldsymbol{C}^{-1})^{T}\boldsymbol{A}]^{-1}$，其中

$$A=\begin{pmatrix}1&0&0\\0&\frac{1}{2}&0\\0&0&\frac{1}{3}\end{pmatrix},\quad B=\begin{pmatrix}1&2&0\\2&1&0\\0&0&1\end{pmatrix},\quad C=\begin{pmatrix}1&2&3\\4&5&6\\7&8&10\end{pmatrix}.$$

求矩阵 D.

解 直接计算 D 运算量很大,所以先对 D 的表达式进行化简.

$$\begin{aligned}D&=A^{-1}[(CB^{-1}+I)B]^T-A^{-1}[(C^T)^{-1}]^{-1}\\&=A^{-1}(C+B)^T-A^{-1}C^T\\&=A^{-1}(C^T+B^T-C^T)\\&=A^{-1}B^T.\end{aligned}$$

而

$$A^{-1}=\begin{pmatrix}1&0&0\\0&\frac{1}{2}&0\\0&0&\frac{1}{3}\end{pmatrix}^{-1}=\begin{pmatrix}1&0&0\\0&2&0\\0&0&3\end{pmatrix},$$

所以

$$D=A^{-1}B^T=\begin{pmatrix}1&0&0\\0&2&0\\0&0&3\end{pmatrix}\begin{pmatrix}1&2&0\\2&1&0\\0&0&1\end{pmatrix}=\begin{pmatrix}1&2&0\\4&2&0\\0&0&3\end{pmatrix}.$$

思考与练习 2.3

1. 判断下列矩阵是否可逆？若可逆,求其逆矩阵.

(1) $\begin{pmatrix}3&2\\-4&-2\end{pmatrix}$; (2) $\begin{pmatrix}a&b\\c&d\end{pmatrix}(ad-bc=1)$;

(3) $\begin{pmatrix}1&1&1\\2&1&0\\1&-1&0\end{pmatrix}$; (4) $\begin{pmatrix}1&1&-1\\-2&1&1\\1&1&1\end{pmatrix}$.

2. 设 $A^k=O$(k 为正整数),求证:$(I-A)^{-1}=I+A+A^2+\cdots+A^{k-1}$.

3. 若 n 阶方阵 A 满足 $A^2-2A-4I=O$,试证:$A+I$ 可逆,并求$(A+I)^{-1}$.

4. 设 n 阶方阵 A、B 满足 $AB=A+B$.

(1)证明 $\boldsymbol{A}-\boldsymbol{I}$ 可逆;

(2)证明 $\boldsymbol{AB}=\boldsymbol{BA}$;

(3)设 $\boldsymbol{B}=\begin{pmatrix}1&-3&0\\2&1&0\\0&0&2\end{pmatrix}$,求 $\boldsymbol{A}$.

5. 判断下列命题的真伪,并说明理由.

(1)若 $\boldsymbol{A},\boldsymbol{B}$ 为 n 阶方阵,则 $|\boldsymbol{A}+\boldsymbol{B}|=|\boldsymbol{A}|+|\boldsymbol{B}|$;

(2)若 $\boldsymbol{A},\boldsymbol{B}$ 为 n 阶方阵,则 $|\boldsymbol{A}-\boldsymbol{B}|=|\boldsymbol{A}|-|\boldsymbol{B}|$;

(3)若 $\boldsymbol{A},\boldsymbol{B}$ 为 n 阶方阵,则 $|\boldsymbol{AB}|=|\boldsymbol{A}||\boldsymbol{B}|$;

(4)若 $\boldsymbol{A}$ 为 n 阶可逆阵,则 $|\boldsymbol{A}^{-1}|=|\boldsymbol{A}|^{-1}$;

(5)若存在非零列矩阵 $\boldsymbol{x}$,有 $\boldsymbol{Ax}=\boldsymbol{Bx}$,则 $\boldsymbol{A}=\boldsymbol{B}$;

(6)若 $\boldsymbol{A},\boldsymbol{B}$ 为 n 阶可逆矩阵,则 $\boldsymbol{A}+\boldsymbol{B}$ 也可逆.

6. 解下列矩阵方程.

(1) $\begin{pmatrix}2&5\\1&3\end{pmatrix}\boldsymbol{X}=\begin{pmatrix}4&-6\\2&1\end{pmatrix}$;

(2) $\boldsymbol{X}\begin{pmatrix}5&0&0\\0&3&4\\0&2&3\end{pmatrix}=\begin{pmatrix}10&1&-2\\-5&-3&7\end{pmatrix}$;

(3) $\begin{pmatrix}a_1&&\\&a_2&\\&&a_3\end{pmatrix}\boldsymbol{X}=\begin{pmatrix}a_1\\a_2\\a_3\end{pmatrix}$,$(a_i\neq0,i=1,2,3)$;

(4) $\boldsymbol{AXA}=\boldsymbol{B}$,其中 $\boldsymbol{A}=\begin{pmatrix}1&-1&1\\1&1&0\\3&2&1\end{pmatrix}$,$\boldsymbol{B}=\begin{pmatrix}4&3&3\\0&-1&5\\2&1&1\end{pmatrix}$;

(5) $\boldsymbol{AX}=\boldsymbol{A}+\boldsymbol{X}$,其中 $\boldsymbol{A}=\begin{pmatrix}1&2&1\\3&4&2\\1&2&2\end{pmatrix}$;

(6) $\boldsymbol{AX}+\boldsymbol{I}=\boldsymbol{A}^2+\boldsymbol{X}$,其中 $\boldsymbol{A}=\begin{pmatrix}1&0&1\\0&2&1\\-1&0&1\end{pmatrix}$,$\boldsymbol{I}$ 为三阶单位矩阵.

7. 解线性方程组 $\boldsymbol{Ax}=\boldsymbol{b}$,其中 $\boldsymbol{A}=\begin{pmatrix}1&0&0\\2&1&0\\3&4&1\end{pmatrix}$,$\boldsymbol{b}=\begin{pmatrix}1\\0\\-1\end{pmatrix}$.

8. 设 $\boldsymbol{A},\boldsymbol{B},\boldsymbol{C}$ 为同阶方阵,且 $\boldsymbol{A}$ 可逆,试证明:

(1)若 $\boldsymbol{AB}=\boldsymbol{O}$,则 $\boldsymbol{B}=\boldsymbol{O}$;

(2)若 $\boldsymbol{AB}=\boldsymbol{AC}$,则 $\boldsymbol{B}=\boldsymbol{C}$.

9. 设 $\boldsymbol{A}$、$\boldsymbol{B}$、$\boldsymbol{C}$ 为同阶方阵，且 $\boldsymbol{C}$ 非奇异，满足 $\boldsymbol{C}^{-1}\boldsymbol{A}\boldsymbol{C}=\boldsymbol{B}$，求证：$\boldsymbol{C}^{-1}\boldsymbol{A}^{m}\boldsymbol{C}=\boldsymbol{B}^{m}$（$m$ 为正整数）.

10. 证明：如果对称（反对称）矩阵 $\boldsymbol{A}$ 为非奇异矩阵，则 $\boldsymbol{A}^{-1}$ 也是对称（反对称）矩阵.

§2.4 分块矩阵

2.4.1 分块矩阵的概念

在处理行数和列数较大的矩阵或结构特殊的矩阵时，经常用一些横线和竖线把矩阵分割成若干小块，这时我们说对矩阵进行了分块，每一个小块称为矩阵的**子块**或**子矩阵**. 以子块为元素的形式上的矩阵，称为**分块矩阵**.

例如，设

$$\boldsymbol{A}=\begin{pmatrix} 1 & 1 & 0 & 0 & 0 \\ -2 & 0 & 1 & 0 & 0 \\ 3 & 0 & 1 & -1 & 2 \end{pmatrix},$$

把 $\boldsymbol{A}$ 分成四块

$$\boldsymbol{A}=\left(\begin{array}{ccc|cc} 1 & 1 & 0 & 0 & 0 \\ -2 & 0 & 1 & 0 & 0 \\ \hline 3 & 0 & 1 & -1 & 2 \end{array}\right),$$

这时，把 $\boldsymbol{A}$ 简单地写成分块的形式

$$\boldsymbol{A}=\begin{pmatrix} \boldsymbol{A}_1 & \boldsymbol{O} \\ \boldsymbol{A}_2 & \boldsymbol{A}_3 \end{pmatrix}.$$

其中，$\boldsymbol{A}_1=\begin{pmatrix} 1 & 1 & 0 \\ -2 & 0 & 1 \end{pmatrix}$，$\boldsymbol{O}=\begin{pmatrix} 0 & 0 \\ 0 & 0 \end{pmatrix}$，$\boldsymbol{A}_2=(3\quad 0\quad 1)$，$\boldsymbol{A}_3=(-1\quad 2)$.

给定一个矩阵，可以根据不同需要，采用不同的分块方法. 如上例中的矩阵 $\boldsymbol{A}$ 也按下面几种方式分块

$$\boldsymbol{A}=\left(\begin{array}{c|cc|cc} 1 & 1 & 0 & 0 & 0 \\ -2 & 0 & 1 & 0 & 0 \\ \hline 3 & 0 & 1 & -1 & 2 \end{array}\right),$$

$$\boldsymbol{A}=\left(\begin{array}{c|c|c|c|c} 1 & 1 & 0 & 0 & 0 \\ -2 & 0 & 1 & 0 & 0 \\ 3 & 0 & 1 & -1 & 2 \end{array}\right).$$

2.4.2 分块矩阵的运算

在做分块矩阵的运算时,把子块作为元素处理,分块矩阵的运算规则与普通矩阵的运算规则类似.

1. 分块矩阵的加法和数与分块矩阵的乘法

设矩阵为 $\boldsymbol{A}=(a_{ij})_{m\times n},\boldsymbol{B}=(b_{ij})_{m\times n}$,将它们按同一种方法分块,得分块矩阵

$$\boldsymbol{A}=\begin{pmatrix}\boldsymbol{A}_{11} & \boldsymbol{A}_{12} & \cdots & \boldsymbol{A}_{1t}\\ \boldsymbol{A}_{21} & \boldsymbol{A}_{22} & \cdots & \boldsymbol{A}_{2t}\\ \cdots & \cdots & \cdots & \cdots\\ \boldsymbol{A}_{s1} & \boldsymbol{A}_{s2} & \cdots & \boldsymbol{A}_{st}\end{pmatrix},\qquad \boldsymbol{B}=\begin{pmatrix}\boldsymbol{B}_{11} & \boldsymbol{B}_{12} & \cdots & \boldsymbol{B}_{1t}\\ \boldsymbol{B}_{21} & \boldsymbol{B}_{22} & \cdots & \boldsymbol{B}_{2t}\\ \cdots & \cdots & \cdots & \cdots\\ \boldsymbol{B}_{s1} & \boldsymbol{B}_{s2} & \cdots & \boldsymbol{B}_{st}\end{pmatrix},$$

其中,$\boldsymbol{A}_{ij}$与$\boldsymbol{B}_{ij}(i=1,2,\cdots,s;j=1,2,\cdots,t)$是同型子块,则

$$\boldsymbol{A}+\boldsymbol{B}=\begin{pmatrix}\boldsymbol{A}_{11}+\boldsymbol{B}_{11} & \boldsymbol{A}_{12}+\boldsymbol{B}_{12} & \cdots & \boldsymbol{A}_{1t}+\boldsymbol{B}_{1t}\\ \boldsymbol{A}_{21}+\boldsymbol{B}_{21} & \boldsymbol{A}_{22}+\boldsymbol{B}_{22} & \cdots & \boldsymbol{A}_{2t}+\boldsymbol{B}_{2t}\\ \cdots & \cdots & \cdots & \cdots\\ \boldsymbol{A}_{s1}+\boldsymbol{B}_{s1} & \boldsymbol{A}_{s2}+\boldsymbol{B}_{s2} & \cdots & \boldsymbol{A}_{st}+\boldsymbol{B}_{st}\end{pmatrix},$$

$$k\boldsymbol{A}=\begin{pmatrix}k\boldsymbol{A}_{11} & k\boldsymbol{A}_{12} & \cdots & k\boldsymbol{A}_{1t}\\ k\boldsymbol{A}_{21} & k\boldsymbol{A}_{22} & \cdots & k\boldsymbol{A}_{2t}\\ \cdots & \cdots & \cdots & \cdots\\ k\boldsymbol{A}_{s1} & k\boldsymbol{A}_{s2} & \cdots & k\boldsymbol{A}_{st}\end{pmatrix}(k\text{ 为常数}).$$

2. 分块矩阵的乘法

设矩阵 $\boldsymbol{A}=(a_{ik})_{m\times s},\boldsymbol{B}=(b_{kj})_{s\times n}$,把 $\boldsymbol{A}$、$\boldsymbol{B}$ 分块,使 $\boldsymbol{A}$ 的列分法和 $\boldsymbol{B}$ 的行分法一致,得分块矩阵

$$\boldsymbol{A}=\begin{pmatrix}\boldsymbol{A}_{11} & \boldsymbol{A}_{12} & \cdots & \boldsymbol{A}_{1t}\\ \boldsymbol{A}_{21} & \boldsymbol{A}_{22} & \cdots & \boldsymbol{A}_{2t}\\ \cdots & \cdots & \cdots & \cdots\\ \boldsymbol{A}_{l1} & \boldsymbol{A}_{l2} & \cdots & \boldsymbol{A}_{lt}\end{pmatrix}\begin{matrix}m_1\\ m_2\\ \vdots\\ m_l\end{matrix},$$

$$\begin{matrix}s_1 & s_2 & \cdots & s_t\end{matrix}$$

$$B=\begin{pmatrix}B_{11} & B_{12} & \cdots & B_{1r}\\ B_{21} & B_{22} & \cdots & B_{2r}\\ \cdots & \cdots & \cdots & \cdots\\ B_{t1} & B_{t2} & \cdots & B_{tr}\end{pmatrix}\begin{matrix}s_1\\ s_2\\ \vdots\\ s_t\end{matrix}.$$
$$\quad n_1 \quad n_2 \quad \cdots \quad n_r$$

这里矩阵右边的数 $m_1,m_2,\cdots,m_l$ 和 $s_1,s_2,\cdots,s_t$ 分别表示它们左边的小块矩阵的行数,而矩阵下面的数 $s_1,s_2,\cdots,s_t$ 和 $n_1,n_2,\cdots,n_r$ 分别表示它们上面的小块矩阵的列数,于是 $\sum_{i=1}^{l} m_i=m,\ \sum_{k=1}^{t} s_k=s,\ \sum_{j=1}^{r} n_j=n$,则

$$AB=\begin{pmatrix}C_{11} & C_{12} & \cdots & C_{1r}\\ C_{21} & C_{22} & \cdots & C_{2r}\\ \cdots & \cdots & \cdots & \cdots\\ C_{l1} & C_{l2} & \cdots & C_{lr}\end{pmatrix}\begin{matrix}m_1\\ m_2\\ \vdots\\ m_l\end{matrix}.$$
$$\quad n_1 \quad n_2 \quad \cdots \quad n_r$$

其中,$C_{ij}=A_{i1}B_{1j}+A_{i2}B_{2j}+\cdots+C_{it}B_{tj}(i=1,2,\cdots,l;j=1,2,\cdots,r)$.

例 1 设矩阵

$$A=\begin{pmatrix}1 & 0 & 1 & 3\\ 0 & 1 & 2 & 4\\ 0 & 0 & -1 & 0\\ 0 & 0 & 0 & -1\end{pmatrix},\quad B=\begin{pmatrix}1 & 2 & 0 & 0\\ 2 & 0 & 0 & 0\\ 6 & 3 & 1 & 0\\ 0 & -2 & 0 & 1\end{pmatrix}.$$

先对矩阵 A、B 进行适当的分块,再计算 kA、$A+B$ 及 AB(其中,k 是常数).

解 将矩阵 A、B 如下分块:

$$A=\left(\begin{array}{cc|cc}1 & 0 & 1 & 3\\ 0 & 1 & 2 & 4\\ \hline 0 & 0 & -1 & 0\\ 0 & 0 & 0 & -1\end{array}\right)=\begin{pmatrix}I & C\\ O & -I\end{pmatrix},$$

$$B=\left(\begin{array}{cc|cc}1 & 2 & 0 & 0\\ 2 & 0 & 0 & 0\\ \hline 6 & 3 & 1 & 0\\ 0 & -2 & 0 & 1\end{array}\right)=\begin{pmatrix}D & O\\ F & I\end{pmatrix},$$

则

$$kA=k\begin{pmatrix}I & C\\ O & -I\end{pmatrix}=\begin{pmatrix}kI & kC\\ O & -kI\end{pmatrix},$$

$$A+B=\begin{pmatrix} I & C \\ O & -I \end{pmatrix}+\begin{pmatrix} D & O \\ F & I \end{pmatrix}=\begin{pmatrix} I+D & C \\ F & O \end{pmatrix},$$

$$AB=\begin{pmatrix} I & C \\ O & -I \end{pmatrix}\begin{pmatrix} D & O \\ F & I \end{pmatrix}=\begin{pmatrix} D+CF & C \\ -F & -I \end{pmatrix}.$$

然后再分别计算 $kI, kC, I+D, D+CF$,代入上面三式,得

$$kA=\begin{pmatrix} k & 0 & k & 3k \\ 0 & k & 2k & 4k \\ 0 & 0 & -k & 0 \\ 0 & 0 & 0 & -k \end{pmatrix},\quad A+B=\begin{pmatrix} 2 & 2 & 1 & 3 \\ 2 & 1 & 2 & 4 \\ 6 & 3 & 0 & 0 \\ 0 & -2 & 0 & 0 \end{pmatrix},$$

$$AB=\begin{pmatrix} 7 & -1 & 1 & 3 \\ 14 & -2 & 2 & 4 \\ -6 & -3 & -1 & 0 \\ 0 & 2 & 0 & -1 \end{pmatrix}.$$

容易验证这个结果与直接用矩阵运算得到的结果相同.

例 2 将矩阵 $A=(a_{ij})_{m\times n}, I_n$ 分块为

$$A=\left(\begin{array}{c:c:c:c} a_{11} & a_{12} & \cdots & a_{1n} \\ a_{21} & a_{22} & \cdots & a_{2n} \\ \hdashline \cdots & \cdots & \cdots & \cdots \\ a_{m1} & a_{m2} & \cdots & a_{mn} \end{array}\right)=(A_1 \quad A_2 \quad \cdots \quad A_n),$$

$$I_n=\left(\begin{array}{c:c:c:c} 1 & 0 & \cdots & 0 \\ 0 & 1 & \cdots & 0 \\ \hdashline \cdots & \cdots & \cdots & \cdots \\ 0 & 0 & \cdots & 1 \end{array}\right)=(\varepsilon_1 \quad \varepsilon_2 \quad \cdots \quad \varepsilon_n).$$

则

$$\begin{aligned} AI_n &= A(\varepsilon_1 \quad \varepsilon_2 \quad \cdots \quad \varepsilon_n)=(A\varepsilon_1 \quad A\varepsilon_2 \quad \cdots \quad A\varepsilon_n) \\ &= (A_1 \quad A_2 \quad \cdots \quad A_n) \end{aligned} \tag{1}$$

于是

$$A\varepsilon_j=A_j \quad (j=1,2,\cdots,n).$$

与式(1)类似,一般地,若 A 为 $m\times n$ 矩阵,B 为按列分块的 $n\times s$ 矩阵$(b_1 \quad b_2 \quad \cdots \quad b_s)$,则 $AB=(Ab_1 \quad Ab_2 \quad \cdots \quad Ab_s)$.

例 3 将矩阵 $A=(a_{ij})_{m\times n}, X_{n\times 1}$ 分块为

$$A=\left(\begin{array}{cccc:ccc} a_{11} & a_{12} & \cdots & a_{1r} & a_{1r+1} & \cdots & a_{1n} \\ a_{21} & a_{22} & \cdots & a_{2r} & a_{2r+1} & \cdots & a_{2n} \\ \hdashline a_{m1} & a_{m2} & \cdots & a_{mr} & a_{mr+1} & \cdots & a_{mn} \end{array}\right)=(A_1 \quad A_2),$$

$$X=\begin{pmatrix} x_1 \\ x_2 \\ \vdots \\ x_r \\ \hdashline x_{r+1} \\ \vdots \\ x_n \end{pmatrix}=\begin{pmatrix} X_1 \\ X_2 \end{pmatrix},$$

则 $AX=(A_1 \quad A_2)\begin{pmatrix} X_1 \\ X_2 \end{pmatrix}=A_1X_1+A_2X_2.$

特别地,若将矩阵 A 按列分块、X 按行分块,即

$$A=\left(\begin{array}{c:c:c:c} a_{11} & a_{12} & \cdots & a_{1n} \\ a_{21} & a_{22} & \cdots & a_{2n} \\ \vdots & \vdots & & \vdots \\ a_{m1} & a_{m2} & \cdots & a_{mn} \end{array}\right)=(\alpha_1 \quad \alpha_2 \quad \cdots \quad \alpha_n), X=\begin{pmatrix} x_1 \\ x_2 \\ \vdots \\ x_n \end{pmatrix}$$

其中 $\alpha_j(j=1,2,\cdots,n)$ 为矩阵 A 的第 j 列,则

$$AX=x_1\alpha_1+x_2\alpha_2+\cdots+x_n\alpha_n.$$

于是,2.2.2 小节中的式(4):$Ax=b$,又可写为

$$x_1\alpha_1+x_2\alpha_2+\cdots+x_n\alpha_n=b.$$

综上所述,矩阵分块是矩阵运算中的一个很有效的方法,它不仅能使运算简明,而且在理论的推导中也起着重要作用.

3. 分块矩阵的转置

设分块矩阵

$$A=\begin{pmatrix} A_{11} & A_{12} & \cdots & A_{1t} \\ A_{21} & A_{22} & \cdots & A_{2t} \\ \cdots\cdots & & & \cdots\cdots \\ A_{s1} & A_{s2} & \cdots & A_{st} \end{pmatrix},$$

则

$$\boldsymbol{A}^T=\begin{pmatrix}\boldsymbol{A}_{11}^T & \boldsymbol{A}_{21}^T & \cdots & \boldsymbol{A}_{s1}^T\\ \boldsymbol{A}_{12}^T & \boldsymbol{A}_{22}^T & \cdots & \boldsymbol{A}_{s2}^T\\ \cdots & \cdots & \cdots & \cdots\\ \boldsymbol{A}_{1t}^T & \boldsymbol{A}_{2t}^T & \cdots & \boldsymbol{A}_{st}^T\end{pmatrix}.$$

2.4.3 几种特殊的分块矩阵

形如 $\boldsymbol{A}=\begin{pmatrix}\boldsymbol{A}_1 & & & \\ & \boldsymbol{A}_2 & & \\ & & \ddots & \\ & & & \boldsymbol{A}_p\end{pmatrix}$ 的分块矩阵，其中 $\boldsymbol{A}_i(i=1,2,\cdots,p)$ 都是方阵，称为**对角形分块矩阵**或**准对角形矩阵**，简称**对角分块阵**，记作 $\boldsymbol{A}=\mathrm{diag}(\boldsymbol{A}_1,\boldsymbol{A}_2,\cdots,\boldsymbol{A}_p)$.

容易证明，同结构的对角分块矩阵的和、积，仍是同结构的对角分块矩阵.

形如 $\begin{pmatrix}\boldsymbol{A}_{11} & \boldsymbol{A}_{12} & \cdots & \boldsymbol{A}_{1p}\\ & \boldsymbol{A}_{22} & \cdots & \boldsymbol{A}_{2p}\\ & & \ddots & \cdots\\ & & & \boldsymbol{A}_{pp}\end{pmatrix}$ 和 $\begin{pmatrix}\boldsymbol{A}_{11} & & & \\ \boldsymbol{A}_{21} & \boldsymbol{A}_{22} & & \\ \cdots & \cdots & \ddots & \\ \boldsymbol{A}_{p1} & \boldsymbol{A}_{p2} & \cdots & \boldsymbol{A}_{pp}\end{pmatrix}$ 的分块矩阵，其中 $\boldsymbol{A}_{ii}(i=1,2,\cdots,p)$ 都是方阵，分别称为**上三角形分块矩阵**和**下三角形分块矩阵**.

容易证明，同结构的上(下)三角形分块矩阵的和、积，仍是同结构的上(下)三角形分块矩阵.

例 1 设分块矩阵

$$\boldsymbol{P}=\begin{pmatrix}\boldsymbol{A} & \boldsymbol{C}\\ \boldsymbol{O} & \boldsymbol{B}\end{pmatrix},$$

其中，$\boldsymbol{A}$、$\boldsymbol{B}$ 分别是 r 阶和 k 阶的可逆矩阵，$\boldsymbol{C}$ 是 $r\times k$ 矩阵，$\boldsymbol{O}$ 是 $k\times r$ 零矩阵. 证明 $\boldsymbol{P}$ 可逆，并求 $\boldsymbol{P}^{-1}$.

证 由定理 1.3.3 可知，$|\boldsymbol{P}|=|\boldsymbol{A}|\,|\boldsymbol{B}|\neq 0$，所以 $\boldsymbol{P}$ 可逆. 令

$$\boldsymbol{P}^{-1}=\begin{pmatrix}\boldsymbol{X}_{11} & \boldsymbol{X}_{12}\\ \boldsymbol{X}_{21} & \boldsymbol{X}_{22}\end{pmatrix}\quad(\boldsymbol{P}^{-1}\text{的分块方法与 }\boldsymbol{P}\text{ 的一致}),$$

于是

$$\begin{pmatrix}\boldsymbol{A} & \boldsymbol{C}\\ \boldsymbol{O} & \boldsymbol{B}\end{pmatrix}\begin{pmatrix}\boldsymbol{X}_{11} & \boldsymbol{X}_{12}\\ \boldsymbol{X}_{21} & \boldsymbol{X}_{22}\end{pmatrix}=\begin{pmatrix}\boldsymbol{I}_r & \boldsymbol{O}\\ \boldsymbol{O} & \boldsymbol{I}_k\end{pmatrix},$$

即

$$\begin{pmatrix} \boldsymbol{A}\boldsymbol{X}_{11}+\boldsymbol{C}\boldsymbol{X}_{21} & \boldsymbol{A}\boldsymbol{X}_{12}+\boldsymbol{C}\boldsymbol{X}_{22} \\ \boldsymbol{B}\boldsymbol{X}_{21} & \boldsymbol{B}\boldsymbol{X}_{22} \end{pmatrix}=\begin{pmatrix} \boldsymbol{I}_r & \boldsymbol{O} \\ \boldsymbol{O} & \boldsymbol{I}_k \end{pmatrix}.$$

比较，得

$$\boldsymbol{A}\boldsymbol{X}_{11}+\boldsymbol{C}\boldsymbol{X}_{21}=\boldsymbol{I}_r, \tag{1}$$

$$\boldsymbol{A}\boldsymbol{X}_{12}+\boldsymbol{C}\boldsymbol{X}_{22}=\boldsymbol{O}, \tag{2}$$

$$\boldsymbol{B}\boldsymbol{X}_{21}=\boldsymbol{O}, \tag{3}$$

$$\boldsymbol{B}\boldsymbol{X}_{22}=\boldsymbol{I}_k. \tag{4}$$

由式(4)，得

$$\boldsymbol{X}_{22}=\boldsymbol{B}^{-1}\boldsymbol{I}_k=\boldsymbol{B}^{-1}$$

由式(3)，得

$$\boldsymbol{X}_{21}=\boldsymbol{B}^{-1}\boldsymbol{O}=\boldsymbol{O}$$

将 $\boldsymbol{X}_{21}=\boldsymbol{O}$ 代入式(1)，得

$$\boldsymbol{X}_{11}=\boldsymbol{A}^{-1}\boldsymbol{I}_r=\boldsymbol{A}^{-1}$$

将 $\boldsymbol{X}_{22}=\boldsymbol{B}^{-1}$ 代入式(2)，得

$$\boldsymbol{X}_{12}=-\boldsymbol{A}^{-1}\boldsymbol{C}\boldsymbol{B}^{-1}$$

于是

$$\boldsymbol{P}^{-1}=\begin{pmatrix} \boldsymbol{A}^{-1} & -\boldsymbol{A}^{-1}\boldsymbol{C}\boldsymbol{B}^{-1} \\ \boldsymbol{O} & \boldsymbol{B}^{-1} \end{pmatrix}.$$

特别地，当 $\boldsymbol{C}=\boldsymbol{O}$ 时，有 $\begin{pmatrix} \boldsymbol{A} & \boldsymbol{O} \\ \boldsymbol{O} & \boldsymbol{B} \end{pmatrix}^{-1}=\begin{pmatrix} \boldsymbol{A}^{-1} & \boldsymbol{O} \\ \boldsymbol{O} & \boldsymbol{B}^{-1} \end{pmatrix}$. 这一结果可以推广到更一般的情形. 即设对角分块矩阵

$$\boldsymbol{A}=\begin{pmatrix} \boldsymbol{A}_1 & & & \\ & \boldsymbol{A}_2 & & \\ & & \ddots & \\ & & & \boldsymbol{A}_p \end{pmatrix},$$

其中 $\boldsymbol{A}_i(i=1,2,\cdots,p)$ 为可逆矩阵，则 $\boldsymbol{A}$ 可逆，且

$$\boldsymbol{A}^{-1}=\begin{pmatrix} \boldsymbol{A}_1^{-1} & & & \\ & \boldsymbol{A}_2^{-1} & & \\ & & \ddots & \\ & & & \boldsymbol{A}_p^{-1} \end{pmatrix}.$$

例 2　设矩阵

$$A=\begin{pmatrix}1&1&0&0&0\\0&1&0&0&0\\0&0&3&-2&0\\0&0&7&0&0\\0&0&0&0&8\end{pmatrix},$$

求 A^{-1} 和 A^2.

解　将 A 如下分块

$$A=\left(\begin{array}{cc:cc:c}1&1&0&0&0\\0&1&0&0&0\\\hdashline 0&0&3&-2&0\\0&0&7&0&0\\\hdashline 0&0&0&0&8\end{array}\right)=\begin{pmatrix}A_1&&\\&A_2&\\&&A_3\end{pmatrix},$$

其中 $A_1=\begin{pmatrix}1&1\\0&1\end{pmatrix}$，$A_2=\begin{pmatrix}3&-2\\7&0\end{pmatrix}$，$A_3=(8)$. 于是

$$A^2=\begin{pmatrix}A_1^2&&\\&A_2^2&\\&&A_3^2\end{pmatrix}=\begin{pmatrix}1&2&0&0&0\\0&1&0&0&0\\0&0&-5&-6&0\\0&0&21&-14&0\\0&0&0&0&64\end{pmatrix}.$$

因为

$$A_1^{-1}=\begin{pmatrix}1&-1\\0&1\end{pmatrix},A_2^{-1}=\begin{pmatrix}0&\frac{1}{7}\\-\frac{1}{2}&\frac{3}{14}\end{pmatrix},A_3^{-1}=\frac{1}{8},$$

所以

$$A^{-1}=\begin{pmatrix}A_1^{-1}&&\\&A_2^{-1}&\\&&A_3^{-1}\end{pmatrix}=\begin{pmatrix}1&-1&0&0&0\\0&1&0&0&0\\0&0&0&\frac{1}{7}&0\\0&0&-\frac{1}{2}&\frac{3}{14}&0\\0&0&0&0&\frac{1}{8}\end{pmatrix}.$$

思考与练习 2.4

1. 将矩阵 $\boldsymbol{A}$ 或 $\boldsymbol{B}$ 分块，然后按分块矩阵的乘法，求 $\boldsymbol{AB}$.

(1) $\boldsymbol{A}=\left(\begin{array}{cc:c} 1 & -2 & 0 \\ -1 & 1 & 1 \\ \hdashline 0 & 3 & 1 \end{array}\right)$， $\boldsymbol{B}=\begin{pmatrix} 0 & 1 \\ 1 & 0 \\ 0 & -1 \end{pmatrix}$；

(2) $\boldsymbol{A}=\begin{pmatrix} 2 & 1 & -1 \\ 3 & 0 & -2 \\ 1 & -1 & 1 \end{pmatrix}$， $\boldsymbol{B}=\left(\begin{array}{c:c:c} 1 & 1 & 0 \\ 0 & 0 & -1 \\ -1 & 2 & 1 \end{array}\right)$；

(3) $\boldsymbol{A}=\left(\begin{array}{cc:cc} a & 0 & 0 & 0 \\ 0 & a & 0 & 0 \\ \hdashline 1 & 0 & b & 0 \\ 0 & 1 & 0 & b \end{array}\right)$， $\boldsymbol{B}=\begin{pmatrix} 1 & 0 & c & 0 \\ 0 & 1 & 0 & c \\ 0 & 0 & d & 0 \\ 0 & 0 & 0 & d \end{pmatrix}$.

2. 设下列矩阵的分块适于分块乘法，试计算：

(1) $\begin{pmatrix} \boldsymbol{I} & \boldsymbol{O} \\ \boldsymbol{F} & \boldsymbol{I} \end{pmatrix}\begin{pmatrix} \boldsymbol{A} & \boldsymbol{B} \\ \boldsymbol{C} & \boldsymbol{D} \end{pmatrix}$；　　(2) $\begin{pmatrix} \boldsymbol{O} & \boldsymbol{I} \\ \boldsymbol{I} & \boldsymbol{O} \end{pmatrix}\begin{pmatrix} \boldsymbol{A} & \boldsymbol{B} \\ \boldsymbol{C} & \boldsymbol{D} \end{pmatrix}$.

3. 设矩阵

$$\boldsymbol{H}=\begin{pmatrix} \boldsymbol{O} & \boldsymbol{A} \\ \boldsymbol{B} & \boldsymbol{O} \end{pmatrix},$$

其中，$\boldsymbol{A}$、$\boldsymbol{B}$ 分别为 r 阶、s 阶可逆矩阵，证明：$\boldsymbol{H}$ 可逆，且 $\boldsymbol{H}^{-1}=\begin{pmatrix} \boldsymbol{O} & \boldsymbol{B}^{-1} \\ \boldsymbol{A}^{-1} & \boldsymbol{O} \end{pmatrix}$.

4. 设 $\boldsymbol{P}=\begin{pmatrix} \boldsymbol{A} & \boldsymbol{O} \\ \boldsymbol{C} & \boldsymbol{B} \end{pmatrix}$，其中 $\boldsymbol{A}$、$\boldsymbol{B}$ 分别是 m、n 阶可逆矩阵，试证 $\boldsymbol{P}$ 可逆，并求 $\boldsymbol{P}^{-1}$.

5. 利用分块矩阵求下列矩阵的逆矩阵.

(1) $\begin{pmatrix} 2 & 1 & 0 & 0 \\ 1 & 1 & 0 & 0 \\ -1 & 2 & 2 & 5 \\ 1 & -1 & 1 & 3 \end{pmatrix}$；(2) $\begin{pmatrix} 0 & a_1 & 0 & \cdots & 0 \\ 0 & 0 & a_2 & \cdots & 0 \\ \cdots & \cdots & \cdots & \cdots & \cdots \\ 0 & 0 & 0 & \cdots & a_{n-1} \\ a_n & 0 & 0 & \cdots & 0 \end{pmatrix}$，其中 $a_1a_2\cdots a_n\neq 0$.

6. 设 $\boldsymbol{A}=\begin{pmatrix} a & b & c \\ d & e & f \end{pmatrix}$，$\boldsymbol{B}=\begin{pmatrix} 1 & 0 \\ 1 & 1 \\ 1 & 1 \end{pmatrix}$.

(1) 直接计算 $\boldsymbol{AB}$；

(2) 设 $\boldsymbol{A}=(\boldsymbol{A}_1\quad \boldsymbol{A}_2\quad \boldsymbol{A}_3)$，$\boldsymbol{B}=\begin{pmatrix} \boldsymbol{B}_1 \\ \boldsymbol{B}_2 \\ \boldsymbol{B}_3 \end{pmatrix}$，试利用分块矩阵相乘计算 $\boldsymbol{AB}$.

§2.5 矩阵的初等变换

矩阵的初等变换源于线性方程组的求解，利用矩阵的初等变换将矩阵形状简单化，会给我们研究矩阵带来很大方便．

2.5.1 矩阵的初等变换的概念

定义 2.5.1 以下三种变换，称为矩阵的**初等行(列)变换**：

① 交换矩阵的某两行(列)；

② 用非零数 k 乘以矩阵的某一行(列)；

③ 把矩阵的某一行(列)的 l 倍加到另一行(列)上．

矩阵的初等行变换、初等列变换统称为矩阵的**初等变换**(elementary operation)．

定义 2.5.2 若矩阵 $\boldsymbol{B}$ 可以由矩阵 $\boldsymbol{A}$ 经过一系列矩阵的初等变换得到，则称矩阵 $\boldsymbol{A}$ 与矩阵 $\boldsymbol{B}$ **等价**，记作 $\boldsymbol{A}\cong\boldsymbol{B}$.

矩阵的等价关系具有以下性质：

(1)对任何矩阵 $\boldsymbol{A}$，有 $\boldsymbol{A}\cong\boldsymbol{A}$.（反身性）

(2)若 $\boldsymbol{A}\cong\boldsymbol{B}$，则 $\boldsymbol{B}\cong\boldsymbol{A}$.（对称性）

(3)若 $\boldsymbol{A}\cong\boldsymbol{B}$，$\boldsymbol{B}\cong\boldsymbol{C}$，则 $\boldsymbol{A}\cong\boldsymbol{C}$.（传递性）

容易看出，若 $\boldsymbol{A}$、$\boldsymbol{B}$ 为同阶方阵，且 $\boldsymbol{A}\cong\boldsymbol{B}$，则 $|\boldsymbol{A}|=k|\boldsymbol{B}|\ (k\neq 0)$. 由此可得，当 $\boldsymbol{A}$、$\boldsymbol{B}$ 为等价方阵时，它们要么都可逆，要么都不可逆．

例 1 已知矩阵 $\boldsymbol{A}=\begin{pmatrix}3&2&9&6\\-1&-3&4&-17\\1&4&-7&3\\-1&-4&7&-3\end{pmatrix}$，对其作如下初等行变换：

$$\boldsymbol{A}=\begin{pmatrix}3&2&9&6\\-1&-3&4&-17\\1&4&-7&3\\-1&-4&7&-3\end{pmatrix}\rightarrow\begin{pmatrix}1&4&-7&3\\-1&-3&4&-17\\3&2&9&6\\-1&-4&7&-3\end{pmatrix}\begin{matrix}\\ \times 1\\ \times(-3)\\ \times 1\end{matrix}$$

$$\rightarrow\begin{pmatrix}1&4&-7&3\\0&1&-3&-14\\0&-10&30&-3\\0&0&0&0\end{pmatrix}\xrightarrow{r_3+10r_2}\begin{pmatrix}1&4&-7&3\\0&1&-3&-14\\0&0&0&-143\\0&0&0&0\end{pmatrix}=\boldsymbol{B}.$$

这里的矩阵 $\boldsymbol{B}$ 称为阶梯形矩阵．

一般地，称满足下列条件的矩阵为**阶梯形矩阵**：

(1)如果存在零行(元素全为零的行)，则零行都在非零行(元素不全为零的行)的下边；

(2)任一行从左到右第一个非零元素(称为首非零元)所在列中，在这个元素左下方的元素(如果还有的话)全为零．例如：

$$\begin{pmatrix}0&3&1&-1\\0&0&0&1\\0&0&0&0\end{pmatrix},\quad\begin{pmatrix}1&2&1&-1&2\\0&0&1&0&2\\0&0&0&2&3\end{pmatrix},\quad\begin{pmatrix}1&0&-1\\0&2&1\\0&0&3\end{pmatrix},$$

均为阶梯形矩阵．

对例 1 中的矩阵 $\boldsymbol{B}$ 再作初等行变换：

$$\boldsymbol{B}=\begin{pmatrix}1&4&-7&3\\0&1&-3&-14\\0&0&0&-143\\0&0&0&0\end{pmatrix}\xrightarrow{r_3\times\frac{1}{-143}}\begin{pmatrix}1&4&-7&3\\0&1&-3&-14\\0&0&0&1\\0&0&0&0\end{pmatrix}\xrightarrow[r_1+(-3)r_3]{r_2+14r_3}$$

$$\begin{pmatrix}1&4&-7&0\\0&1&-3&0\\0&0&0&1\\0&0&0&0\end{pmatrix}\xrightarrow{r_1+(-4)r_2}\begin{pmatrix}1&0&5&0\\0&1&-3&0\\0&0&0&1\\0&0&0&0\end{pmatrix}=\boldsymbol{C},$$

称这种形状的阶梯形矩阵 $\boldsymbol{C}$ 为简化阶梯形矩阵．

一般地，称满足下列条件的阶梯形矩阵为**简化阶梯形矩阵**：

(1)各非零行的首非零元都是 1；

(2)每个首非零元所在列的其余元素都是零．

显而易见，任何矩阵经过若干次初等变换总能化成阶梯形矩阵(或简化阶梯形矩阵)．特别地，仅仅施行矩阵的初等行变换也可以化成阶梯形矩阵(或简化阶梯形矩阵)．

如果对上述矩阵 $\boldsymbol{C}$ 再作初等列变换：

$$
C=\begin{pmatrix}1&0&5&0\\0&1&-3&0\\0&0&0&1\\0&0&0&0\end{pmatrix}\rightarrow\begin{pmatrix}1&0&0&0\\0&1&0&0\\0&0&0&1\\0&0&0&0\end{pmatrix}\rightarrow\begin{pmatrix}1&0&0&0\\0&1&0&0\\0&0&1&0\\0&0&0&0\end{pmatrix}=D.
$$

$\times 3$ $\times(-5)$

这里的矩阵 D 称为矩阵 A 的标准形．一般地，矩阵 A 的标准形 D 具有如下特点：D 的左上角是一个单位矩阵，其余元素全为 0.

定理 2.5.1 任意一个矩阵 $A=(a_{ij})_{m\times n}$ 都与形式为

$$
D=\underbrace{\begin{pmatrix}1&&&&&\\&\ddots&&&&\\&&1&&&\\&&&0&&\\&&&&\ddots&\\&&&&&0\end{pmatrix}_{m\times n}}_{r\text{ 列}}\Big\}r\text{ 行}
$$

$$
=\begin{pmatrix}I_r & O_{r\times(n-r)}\\ O_{(m-r)\times r} & O_{(m-r)\times(n-r)}\end{pmatrix}
$$

的矩阵等价，它称为矩阵 A 的**标准形**．

证 若 $A=O$，则 A 已是标准形（此时 $r=0$），即 $D=A$，于是 $A\cong D$.

若 $A\neq O$，则 A 至少有一个元素不为零．不妨设 $a_{11}\neq 0$（否则，可以对 A 施行第①种初等变换，使左上角元素不为零），把 A 的第 1 行的 $-\dfrac{a_{i1}}{a_{11}}$ 倍加到第 i 行上（$i=2,3,\cdots,m$），再把所得到矩阵的第 1 列的 $-\dfrac{a_{1j}}{a_{11}}$ 倍加到第 j 列上（$j=2,3,\cdots,n$）．然后，把第 1 行乘以数 $\dfrac{1}{a_{11}}$，于是 A 化为

$$
A_1=\begin{pmatrix}1&0&\cdots&0\\0&a'_{22}&\cdots&a'_{2n}\\ \cdots&\cdots&\cdots&\cdots\\0&a'_{m2}&\cdots&a'_{mn}\end{pmatrix}=\begin{pmatrix}1&O\\O&B_1\end{pmatrix}.
$$

如果 $B_1=O$，则 A_1 已是标准形（此时 $r=1$），即 $D=A_1$，于是 $A\cong D$．如果 $B_1\neq O$，则按上面的方法，继续下去，最后总可以将 A 化为 D 的形式，即 $A\cong D$.

推论 n 阶矩阵 A 可逆的充分必要条件是 A 的标准形为单位矩阵 I_n.

例 2 求矩阵

$$A=\begin{pmatrix}2&1&2&3\\4&1&3&5\\2&0&1&2\end{pmatrix}$$

的标准形 $\boldsymbol{D}$.

解

$$A=\begin{pmatrix}2&1&2&3\\4&1&3&5\\2&0&1&2\end{pmatrix}\to\begin{pmatrix}2&1&2&3\\0&-1&-1&-1\\0&-1&-1&-1\end{pmatrix}$$

$$\to\begin{pmatrix}2&0&0&0\\0&-1&-1&-1\\0&-1&-1&-1\end{pmatrix}\to\begin{pmatrix}1&0&0&0\\0&-1&-1&-1\\0&-1&-1&-1\end{pmatrix}$$

$$\to\begin{pmatrix}1&0&0&0\\0&-1&-1&-1\\0&0&0&0\end{pmatrix}\to\begin{pmatrix}1&0&0&0\\0&-1&0&0\\0&0&0&0\end{pmatrix}$$

$$\to\begin{pmatrix}1&0&0&0\\0&1&0&0\\0&0&0&0\end{pmatrix},$$

即矩阵 $\boldsymbol{A}$ 的标准形为

$$D=\begin{pmatrix}1&0&0&0\\0&1&0&0\\0&0&0&0\end{pmatrix}.$$

2.5.2 初等矩阵

定义 2.5.3 由单位矩阵 $\boldsymbol{I}$ 经过一次初等行(列)变换所得到的矩阵,称为**初等矩阵**(elementary matrix).

初等矩阵有下面三种类型.

(1)对 $\boldsymbol{I}$ 施行第①种初等变换得到的矩阵:

$$
\boldsymbol{I}(ij)=\begin{pmatrix}
1 & & & & & & & \\
 & \ddots & & & & & & \\
 & & 0 & \cdots & \cdots & \cdots & 1 & & \\
 & & \vdots & 1 & & & \vdots & & \\
 & & \vdots & & \ddots & & \vdots & & \\
 & & \vdots & & & 1 & \vdots & & \\
 & & 1 & \cdots & \cdots & \cdots & 0 & & \\
 & & & & & & & \ddots & \\
 & & & & & & & & 1
\end{pmatrix}\begin{matrix} \\ \\ i\text{行} \\ \\ \\ \\ j\text{行} \\ \\ \\ \end{matrix}
$$

$$\qquad\qquad i\text{列}\qquad\qquad\qquad j\text{列}$$

(2)对 $\boldsymbol{I}$ 施行第②种初等变换得到的矩阵:

$$
\boldsymbol{I}(i(k))=\begin{pmatrix}
1 & & & & \\
 & \ddots & & & \\
 & & k & & \\
 & & & \ddots & \\
 & & & & 1
\end{pmatrix}\begin{matrix} \\ \\ i\text{行} \\ \\ \\ \end{matrix}
$$

$$i\text{列}$$

(3)对 $\boldsymbol{I}$ 施行第③种初等变换得到的矩阵:

$$
\boldsymbol{I}(ij(l))=\begin{pmatrix}
1 & & & & & & \\
 & \ddots & & & & & \\
 & & 1 & \cdots & l & & \\
 & & & \ddots & \vdots & & \\
 & & & & 1 & & \\
 & & & & & \ddots & \\
 & & & & & & 1
\end{pmatrix}\begin{matrix} \\ \\ i\text{行} \\ \\ j\text{行} \\ \\ \\ \end{matrix}
$$

$$i\text{列}\qquad j\text{列}$$

容易证明,初等矩阵都可逆,且它们的逆矩阵、转置矩阵仍是初等矩阵. 事实上,

$$\boldsymbol{I}(ij)^{-1}=\boldsymbol{I}(ij),\boldsymbol{I}(i(k))^{-1}=\boldsymbol{I}(i(\frac{1}{k})),\boldsymbol{I}(ij(l))^{-1}=\boldsymbol{I}(ij(-l))$$

$$\boldsymbol{I}(ij)^{T}=\boldsymbol{I}(ij),\boldsymbol{I}(i(k))^{T}=\boldsymbol{I}(i(k)),\boldsymbol{I}(ij(l))^{T}=\boldsymbol{I}(ji(l)).$$

例 1 设

$$E_1=\begin{pmatrix}1&0&0\\0&1&0\\-4&0&1\end{pmatrix},E_2=\begin{pmatrix}0&1&0\\1&0&0\\0&0&1\end{pmatrix},E_3=\begin{pmatrix}1&0&0\\0&1&0\\0&0&5\end{pmatrix},A=\begin{pmatrix}a&b&c\\d&e&f\\g&h&i\end{pmatrix}$$

计算 E_1A,E_2A,E_3A 与 AE_3，说明这些乘积可由 A 进行怎样的初等变换得到？

解 $E_1A=\begin{pmatrix}a&b&c\\d&e&f\\g-4a&h-4b&i-4c\end{pmatrix},E_2A=\begin{pmatrix}d&e&f\\a&b&c\\g&h&i\end{pmatrix}$,

$$E_3A=\begin{pmatrix}a&b&c\\d&e&f\\5g&5h&5i\end{pmatrix},AE_3=\begin{pmatrix}a&b&5c\\d&e&5f\\g&h&5i\end{pmatrix}.$$

易见，把 A 的第 1 行乘 -4 加到第 3 行得 E_1A（注意 E_1 是由单位矩阵施以同一初等行变换得到的初等矩阵），交换 A 的第 1 行与第 2 行得 E_2A，把 A 的第 3 行乘 5 得 E_3A，注意到 E_1,E_2,E_3 可以看作是由单位矩阵分别施以相应的初等行变换得到的初等矩阵；把 A 的第 3 列乘 5 得 AE_3，注意到 E_3 可以看作是由单位矩阵施以相应的初等列变换得到的初等矩阵．一般地，矩阵的初等变换与初等矩阵有如下关系．

定理 2.5.2 设矩阵 $A=(a_{ij})_{m\times n}$，则

（1）对 A 施行一次初等行变换所得到的矩阵，等于用同种 m 阶初等矩阵左乘 A；

（2）对 A 施行一次初等列变换所得到的矩阵，等于用同种 n 阶初等矩阵右乘 A.

定理 2.5.2 表明，用初等矩阵左乘 A，相当于对 A 施行相应的初等行变换；用初等矩阵右乘 A，相当于对 A 施行相应的初等列变换．

请读者根据定理 2.5.2，试将 2.5.1 小节例 2 中矩阵 A 的标准形 D 表示成 A 与初等矩阵的乘积．

2.5.3 用初等变换求逆矩阵

在 §2.3 中，我们给出了利用伴随矩阵求逆矩阵的一种方法，但对于较高阶的矩阵，用伴随矩阵法求逆矩阵计算量太大，下面介绍一种较为简便的方法——初等变换法．我们先看一个定理．

定理 2.5.3 n 阶方阵 A 可逆的充要条件是 A 可以表示成一些初等矩阵的乘积．

证 必要性：设 A 可逆，则由定理 2.5.1 的推论可知，$A\cong I_n$. 假设 A 经过了 s 次初等行变换和 t 次初等列变换化为 I_n，于是由定理 2.5.2 可知，存在初等矩阵

$\boldsymbol{P}_1,\boldsymbol{P}_2,\cdots,\boldsymbol{P}_s;\boldsymbol{Q}_1,\boldsymbol{Q}_2,\cdots,\boldsymbol{Q}_t$ 使

$$\boldsymbol{I}_n=\boldsymbol{P}_s\boldsymbol{P}_{s-1}\cdots\boldsymbol{P}_2\boldsymbol{P}_1\boldsymbol{A}\boldsymbol{Q}_1\boldsymbol{Q}_2\cdots\boldsymbol{Q}_t,$$

从而

$$\begin{aligned}\boldsymbol{A}&=\boldsymbol{P}_1^{-1}\boldsymbol{P}_2^{-1}\cdots\boldsymbol{P}_s^{-1}\boldsymbol{I}_n\boldsymbol{Q}_t^{-1}\cdots\boldsymbol{Q}_2^{-1}\boldsymbol{Q}_1^{-1}\\&=\boldsymbol{P}_1^{-1}\boldsymbol{P}_2^{-1}\cdots\boldsymbol{P}_s^{-1}\boldsymbol{Q}_t^{-1}\cdots\boldsymbol{Q}_2^{-1}\boldsymbol{Q}_1^{-1}.\end{aligned}$$

因初等矩阵的逆矩阵仍是初等矩阵,所以上式就说明了 $\boldsymbol{A}$ 可以表示成一些初等矩阵的乘积.

充分性:设 $\boldsymbol{A}=\boldsymbol{E}_1\boldsymbol{E}_2\cdots\boldsymbol{E}_p$,其中 $\boldsymbol{E}_i(i=1,2,\cdots,p)$ 为初等矩阵. 因初等矩阵可逆,所以

$$|\boldsymbol{A}|=|\boldsymbol{E}_1\boldsymbol{E}_2\cdots\boldsymbol{E}_p|=|\boldsymbol{E}_1||\boldsymbol{E}_2|\cdots|\boldsymbol{E}_p|\neq 0,$$

即 $\boldsymbol{A}$ 可逆.

由上面定理可得求矩阵逆矩阵的另一方法.

设 n 阶方阵 $\boldsymbol{A}$ 可逆,则 $\boldsymbol{A}^{-1}$ 也可逆,根据定理 2.5.3,存在初等矩阵 $\boldsymbol{G}_1,\boldsymbol{G}_2,\cdots,\boldsymbol{G}_k$,使

$$\boldsymbol{A}^{-1}=\boldsymbol{G}_1\boldsymbol{G}_2\cdots\boldsymbol{G}_k,$$

于是有

$$\boldsymbol{A}^{-1}\boldsymbol{A}=\boldsymbol{G}_1\boldsymbol{G}_2\cdots\boldsymbol{G}_k\boldsymbol{A},$$

即

$$\boldsymbol{I}=\boldsymbol{G}_1\boldsymbol{G}_2\cdots\boldsymbol{G}_k\boldsymbol{A},\tag{1}$$

$$\boldsymbol{A}^{-1}=\boldsymbol{G}_1\boldsymbol{G}_2\cdots\boldsymbol{G}_k\boldsymbol{I}.\tag{2}$$

式(1)和式(2)表明,如果用一系列初等行变换把 $\boldsymbol{A}$ 化为单位矩阵 $\boldsymbol{I}$,那么用同样的初等行变换就把单位矩阵 $\boldsymbol{I}$ 化成了 $\boldsymbol{A}$ 的逆矩阵 $\boldsymbol{A}^{-1}$. 于是就得到了一个用初等行变换求逆矩阵的方法:对于给定的 n 阶可逆矩阵 $\boldsymbol{A}$,作一个 $n\times 2n$ 矩阵 $(\boldsymbol{A}\,\vdots\,\boldsymbol{I}_n)$,然后对此矩阵施行初等行变换,直至把子块 $\boldsymbol{A}$ 化为单位矩阵 $\boldsymbol{I}_n$,这时子块 $\boldsymbol{I}_n$ 即化成了 $\boldsymbol{A}^{-1}$.

例 1 设矩阵

$$\boldsymbol{A}=\begin{pmatrix}1&0&1\\2&1&0\\-3&2&-5\end{pmatrix},$$

求 $\boldsymbol{A}^{-1}$.

解 对矩阵 $(\boldsymbol{A}\,\vdots\,\boldsymbol{I}_3)$ 作初等行变换

$$(\boldsymbol{A}\,\vdots\,\boldsymbol{I}_3)=\left(\begin{array}{ccc:ccc}1&0&1&1&0&0\\2&1&0&0&1&0\\-3&2&-5&0&0&1\end{array}\right)$$

$$\rightarrow\left(\begin{array}{ccc:ccc}1&0&1&1&0&0\\0&1&-2&-2&1&0\\0&2&-2&3&0&1\end{array}\right)$$

$$\rightarrow\left(\begin{array}{ccc:ccc}1&0&1&1&0&0\\0&1&-2&-2&1&0\\0&0&2&7&-2&1\end{array}\right)$$

$$\rightarrow\left(\begin{array}{ccc:ccc}1&0&0&-\frac{5}{2}&1&-\frac{1}{2}\\0&1&0&5&-1&1\\0&0&2&7&-2&1\end{array}\right)$$

$$\rightarrow\left(\begin{array}{ccc:ccc}1&0&0&-\frac{5}{2}&1&-\frac{1}{2}\\0&1&0&5&-1&1\\0&0&1&\frac{7}{2}&-1&\frac{1}{2}\end{array}\right)$$

于是

$$\boldsymbol{A}^{-1}=\begin{pmatrix}-\frac{5}{2}&1&-\frac{1}{2}\\5&-1&1\\\frac{7}{2}&-1&\frac{1}{2}\end{pmatrix}.$$

给定一个 n 阶方阵 $\boldsymbol{A}$，即使不知道 $\boldsymbol{A}$ 是否可逆，也可以按上述方法做：在对矩阵 $(\boldsymbol{A} \vdots \boldsymbol{I}_n)$ 进行初等行变换的过程中，若化到某一步已能看出它的左边子块的行列式等于零，则矩阵 $\boldsymbol{A}$ 必定不可逆．所以，初等行变换法也可用来判定方阵 $\boldsymbol{A}$ 是否可逆，并且在 $\boldsymbol{A}$ 可逆的情况下，求出 $\boldsymbol{A}^{-1}$ 来．

例 2 判定矩阵 $\boldsymbol{A}$ 是否可逆？若可逆，求 $\boldsymbol{A}^{-1}$.

$$\boldsymbol{A}=\begin{pmatrix}1&-2&-1&-2\\4&1&2&1\\2&5&4&-1\\1&1&1&1\end{pmatrix}.$$

解 对矩阵 $(\boldsymbol{A} \vdots \boldsymbol{I}_4)$ 作初等行变换

$$(\boldsymbol{A} \vdots \boldsymbol{I}_4)=\left(\begin{array}{cccc:cccc}1&-2&-1&-2&1&0&0&0\\4&1&2&1&0&1&0&0\\2&5&4&-1&0&0&1&0\\1&1&1&1&0&0&0&1\end{array}\right)$$

$$\to\left(\begin{array}{cccc:cccc}1 & -2 & -1 & -2 & 1 & 0 & 0 & 0\\ 0 & 9 & 6 & 9 & -4 & 1 & 0 & 0\\ 0 & 9 & 6 & 3 & -2 & 0 & 1 & 0\\ 0 & 3 & 2 & 3 & -1 & 0 & 0 & 1\end{array}\right).$$

显然,矩阵左边子块行列式

$$\begin{vmatrix}1 & -2 & -1 & -2\\ 0 & 9 & 6 & 9\\ 0 & 9 & 6 & 3\\ 0 & 3 & 2 & 3\end{vmatrix}=0.$$

所以矩阵 $\boldsymbol{A}$ 不可逆.

例 3 (用可逆矩阵进行保密编译码)在英文中传递消息,通用的保密措施是把消息中的每个英文字母用一个整数来表示,然后传送这组整数. 如将 26 个英文字母 $A,B,C,\cdots,Y,Z$ 依次对应数字 1,2,3,4,…,25,26. 若要发出信息 action,则此信息的编码是 1,3,20,9,15,14. 但是,这种编码很容易被破译. 在一段较长的信息中,人们可以根据数字出现的频率猜测每一数字表示的字母. 这时,可以用矩阵乘法对信息进行加密.

我们对单位矩阵 $\boldsymbol{I}$ 施以第三种及第一种初等变换,得到一个行列式等于 ±1 的可逆的整数元素矩阵,如

$$\boldsymbol{A}=\begin{pmatrix}1 & 2 & 3\\ 1 & 1 & 2\\ 0 & 1 & 2\end{pmatrix}.$$

将要传出信息的编码 1,3,20,9,15,14 放置在 3 行矩阵 $\boldsymbol{B}$ 的各列上,即

$$\boldsymbol{B}=\begin{pmatrix}1 & 9\\ 3 & 15\\ 20 & 14\end{pmatrix}.$$

作乘积

$$\boldsymbol{AB}=\begin{pmatrix}1 & 2 & 3\\ 1 & 1 & 2\\ 0 & 1 & 2\end{pmatrix}\begin{pmatrix}1 & 9\\ 3 & 15\\ 20 & 14\end{pmatrix}=\begin{pmatrix}67 & 81\\ 44 & 52\\ 43 & 43\end{pmatrix}$$

则将传出的信息经过乘 $\boldsymbol{A}$ 编成密码后发出,收到的信息为 67,44,43,81,52,43.

接收到信息的人可通过乘以 $\boldsymbol{A}^{-1}$ 进行解码

$$\boldsymbol{A}^{-1}\begin{pmatrix}67 & 81\\ 44 & 52\\ 43 & 43\end{pmatrix}=\begin{pmatrix}0 & 1 & -1\\ 2 & -2 & -1\\ -1 & 1 & 1\end{pmatrix}\begin{pmatrix}67 & 81\\ 44 & 52\\ 43 & 43\end{pmatrix}=\begin{pmatrix}1 & 9\\ 3 & 15\\ 20 & 14\end{pmatrix}.$$

最后,利用使用的代码将密码恢复为明码,得到信息 action. 经过这样变换的信息就难以按其出现的频率来破译了.

思考与练习 2.5

1. 设 $\boldsymbol{A}=\begin{pmatrix} a_1 & a_2 & a_3 & a_4 \\ b_1 & b_2 & b_3 & b_4 \\ c_1 & c_2 & c_3 & c_4 \end{pmatrix}$,试计算:

(1) $\begin{pmatrix} 0 & 1 & 0 \\ 1 & 0 & 0 \\ 0 & 0 & 1 \end{pmatrix}\boldsymbol{A}$; (2) $\begin{pmatrix} 1 & 0 & 0 \\ 0 & 1 & 0 \\ k & 0 & 1 \end{pmatrix}\boldsymbol{A}$;

(3) $\begin{pmatrix} 1 & & \\ & k & \\ & & 1 \end{pmatrix}\boldsymbol{A}, k\neq 0$; (4) $\boldsymbol{A}\begin{pmatrix} 0 & 1 & 0 & 0 \\ 1 & 0 & 0 & 0 \\ 0 & 0 & 1 & 0 \\ 0 & 0 & 0 & 1 \end{pmatrix}$.

2. 判断下列命题的真伪,并说明理由.

(1)初等矩阵均可逆;

(2)若 $\boldsymbol{A}$ 可经初等行变换化为单位矩阵,则 $\boldsymbol{A}$ 可逆;

(3)若 $\boldsymbol{A}$ 可逆,则把 $\boldsymbol{A}$ 化为单位矩阵的初等行变换把 $\boldsymbol{A}^{-1}$ 化为 $\boldsymbol{I}$.

3. 利用初等行变换将下列矩阵化为简化阶梯形矩阵.

(1) $\begin{pmatrix} 1 & 0 & 1 \\ 2 & 1 & 0 \\ -3 & 2 & 1 \end{pmatrix}$; (2) $\begin{pmatrix} 2 & 1 & 2 \\ 4 & 1 & 3 \\ 2 & 0 & 1 \end{pmatrix}$;

(3) $\begin{pmatrix} 2 & 0 & -1 & 3 \\ 1 & 2 & -2 & 4 \\ 0 & 1 & 3 & -1 \end{pmatrix}$; (4) $\begin{pmatrix} 1 & 2 & 1 \\ -1 & -1 & 0 \\ 0 & 1 & 1 \\ 1 & 3 & 2 \end{pmatrix}$.

4. 用矩阵的初等变换判断下列矩阵是否可逆?若可逆,求其逆矩阵.

(1) $\begin{pmatrix} 2 & 2 & 3 \\ 1 & -1 & 0 \\ -1 & 2 & 1 \end{pmatrix}$; (2) $\begin{pmatrix} 1 & 2 & 3 & 4 \\ 0 & 1 & 2 & 3 \\ 0 & 0 & 1 & 2 \\ 0 & 0 & 0 & 1 \end{pmatrix}$;

(3) $\begin{pmatrix} 1 & -1 & 0 & 0 \\ -1 & 1 & -1 & 0 \\ 0 & -1 & 1 & -1 \\ 0 & 0 & -1 & 1 \end{pmatrix}$; (4) $\begin{pmatrix} 0 & 1 & 1 & \cdots & 1 \\ 1 & 0 & 1 & \cdots & 1 \\ 1 & 1 & 0 & \cdots & 1 \\ \cdots & \cdots & \cdots & \cdots & \cdots \\ 1 & 1 & 1 & \cdots & 0 \end{pmatrix}$;

(5) $\begin{pmatrix} 0 & a_1 & 0 & \cdots & 0 & 0 \\ 0 & 0 & a_2 & \cdots & 0 & 0 \\ \cdots & \cdots & \cdots & \cdots & \cdots & \cdots \\ 0 & 0 & 0 & \cdots & 0 & a_{n-1} \\ a_n & 0 & 0 & \cdots & 0 & 0 \end{pmatrix}$,其中 $a_1a_2\cdots a_n \neq 0$.

5. 设 $\boldsymbol{A}$ 为三阶矩阵,将 $\boldsymbol{A}$ 的第二列加到第一列得矩阵 $\boldsymbol{B}$,交换 $\boldsymbol{B}$ 的第二行与第三行得单位矩阵,令矩阵 $\boldsymbol{P}_1 = \begin{pmatrix} 1 & 0 & 0 \\ 1 & 1 & 0 \\ 0 & 0 & 1 \end{pmatrix}$,$\boldsymbol{P}_2 = \begin{pmatrix} 1 & 0 & 0 \\ 0 & 0 & 1 \\ 0 & 1 & 0 \end{pmatrix}$,求 $\boldsymbol{A}$.

6. 设 $\boldsymbol{A}$ 为 n 阶可逆矩阵,$\boldsymbol{B}$ 为任一 $n \times m$ 矩阵,证明:如果对 $\boldsymbol{A}$ 施行一系列初等行变换把 $\boldsymbol{A}$ 化成单位矩阵 $\boldsymbol{I}$,则对矩阵 $\boldsymbol{B}$ 施行同样的这一系列初等变换就把 $\boldsymbol{B}$ 化为 $\boldsymbol{A}^{-1}\boldsymbol{B}$.

7. 解矩阵方程 $\boldsymbol{XA} = \boldsymbol{B}$,其中 $\boldsymbol{A} = \begin{pmatrix} 1 & 1 & -1 \\ -2 & 1 & 1 \\ 1 & 1 & 1 \end{pmatrix}$,$\boldsymbol{B} = \begin{pmatrix} 1 & -1 & 1 \\ 0 & 3 & 1 \end{pmatrix}$.

8. 设 $\boldsymbol{A} = \begin{pmatrix} 2 & 1 & 3 \\ 4 & 2 & 7 \\ 1 & 3 & 5 \end{pmatrix}$,$\boldsymbol{B} = \begin{pmatrix} 2 & 1 & 3 \\ 1 & 3 & 5 \\ 4 & 2 & 7 \end{pmatrix}$,$\boldsymbol{C} = \begin{pmatrix} 0 & 1 & 3 \\ 0 & 2 & 7 \\ -5 & 3 & 5 \end{pmatrix}$.

(1)求初等矩阵 $\boldsymbol{E}$,使 $\boldsymbol{EA} = \boldsymbol{B}$;

(2)求初等矩阵 $\boldsymbol{F}$,使 $\boldsymbol{AF} = \boldsymbol{C}$.

9. 求初等矩阵 $\boldsymbol{E}$ 使得 $\boldsymbol{AE} = \boldsymbol{B}$.

(1) $\boldsymbol{A} = \begin{pmatrix} 4 & 1 & 3 \\ 2 & 1 & 4 \\ 1 & 3 & 2 \end{pmatrix}$, $\boldsymbol{B} = \begin{pmatrix} 3 & 1 & 4 \\ 4 & 1 & 2 \\ 2 & 3 & 1 \end{pmatrix}$;

(2) $\boldsymbol{A} = \begin{pmatrix} 2 & 4 \\ 1 & 6 \end{pmatrix}$, $\boldsymbol{B} = \begin{pmatrix} 2 & -2 \\ 1 & 3 \end{pmatrix}$;

(3) $\boldsymbol{A} = \begin{pmatrix} 4 & -2 & 3 \\ -2 & 4 & 2 \\ 6 & 1 & -2 \end{pmatrix}$, $\boldsymbol{B} = \begin{pmatrix} 2 & -2 & 3 \\ -1 & 4 & 2 \\ 3 & 1 & -2 \end{pmatrix}$.

§2.6 矩阵的秩

矩阵的秩是矩阵的本质属性,它在方程组理论中起着关键作用.

2.6.1 矩阵秩的概念

定义 2.6.1 设矩阵 $\boldsymbol{A} = (a_{ij})_{m \times n}$,在 $\boldsymbol{A}$ 中任取 k 行 k 列($k \leqslant \min(m, n)$),位

于这些行列交叉点处的元素(按原来的相对位置)所构成的 k 阶行列式,称为矩阵 $\boldsymbol{A}$ 的一个 **$\boldsymbol{k}$ 阶子式**. n 阶矩阵 $\boldsymbol{A}$ 的行标与列标相同的 k 阶子式

$$\begin{vmatrix} a_{i_1i_1} & a_{i_1i_2} & \cdots & a_{i_1i_k} \\ a_{i_2i_1} & a_{i_2i_2} & \cdots & a_{i_2i_k} \\ \cdots & \cdots & \cdots & \cdots \\ a_{i_ki_1} & a_{i_ki_2} & \cdots & a_{i_ki_k} \end{vmatrix} \quad (1\leqslant i_1 < i_2 < \cdots < i_k \leqslant n)$$

称为 $\boldsymbol{A}$ 的一个 k **阶主子式**.

例如,在矩阵

$$\boldsymbol{A}=\begin{pmatrix} 1 & 1 & 0 & 1 \\ -1 & 0 & 1 & 0 \\ 2 & 2 & -2 & -2 \end{pmatrix}$$

中,取第 1、2 行和第 2、4 列,它们交叉点的元素所组成的二阶行列式

$$\begin{vmatrix} 1 & 1 \\ 0 & 0 \end{vmatrix}$$

是 $\boldsymbol{A}$ 的一个二阶子式. 又取第 1、2、3 行和第 1、2、4 列,它们交叉点的元素所组成的三阶行列式

$$\begin{vmatrix} 1 & 1 & 1 \\ -1 & 0 & 0 \\ 2 & 2 & -2 \end{vmatrix}$$

是 $\boldsymbol{A}$ 的一个三阶子式.

对于任何一个矩阵 $\boldsymbol{A}$,由于行和列的选法很多,因而 $\boldsymbol{A}$ 的子式也很多. 但在 $\boldsymbol{A}$ 的非零子式中,总有一个子式的阶数最高.

定义 2.6.2 矩阵 $\boldsymbol{A}$ 中不为零子式的最高阶数 r,即 $\boldsymbol{A}$ 中存在一个 r 阶子式不等于零,而所有 $r+1$ 阶子式皆为零,称为矩阵 $\boldsymbol{A}$ 的**秩**①(rank),记作 $\boldsymbol{r}(\boldsymbol{A})$ 或秩($\boldsymbol{A}$).

规定零矩阵的秩等于零.

对于任何 $m\times n$ 矩阵 $\boldsymbol{A}$,显然有 $0\leqslant \boldsymbol{r}(\boldsymbol{A})\leqslant \min(m,n)$. 当 $\boldsymbol{r}(\boldsymbol{A})=\min(m,n)$ 时,称 $\boldsymbol{A}$ 为**满秩矩阵**. 特别地,当 $\boldsymbol{r}(\boldsymbol{A})=m$ 时,称 $\boldsymbol{A}$ 为**行满秩矩阵**;当 $\boldsymbol{r}(\boldsymbol{A})=n$ 时,称 $\boldsymbol{A}$ 为**列满秩矩阵**. 当 $\boldsymbol{r}(\boldsymbol{A})<\min(m,n)$ 时,称 $\boldsymbol{A}$ 为**降秩矩阵**.

---

① 矩阵的秩是由德国数学家弗罗贝尼乌斯(F. G. Frobenius,1849 ~ 1917)于 1877 年提出的. 弗罗贝尼乌斯的主要贡献在群论方面.

例 1 设矩阵

$$A=\begin{pmatrix}1 & 3 & 1 & 1\\ 4 & -1 & 2 & 0\\ 1 & 0 & 0 & 0\\ 0 & 0 & 0 & 0\end{pmatrix},$$

求秩(A).

解 A 只有一个 4 阶子式,且显然为零. 而在 A 的 3 阶子式中有

$$\begin{vmatrix}1 & 3 & 1\\ 4 & -1 & 2\\ 1 & 0 & 0\end{vmatrix}=7\neq 0,$$

即 A 的不为零子式的最高阶数为 3,所以秩$(A)=3$.

例 2 在矩阵

$$A=\begin{pmatrix}1 & -1 & 2 & 4\\ 0 & 0 & 5 & -2\\ 0 & 0 & 0 & 0\end{pmatrix}$$

中,第 1、2 行与第 1、3 列交叉点元素构成的 2 阶子式不为零,而 A 所有 3 阶子式全为 0,所以秩$(A)=2$.

注意到本例中,矩阵 A 是一个阶梯形矩阵,A 的秩恰好等于它的非零行的行数. 一般地,这一结论也是正确的.

例 3 设 $A=(a_{ij})_{n\times n}$是可逆矩阵,则 $|A|\neq 0$,即 A 的不等于零的子式的最高阶数为 n,所以秩$(A)=n$. 反之,若 n 阶矩阵 A 的秩为 n,则 A 的唯一的 n 阶子式 $|A|\neq 0$,所以 A 可逆.

由定义 2.6.2,不难得出以下几个结论:

(1)秩$(A)\geq r$ 的充要条件是 A 有一个 r 阶子式不为零;秩$(A)\leq r$ 的充要条件是 A 的所有 $r+1$ 阶子式全为 0.

(2)对任何矩阵 A,有秩$(A)=$秩(A^T).

2.6.2 矩阵秩的求法

一般来说,只根据定义求矩阵的秩有时计算量是很大的. 下面给出一种用初等变换求矩阵秩的方法.

定理 2.6.1 初等变换不改变矩阵的秩.

证 现考察经一次初等行变换的情形.

设矩阵 $\boldsymbol{A}$ 经一次初等行变换化为矩阵 $\boldsymbol{B}$,且 $\boldsymbol{r}(\boldsymbol{A})=r_1,\boldsymbol{r}(\boldsymbol{B})=r_2$.

当对 $\boldsymbol{A}$ 施行交换两行或以某非零数乘某一行的变换时,矩阵 $\boldsymbol{B}$ 中任何 r_1+1 阶子式等于某一非零数 c 与 $\boldsymbol{A}$ 的某个 r_1+1 阶子式的乘积,因 $\boldsymbol{A}$ 的任何 r_1+1 阶子式皆为零,所以 $\boldsymbol{B}$ 的任何 r_1+1 阶子式也都为零.

当对 $\boldsymbol{A}$ 施行将第 i 行的 l 倍加到第 j 行的变换时,矩阵 $\boldsymbol{B}$ 的任意一个 r_1+1 阶子式 $|\boldsymbol{B}_1|$,若它不含 $\boldsymbol{B}$ 的第 j 行元素或既含 $\boldsymbol{B}$ 的第 i 行元素又含第 j 行元素,则它即等于 $\boldsymbol{A}$ 的一个 r_1+1 阶子式;若 $|\boldsymbol{B}_1|$ 中含 $\boldsymbol{B}$ 的第 j 行元素但不含第 i 行元素时,则 $|\boldsymbol{B}_1|=|\boldsymbol{A}_1|+l|\boldsymbol{A}_2|$,其中 $|\boldsymbol{A}_1|,|\boldsymbol{A}_2|$ 是 $\boldsymbol{A}$ 的两个 r_1+1 阶子式. 因 $\boldsymbol{A}$ 的任何 r_1+1 阶子式皆为零,所以 $\boldsymbol{B}$ 的任何 r_1+1 阶子式也都为零.

由以上分析可知,$r_2<r_1+1$ 即 $r_2\leqslant r_1$.

$\boldsymbol{A}$ 经一次初等变换得 $\boldsymbol{B}$,$\boldsymbol{B}$ 也可以经相应的初等变换得 $\boldsymbol{A}$,因此又有 $r_1\leqslant r_2$,于是 $r_1=r_2$.

显然,上述结论对一次初等列变换也成立. 故对 $\boldsymbol{A}$ 施行一次初等变换所得矩阵的秩与 $\boldsymbol{A}$ 的秩相等,因而有对 $\boldsymbol{A}$ 施行有限次初等变换所得矩阵的秩仍然等于 $\boldsymbol{A}$ 的秩.

由于任何矩阵 $\boldsymbol{A}$ 都可以通过初等行变换化为阶梯形矩阵,而阶梯形矩阵中非零行的个数为阶梯形矩阵的秩,由定理 2.6.1 知它也就是 $\boldsymbol{A}$ 的秩,这是求矩阵秩的一般方法.

例 1 设矩阵

$$\boldsymbol{A}=\begin{pmatrix}1&0&0&1\\1&2&0&-1\\3&-1&0&4\\1&4&5&1\end{pmatrix},$$

求秩($\boldsymbol{A}$).

解 对矩阵 $\boldsymbol{A}$ 施行初等行变换化为阶梯形矩阵:

$$\boldsymbol{A}=\begin{pmatrix}1&0&0&1\\1&2&0&-1\\3&-1&0&4\\1&4&5&1\end{pmatrix}\to\begin{pmatrix}1&0&0&1\\0&2&0&-2\\0&-1&0&1\\0&4&5&0\end{pmatrix}$$

$$\to\begin{pmatrix}1&0&0&1\\0&2&0&-2\\0&0&0&0\\0&0&5&4\end{pmatrix}\to\begin{pmatrix}1&0&0&1\\0&2&0&-2\\0&0&5&4\\0&0&0&0\end{pmatrix},$$

所以秩$(\boldsymbol{A})=3$.

例 2 设矩阵

$$\boldsymbol{A}=\begin{pmatrix}1 & a & a\\ a & 1 & a\\ a & a & 1\end{pmatrix}$$

的秩为 2,求 a 的值.

解 $\boldsymbol{A}$ 为 3 阶方阵,$\boldsymbol{A}$ 的秩为 2,由矩阵秩的定义可知必有 $|\boldsymbol{A}|=0$. 于是由

$$|\boldsymbol{A}|=\begin{vmatrix}1 & a & a\\ a & 1 & a\\ a & a & 1\end{vmatrix}=(1+2a)(1-a)^2=0$$

得 $a=1$ 或 $a=-\dfrac{1}{2}$.

当 $a=1$ 时,矩阵 $\boldsymbol{A}$ 为

$$\boldsymbol{A}=\begin{pmatrix}1 & 1 & 1\\ 1 & 1 & 1\\ 1 & 1 & 1\end{pmatrix}.$$

显然,有秩$(\boldsymbol{A})=1$,这与已知矛盾.

当 $a=-\dfrac{1}{2}$时,矩阵 $\boldsymbol{A}$ 为

$$\boldsymbol{A}=\begin{pmatrix}1 & -\dfrac{1}{2} & -\dfrac{1}{2}\\ -\dfrac{1}{2} & 1 & -\dfrac{1}{2}\\ -\dfrac{1}{2} & -\dfrac{1}{2} & 1\end{pmatrix}.$$

显然,$\boldsymbol{A}$ 的左上角的 2 阶子式不为零. 故当且仅当 $a=-\dfrac{1}{2}$时,$\boldsymbol{A}$ 中非零子式的最高阶数为 2,即秩$(\boldsymbol{A})=2$.

例 3 设 $\boldsymbol{A}$ 为 $m\times n$ 矩阵,$\boldsymbol{P}$、$\boldsymbol{Q}$ 分别为 m、n 阶可逆矩阵,证明

$$秩(\boldsymbol{A})=秩(\boldsymbol{PA})=秩(\boldsymbol{AQ})=秩(\boldsymbol{PAQ})$$

证 仅证秩$(\boldsymbol{A})=$秩$(\boldsymbol{PA})$,其余类似.

因 $\boldsymbol{P}$ 可逆,于是存在初等矩阵 $\boldsymbol{P}_1,\boldsymbol{P}_2,\cdots,\boldsymbol{P}_s$,使 $\boldsymbol{P}=\boldsymbol{P}_s\boldsymbol{P}_{s-1}\cdots\boldsymbol{P}_2\boldsymbol{P}_1$,从而

$$\boldsymbol{PA}=\boldsymbol{P}_s\boldsymbol{P}_{s-1}\cdots\boldsymbol{P}_2\boldsymbol{P}_1\boldsymbol{A}.$$

此式表明,$\boldsymbol{PA}$ 是由 $\boldsymbol{A}$ 经过 s 次初等行变换得到的. 所以秩$(\boldsymbol{A})=$秩$(\boldsymbol{PA})$.

例 4 设 $\boldsymbol{A}$、$\boldsymbol{B}$ 为 $m\times n$ 矩阵，试证 $\boldsymbol{A}\cong\boldsymbol{B}$ 的充分必要条件是秩$(\boldsymbol{A})$ = 秩$(\boldsymbol{B})$.

证 必要性：设 $\boldsymbol{A}\cong\boldsymbol{B}$，即 $\boldsymbol{B}$ 是由 $\boldsymbol{A}$ 经过一系列初等变换得到的，由定理 2.6.1 可知，秩$(\boldsymbol{A})$ = 秩$(\boldsymbol{B})$.

充分性：设秩$(\boldsymbol{A})$ = 秩$(\boldsymbol{B})=r$，则由定理 2.5.1 可知，$\boldsymbol{A}\cong\begin{pmatrix}\boldsymbol{I}_r & \boldsymbol{O}_{r\times(n-r)}\\ \boldsymbol{O}_{(m-r)\times r} & \boldsymbol{O}_{(m-r)\times(n-r)}\end{pmatrix}$，

$\boldsymbol{B}\cong\begin{pmatrix}\boldsymbol{I}_r & \boldsymbol{O}_{r\times(n-r)}\\ \boldsymbol{O}_{(m-r)\times r} & \boldsymbol{O}_{(m-r)\times(n-r)}\end{pmatrix}$，从而由矩阵等价关系的传递性可得 $\boldsymbol{A}\cong\boldsymbol{B}$.

思考与练习 2.6

1. 求下列矩阵的秩.

(1) $\begin{pmatrix}1&1&1\\0&2&1\\0&0&3\end{pmatrix}$；

(2) $\begin{pmatrix}1&0&0&0\\0&1&0&0\\0&0&0&0\end{pmatrix}$；

(3) $\begin{pmatrix}1&&&\\&2&&\\&&1/3&\\&&&3\end{pmatrix}$；

(4) $\begin{pmatrix}1&2&3\\2&3&1\\3&1&2\end{pmatrix}$；

(5) $\begin{pmatrix}1&2&3&4\\1&-2&4&5\\1&10&1&2\end{pmatrix}$；

(6) $\begin{pmatrix}0&1&1&-1&2\\0&2&2&2&0\\0&-1&-1&1&1\\1&1&0&0&-1\end{pmatrix}$；

(7) $\begin{pmatrix}1&-1&2&1&0\\2&-2&4&2&0\\3&0&6&-1&1\\0&3&0&0&1\end{pmatrix}$；

(8) $\begin{pmatrix}14&12&6&8&2\\6&104&21&9&17\\7&6&3&4&1\\35&30&15&20&4\end{pmatrix}$.

2. 设 $\boldsymbol{A}$ 为 4×3 矩阵，$\boldsymbol{B}=\begin{pmatrix}1&0&2\\0&2&0\\-1&0&3\end{pmatrix}$，且 $r(\boldsymbol{A})=2$，求 $r(\boldsymbol{AB})$.

3. 设矩阵 $\boldsymbol{A}=\begin{pmatrix}1&2&3&1\\2&-1&k&2\\0&1&1&3\\1&-1&0&4\\2&0&2&5\end{pmatrix}$ 的秩为 3，求 k.

4. 设 $\boldsymbol{A}$ 为 $m\times n$ 矩阵，$\boldsymbol{b}$ 为 $m\times1$ 矩阵，说明 $r(\boldsymbol{A})$ 和 $r(\boldsymbol{A}\quad\boldsymbol{b})$ 的大小关系.

习 题 二

1. 填空题.

(1) 设矩阵 $\boldsymbol{A}$ 为 4 阶方阵,且 $|\boldsymbol{A}|=m$,则 $|-2\boldsymbol{A}|=$________.

(2) 设 $\boldsymbol{A}$ 为 3 阶方阵,$|\boldsymbol{A}|=-2$,将 $\boldsymbol{A}$ 按列分块为 $\boldsymbol{A}=(\boldsymbol{A}_1\ \boldsymbol{A}_2\ \boldsymbol{A}_3)$,其中 $\boldsymbol{A}_1,\boldsymbol{A}_2,\boldsymbol{A}_3$ 分别为 $\boldsymbol{A}$ 的第 1,2,3 列,则 $|\boldsymbol{A}_1\ 2\boldsymbol{A}_2\ \boldsymbol{A}_3|=$________,$|\boldsymbol{A}_3-2\boldsymbol{A}_1\ 3\boldsymbol{A}_2\ \boldsymbol{A}_1|=$________.

(3) 设 $\boldsymbol{A}=\begin{pmatrix}0&1&0&0\\0&0&1&0\\0&0&0&1\\0&0&0&0\end{pmatrix}$,$r(\boldsymbol{A}^3)=$________.

(4) 设 $\boldsymbol{A}$ 为 3 阶方阵,且 $|\boldsymbol{A}|=\dfrac{1}{2}$,则 $|3\boldsymbol{A}^*|=$________,$|\boldsymbol{A}^{-1}-\boldsymbol{A}^*|=$________.

(5) 设 $\boldsymbol{P}^{-1}\boldsymbol{A}\boldsymbol{P}=\boldsymbol{\Lambda}$,其中 $\boldsymbol{P}=\begin{pmatrix}-1&-4\\1&1\end{pmatrix}$,$\boldsymbol{\Lambda}=\begin{pmatrix}-1&0\\0&2\end{pmatrix}$,则 $\boldsymbol{A}^{11}=$________.

(6) 设 $\boldsymbol{A}=(a_{ij})_{3\times3}$ 为非零矩阵,A_{ij} 为 $|\boldsymbol{A}|$ 中元素 a_{ij} 的代数余子式,且 $A_{ij}+a_{ij}=0,(i,j=1,2,3)$,则 $|\boldsymbol{A}|=$________.

2. 选择题.

(1) 设 $\boldsymbol{A}$、$\boldsymbol{B}$、$\boldsymbol{C}$ 均为 n 阶方阵,下面等式成立的有( ).

(a) $(\boldsymbol{A}+\boldsymbol{B})+\boldsymbol{C}=(\boldsymbol{C}+\boldsymbol{B})+\boldsymbol{A}$ (b) $(\boldsymbol{A}+\boldsymbol{B})\boldsymbol{C}=\boldsymbol{C}\boldsymbol{A}+\boldsymbol{C}\boldsymbol{B}$

(c) $(\boldsymbol{A}\boldsymbol{B})\boldsymbol{C}=\boldsymbol{A}(\boldsymbol{B}\boldsymbol{C})$ (d) $\boldsymbol{A}\boldsymbol{B}\boldsymbol{C}=(\boldsymbol{A}\boldsymbol{C})\boldsymbol{B}$

(2) 下列结论成立的有( ).

(a) 若 $\boldsymbol{A}\boldsymbol{B}=\boldsymbol{A}\boldsymbol{C}$,则 $\boldsymbol{A}=\boldsymbol{O}$ 或 $\boldsymbol{B}=\boldsymbol{C}$

(b) 若 $\boldsymbol{A}\boldsymbol{B}=\boldsymbol{A}\boldsymbol{C}$,且 $|\boldsymbol{A}|\neq0$,则 $\boldsymbol{B}=\boldsymbol{C}$

(c) $(\boldsymbol{A}\boldsymbol{B})^k=\boldsymbol{A}^k\boldsymbol{B}^k$

(d) 若 $\boldsymbol{A}^2=\boldsymbol{B}^2$,则 $\boldsymbol{A}=\boldsymbol{B}$ 或 $\boldsymbol{A}=-\boldsymbol{B}$

(3) 设 $\boldsymbol{A}$、$\boldsymbol{B}$ 均为 n 阶方阵,且 $|\boldsymbol{A}|\neq0$,$|\boldsymbol{B}|\neq0$,下面等式成立的是( ).

(a) $(\boldsymbol{A}+\boldsymbol{B})^2=\boldsymbol{A}^2+2\boldsymbol{A}\boldsymbol{B}+\boldsymbol{B}^2$ (b) $(\boldsymbol{A}\boldsymbol{B})^T=\boldsymbol{A}^T\boldsymbol{B}^T$

(c) $(\boldsymbol{A}\boldsymbol{B})^{-1}=\boldsymbol{B}^{-1}\boldsymbol{A}^{-1}$ (d) $|\boldsymbol{A}+\boldsymbol{B}|=|\boldsymbol{A}|+|\boldsymbol{B}|$

(4) 设 $\boldsymbol{A}$ 为 n 阶可逆矩阵,下列( )恒正确.

(a) $(\boldsymbol{A}^T)^{-1}=(\boldsymbol{A}^{-1})^T$ (b) $(2\boldsymbol{A})^{-1}=2\boldsymbol{A}^{-1}$

(c) $[(\boldsymbol{A}^{-1})^{-1}]^T=[(\boldsymbol{A}^T)^{-1}]^{-1}$ (d) $[(\boldsymbol{A}^T)^T]^{-1}=[(\boldsymbol{A}^{-1})^{-1}]^T$

(5) 设 $\boldsymbol{A}$、$\boldsymbol{B}$、$\boldsymbol{C}$、$\boldsymbol{I}$ 为 n 阶方阵,$\boldsymbol{I}$ 为单位矩阵,则命题( )正确.

(a) 若 $\boldsymbol{A}\boldsymbol{B}=\boldsymbol{A}\boldsymbol{C}$,则 $\boldsymbol{B}=\boldsymbol{C}$ (b) 若 $\boldsymbol{A}\boldsymbol{B}=\boldsymbol{O}$,则 $\boldsymbol{A}=\boldsymbol{O}$ 或 $\boldsymbol{B}=\boldsymbol{O}$

(c) 若 $\boldsymbol{A}\boldsymbol{B}=\boldsymbol{A}$,则 $\boldsymbol{B}=\boldsymbol{I}$ (d) 若 $\boldsymbol{A}\boldsymbol{B}\boldsymbol{C}=\boldsymbol{I}$,则 $\boldsymbol{C}\boldsymbol{A}\boldsymbol{B}=\boldsymbol{I}$

(6) 设矩阵 $\boldsymbol{A}$ 可逆,则 $(\boldsymbol{A}^*)^{-1}=$( ).

(a) $\dfrac{1}{|\boldsymbol{A}|}\boldsymbol{A}$ (b) $|\boldsymbol{A}|\boldsymbol{A}^{-1}$ (c) $\dfrac{1}{|\boldsymbol{A}|}\boldsymbol{A}^*$ (d) $(\boldsymbol{A}^{-1})^*$

(7) 设 $\boldsymbol{A}=(a_{ij})_{3\times3}$, $\boldsymbol{B}=\begin{pmatrix} a_{21} & a_{22}+ka_{23} & a_{23} \\ a_{31} & a_{32}+ka_{33} & a_{33} \\ a_{11} & a_{12}+ka_{13} & a_{13} \end{pmatrix}$, $\boldsymbol{P}_1=\begin{pmatrix} 0 & 1 & 0 \\ 0 & 0 & 1 \\ 1 & 0 & 0 \end{pmatrix}$, $\boldsymbol{P}_2=\begin{pmatrix} 1 & 0 & 0 \\ 0 & 1 & 0 \\ 0 & k & 1 \end{pmatrix}$, 则 $\boldsymbol{B}=$ (　　).

(a) $\boldsymbol{AP}_1\boldsymbol{P}_2$　　(b) $\boldsymbol{P}_1\boldsymbol{AP}_2$　　(c) $\boldsymbol{AP}_2\boldsymbol{P}_1$　　(d) $\boldsymbol{P}_2\boldsymbol{AP}_1$

(8) 设 $\boldsymbol{A}$ 为 $m\times n$ 矩阵,且秩$(\boldsymbol{A})=r<\min(m,n)$,则(　　).

(a) $\boldsymbol{A}$ 中 r 阶子式不全为零

(b) $\boldsymbol{A}$ 中每个阶数大于 r 的子式皆为零

(c) $\boldsymbol{A}$ 经初等变换可以化为 $\begin{pmatrix} \boldsymbol{I}_r & \boldsymbol{O} \\ \boldsymbol{O} & \boldsymbol{O} \end{pmatrix}$

(d) $\boldsymbol{A}$ 为降秩矩阵

(9) 设 $\boldsymbol{A}$、$\boldsymbol{B}$ 为 n 阶非零矩阵,且 $\boldsymbol{AB}=\boldsymbol{O}$,则 $\boldsymbol{A}$ 与 $\boldsymbol{B}$ 的秩(　　).

(a) 必有一个为零　　(b) 都小于 n

(c) 一个小于 n,一个等于 n　　(d) 均等于 n

3. 设 $\boldsymbol{A}$ 为 n 阶方阵,证明:若对任意 $\boldsymbol{x}=\begin{pmatrix} x_1 \\ x_2 \\ \cdots \\ x_n \end{pmatrix}$ 都有 $\boldsymbol{Ax}=\boldsymbol{o}$,则 $\boldsymbol{A}=\boldsymbol{O}$.

4. 设 $\boldsymbol{A}=\begin{pmatrix} a_1 & & & \\ & a_2 & & \\ & & \ddots & \\ & & & a_n \end{pmatrix}$,其中 $a_i(i=1,2,\cdots,n)$ 互不相同. 证明:与 $\boldsymbol{A}$ 可交换的矩阵只能是对角矩阵.

5. 验证下面结论:

(1) 若 $\boldsymbol{A}$、$\boldsymbol{B}$ 为同阶对角形矩阵,则 $k\boldsymbol{A}$, $\boldsymbol{A}+\boldsymbol{B}$, $\boldsymbol{AB}$ 仍为对角形矩阵(k 为常数).

(2) 若 $\boldsymbol{A}$、$\boldsymbol{B}$ 为同阶同结构的三角形矩阵,则 $k\boldsymbol{A}$, $\boldsymbol{A}+\boldsymbol{B}$, $\boldsymbol{AB}$ 仍为同阶同结构的三角形矩阵(k 为常数).

6. 设 $f(x)=a_0x^m+a_1x^{m-1}+\cdots+a_{m-1}x+a_m$, $\boldsymbol{A}$ 为一个 n 阶方阵, $\boldsymbol{I}$ 为 n 阶单位矩阵,定义

$$f(\boldsymbol{A})=a_0\boldsymbol{A}^m+a_1\boldsymbol{A}^{m-1}+\cdots+a_{m-1}\boldsymbol{A}+a_m\boldsymbol{I}.$$

(1) 设 $f(x)=x^2-5x+3$, $\boldsymbol{A}=\begin{pmatrix} 2 & -1 \\ -3 & 3 \end{pmatrix}$,求 $f(\boldsymbol{A})$.

(2) 设 $f(x)=x^3-3x^2+3x-1$, $\boldsymbol{A}=\begin{pmatrix} 1 & 1 & 0 \\ 0 & 1 & 1 \\ 0 & 0 & 1 \end{pmatrix}$,求 $f(\boldsymbol{A})$.

7. 设 $\boldsymbol{A}^{-1}=\begin{pmatrix} 1 & 1 & 1 \\ 1 & 2 & 1 \\ 1 & 1 & 3 \end{pmatrix}$,求 $(\boldsymbol{A}^*)^{-1}$.

8. 证明：

(1) 如果 $\boldsymbol{A}^2=\boldsymbol{A}$，但 $\boldsymbol{A}$ 不是单位矩阵，则 $\boldsymbol{A}$ 必为奇异矩阵.

(2) 如果 $\boldsymbol{A}^2=\boldsymbol{A}$，则 $\boldsymbol{A}+\boldsymbol{I}$ 可逆，并求 $(\boldsymbol{A}+\boldsymbol{I})^{-1}$.

9. 设 $\boldsymbol{A}$ 是 n 阶方阵 $(n\geqslant 2)$，证明：

(1) $|\boldsymbol{A}^*|=|\boldsymbol{A}|^{n-1}$；

(2) $r(\boldsymbol{A}^*)=\begin{cases}n, & 当\ r(\boldsymbol{A})=n\\ 0, & 当\ r(\boldsymbol{A})<n-1\end{cases}$.

第三章 线性方程组

本章我们将讨论一般线性方程组的求解问题，主要研究线性方程组有解的条件和求解方法，并通过引入向量的概念，研究向量间的线性关系和向量组的秩等内容后，讨论线性方程组解的结构，即线性方程组有无穷多解时，解之间的关系及如何表示方程组的全部解等问题．作为线性代数在经济分析与管理中的一个重要应用，本章最后我们简单介绍了投入产出理论．

§3.1 线性方程组的消元解法

3.1.1 基本概念

含有 m 个方程 n 个未知量的线性方程组①的一般形式为：

$$\begin{cases} a_{11}x_1 + a_{12}x_2 + \cdots + a_{1n}x_n = b_1, \\ a_{21}x_1 + a_{22}x_2 + \cdots + a_{2n}x_n = b_2, \\ \cdots\cdots\cdots\cdots\cdots\cdots\cdots\cdots\cdots \\ a_{m1}x_1 + a_{m2}x_2 + \cdots + a_{mn}x_n = b_m. \end{cases} \tag{1}$$

当线性方程组(1)右端的常数项 $b_1 = b_2 = \cdots = b_m = 0$ 时，这样的线性方程组称为齐

① 线性方程组早在公元前3世纪左右的巴比伦泥板中就已出现，在约于公元1世纪下半叶成书的中国古典数学名著《九章算术》中就提出了线性方程组的求解问题，而对线性方程组较为系统的研究是由G. W. 莱布尼兹(G. W. Leibniz,1646～1716)开始的，线性方程组的一般理论完成于19世纪中叶．

次线性方程组;否则,称为**非齐次线性方程组**.

记

$$A=\begin{pmatrix}a_{11}&a_{12}&\cdots&a_{1n}\\a_{21}&a_{22}&\cdots&a_{2n}\\\cdots&\cdots&\cdots&\cdots\\a_{m1}&a_{m2}&\cdots&a_{mn}\end{pmatrix},b=\begin{pmatrix}b_1\\b_2\\\vdots\\b_m\end{pmatrix},x=\begin{pmatrix}x_1\\x_2\\\vdots\\x_n\end{pmatrix}.$$

由 2.2.2 中例 7 可知,线性方程组(1)的矩阵形式为:

$$\boldsymbol{Ax}=\boldsymbol{b}. \tag{2}$$

其中,$\boldsymbol{A}$ 称为方程组(1)的**系数矩阵**,$\boldsymbol{b}$ 称为方程组(1)的常数项矩阵,$\boldsymbol{x}$ 称为 n 元未知量矩阵.

我们把系数矩阵 $\boldsymbol{A}$ 和常数项矩阵 $\boldsymbol{b}$ 放在一起构成的 $m\times(n+1)$ 矩阵

$$(\boldsymbol{A}\quad \boldsymbol{b})=\begin{pmatrix}a_{11}&a_{12}&\cdots&a_{1n}&b_1\\a_{21}&a_{22}&\cdots&a_{2n}&b_2\\\cdots&\cdots&\cdots&\cdots&\cdots\\a_{m1}&a_{m2}&\cdots&a_{mn}&b_m\end{pmatrix}$$

称为线性方程组(1)的**增广矩阵**,记作 $\overline{\boldsymbol{A}}$. 显然,一个线性方程组的增广矩阵就代表了这个方程组.

如果我们将一组数 $x_1=k_1,x_2=k_2,\cdots,x_n=k_n$ 代入方程组(1)后,能够使得方程组(1)的每个方程都变为恒等式,则称 $k_1,k_2,\cdots,k_n$ 为方程组(1)的一个**解**. 由方程组(1)解的全体构成的集合称为它的**解集合**. 求出方程组解集合的过程称为**解方程组**. 如果两个方程组有相同的解集合,则称它们**同解**.

对于线性方程组(1),可以证明其解有下列三种情况:无解、有唯一解、有无穷多解. 若线性方程组有解,则称这个方程组是**相容**的;否则,称方程组是**不相容**的.

例如,下面三个线性方程组

$$(\text{i})\begin{cases}x_1+x_2=2\\x_1-x_2=2\end{cases},(\text{ii})\begin{cases}x_1+\quad x_2=2\\-x_1-x_2=-2\end{cases},(\text{iii})\begin{cases}x_1+x_2+x_3=2\\x_1+x_2\qquad=1\end{cases}.$$

都是相容的. 从几何角度看,方程组(i)代表平面上的两条直线,方程组的解就是这两条直线的交点,由于这两条直线有唯一交点(2,0),所以这个方程组有唯一解 $x_1=2,x_2=0$(见图 3-1(a)). 方程组(ii)代表平面上的两条直线是重合的,方程组的解就是直线 $x_1+x_2=2$ 上的所有点,方程组(iii)代表空间两张平面,方程组的解就是这两张平面交线上的所有点. 方程组(ii)、(iii)都有无穷多解(见图 3-1(b)(c)).

而线性方程组

$$(\text{iv})\begin{cases}x_1+x_2=2\\ 2x_2=1\\ x_1+x_2=1\end{cases},(\text{v})\begin{cases}x_1+x_2=2\\ x_1+x_2=1\end{cases},(\text{vi})\begin{cases}x_1+x_2+x_3=2\\ x_1+x_2+x_3=1\end{cases}.$$

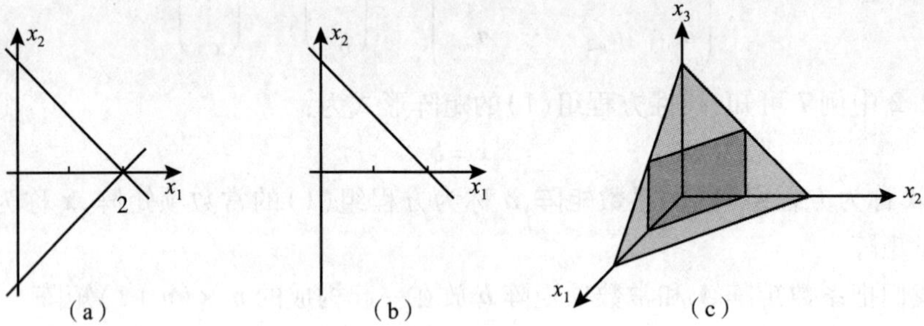

图 3-1

均是不相容的．由于方程组(iv)代表平面上的三条直线无公共的交点，方程组(v)代表平面上的两条直线是平行的，方程组(vi)代表空间的两张平面也是平行的，它们不相交，所以上述 3 个方程组均无解(见图 3-2)．

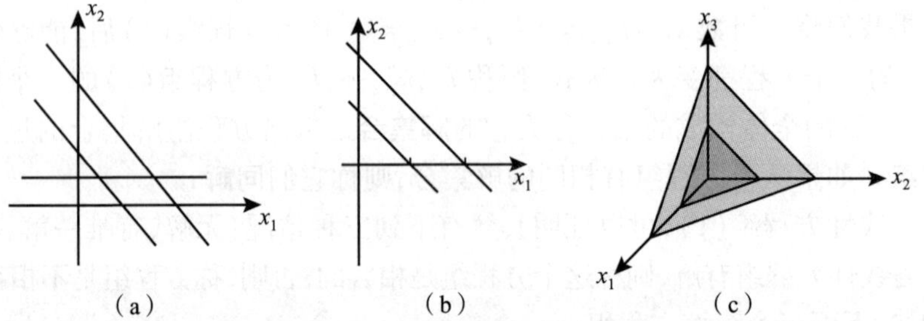

图 3-2

3.1.2 线性方程组的 Gauss 消元解法

在中学代数里，我们已经学习过用消元法解二元或三元线性方程组，这种方法也适用于求解一般的线性方程组．

例 1　用消元法解下列方程组

$$\begin{cases} -3x_1+x_2+4x_3=-5, \\ -2x_1+x_3=-3, \\ x_1+x_2+x_3=2. \end{cases} \tag{1}$$

解　交换方程组(1)中的第一个方程与第三个方程,得

$$\begin{cases} x_1+x_2+x_3=2, \\ -2x_1+x_3=-3, \\ -3x_1+x_2+4x_3=-5. \end{cases} \tag{2}$$

将方程组(2)中第一个方程的 2 倍加于第二个方程,第一个方程的 3 倍加于第三个方程,得

$$\begin{cases} x_1+x_2+x_3=2, \\ 2x_2+3x_3=1, \\ 4x_2+7x_3=1. \end{cases} \tag{3}$$

将方程组(3)中第二个方程的 -2 倍加于第三个方程,得

$$\begin{cases} x_1+x_2+x_3=2, \\ 2x_2+3x_3=1, \\ x_3=-1. \end{cases} \tag{4}$$

从方程组(4)的第三个方程可以得到 $x_3=-1$,然后逐次代入前两个方程,求出 x_1,x_2 的值,则可得到方程组(1)的解. 现将其过程叙述如下:

将方程组(4)中第三个方程的 -3 倍加于第二个方程,第三个方程的 -1 倍加于第一个方程,得

$$\begin{cases} x_1+x_2=3, \\ 2x_2=4, \\ x_3=-1. \end{cases} \tag{5}$$

将方程组(5)中第二个方程乘以$\frac{1}{2}$,得

$$\begin{cases} x_1+x_2=3, \\ x_2=2, \\ x_3=-1. \end{cases} \tag{6}$$

将方程组(6)中第二个方程的 -1 倍加于第一个方程,得

$$\begin{cases} x_1 \qquad = 1, \\ \quad x_2 \quad = 2, \\ \qquad x_3 = -1. \end{cases} \tag{7}$$

所以,方程组(1)的解为 $x_1=1, x_2=2, x_3=-1$.

如同上例求解方程组的方法就称为高斯[①]**消元法**(elimination method),方程组(1)~(4)是消元过程,方程组(5)~(7)是回代过程.方程组(4)的增广矩阵是阶梯形矩阵,称其为**阶梯形方程组**;方程组(7)的增广矩阵是简化阶梯形矩阵,称其为**简化阶梯形方程组**.

在上述求解过程中,从方程组(1)到方程组(7),我们对方程组反复施行了下面三种变换:

(i)交换方程组中的某两个方程的位置;

(ii)用一个非零的常数 k 乘以方程组中的某个方程;

(iii)把方程组中某个方程乘以数 k 后再加到另一个方程上.

以上三种变换统称为线性方程组的**初等变换**.

由初等代数我们知道,线性方程组的初等变换把一个方程组变成与之同解的方程组.因此,方程组(1)~(7)都是同解方程组,所以方程组(7)的解也是方程组(1)的解.

线性方程组的消元法就是利用方程组的初等变换将原方程组化为简化阶梯形方程组,解这个简化阶梯形方程组得原方程组的解.在用消元法求解时,我们对方程组进行的初等变换实质上仅仅是对方程组中各方程的未知量的系数及方程右端的常数项进行变换.将原方程组化为简化阶梯形方程组的过程,就是将原方程组对应的增广矩阵用矩阵的初等行变换先化为阶梯形矩阵,再化为简化阶梯形矩阵的过程.因而,在实际求解过程中,只对方程组的增广矩阵施以矩阵的初等行变换就可以了.

上例的求解过程用对方程组增广矩阵施行初等行变换表示如下:

$$\overline{\boldsymbol{A}} = \left(\begin{array}{ccc:c} -3 & 1 & 4 & -5 \\ -2 & 0 & 1 & -3 \\ 1 & 1 & 1 & 2 \end{array}\right) \to \left(\begin{array}{ccc:c} 1 & 1 & 1 & 2 \\ -2 & 0 & 1 & -3 \\ -3 & 1 & 4 & -5 \end{array}\right) \to \left(\begin{array}{ccc:c} 1 & 1 & 1 & 2 \\ 0 & 2 & 3 & 1 \\ 0 & 4 & 7 & 1 \end{array}\right)$$

$$\to \left(\begin{array}{ccc:c} 1 & 1 & 1 & 2 \\ 0 & 2 & 3 & 1 \\ 0 & 0 & 1 & -1 \end{array}\right) \to \left(\begin{array}{ccc:c} 1 & 1 & 0 & 3 \\ 0 & 2 & 0 & 4 \\ 0 & 0 & 1 & -1 \end{array}\right) \to \left(\begin{array}{ccc:c} 1 & 1 & 0 & 3 \\ 0 & 1 & 0 & 2 \\ 0 & 0 & 1 & -1 \end{array}\right)$$

---

① 高斯(Gauss, Carl Friedrich, 1777~1855),德国数学家、物理学家、天文学家.

$$\rightarrow\left(\begin{array}{ccc:c}1&0&0&1\\0&1&0&2\\0&0&1&-1\end{array}\right).$$

由此得方程组(1)的解为 $x_1=1,x_2=2,x_3=-1$.

例 2　求解线性方程组

$$\begin{cases}x_1-2x_2+3x_3=4,\\4x_1-2x_2-4x_3=1,\\3x_1-\qquad 7x_3=5.\end{cases}$$

解　对方程组的增广矩阵 $\overline{\boldsymbol{A}}$ 施以初等行变换,化为阶梯形矩阵:

$$\begin{pmatrix}1&-2&3&4\\4&-2&-4&1\\3&0&-7&5\end{pmatrix}\rightarrow\begin{pmatrix}1&-2&3&4\\0&6&-16&-15\\0&6&-16&-7\end{pmatrix}\rightarrow\begin{pmatrix}1&-2&3&4\\0&6&-16&-15\\0&0&0&8\end{pmatrix}.$$

至此,我们可得与原方程组同解的方程组为

$$\begin{cases}x_1-2x_2+3x_3=4,\\6x_2-16x_3=-15,\\0=8.\end{cases}$$

这个方程组中的最后一个方程是一个矛盾方程,故原方程组无解.

例 3　解线性方程组

$$\begin{cases}x_1+x_2-3x_3-x_4=1,\\3x_1-x_2-3x_3+4x_4=4,\\x_1+5x_2-9x_3-8x_4=0.\end{cases}$$

解　对方程组的增广矩阵 $\overline{\boldsymbol{A}}$ 施以初等行变换,化为简化阶梯形矩阵:

$$\overline{\boldsymbol{A}}=\begin{pmatrix}1&1&-3&-1&1\\3&-1&-3&4&4\\1&5&-9&-8&0\end{pmatrix}\rightarrow\begin{pmatrix}1&1&-3&-1&1\\0&-4&6&7&1\\0&4&-6&-7&-1\end{pmatrix}$$

$$\rightarrow\begin{pmatrix}1&1&-3&-1&1\\0&-4&6&7&1\\0&0&0&0&0\end{pmatrix}\rightarrow\begin{pmatrix}1&1&-3&-1&1\\0&1&-\frac{3}{2}&-\frac{7}{4}&-\frac{1}{4}\\0&0&0&0&0\end{pmatrix}$$

$$\rightarrow\begin{pmatrix}1&0&-\frac{3}{2}&\frac{3}{4}&\frac{5}{4}\\0&1&-\frac{2}{3}&-\frac{7}{4}&-\frac{1}{4}\\0&0&0&0&0\end{pmatrix}.$$

即得与原方程组的同解方程组为：

$$\begin{cases}x_1 \quad -\dfrac{3}{2}x_3+\dfrac{3}{4}x_4=\dfrac{5}{4},\\ x_2-\dfrac{3}{2}x_3-\dfrac{7}{4}x_4=-\dfrac{1}{4}.\end{cases} \quad 即 \quad \begin{cases}x_1=\dfrac{3}{2}x_3-\dfrac{3}{4}x_4+\dfrac{5}{4},\\ x_2=\dfrac{3}{2}x_3+\dfrac{7}{4}x_4-\dfrac{1}{4}.\end{cases}$$

其中，x_3,x_4 称为自由未知量．

令 $x_3=c_1,x_4=c_2$（其中 c_1,c_2 为任意常数），则方程组的一般解为：

$$\begin{cases}x_1=\dfrac{3}{2}c_1-\dfrac{3}{4}c_2+\dfrac{5}{4},\\ x_2=\dfrac{3}{2}c_1+\dfrac{7}{4}c_2-\dfrac{1}{4},\\ x_3=c_1,\\ x_4=c_2.\end{cases}$$

从上面的例子可以看到，在用矩阵的初等行变换将线性方程组的增广矩阵 $\overline{\boldsymbol{A}}=(\boldsymbol{A}\ \boldsymbol{b})$ 化成简化阶梯形矩阵的过程中，如果没有出现形如

$$(0\quad 0\quad \cdots\quad 0\quad d),d\neq 0$$

的行，则线性方程组是相容的，这时 $r(\boldsymbol{A})=r(\overline{\boldsymbol{A}})$．否则，线性方程组是不相容的，这时 $r(\boldsymbol{A})\neq r(\overline{\boldsymbol{A}})$．当 $r(\boldsymbol{A})=r(\overline{\boldsymbol{A}})=n$（未知量的个数），方程组有唯一解；当 $r(\boldsymbol{A})=r(\overline{\boldsymbol{A}})<n$，方程组有无穷多解．于是，有下面的定理．

定理 3.1.1 设 $\boldsymbol{A}$ 是 $m\times n$ 矩阵，线性方程组 $\boldsymbol{Ax}=\boldsymbol{b}$ 有解的充分必要条件是 $\boldsymbol{r}(\boldsymbol{A})=\boldsymbol{r}(\overline{\boldsymbol{A}})$，并且

（1）当 $\boldsymbol{r}(\boldsymbol{A})=\boldsymbol{r}(\overline{\boldsymbol{A}})=n$ 时，方程组有唯一解；

（2）当 $\boldsymbol{r}(\boldsymbol{A})=\boldsymbol{r}(\overline{\boldsymbol{A}})=r<n$ 时，方程组有无穷多个解．

综上所述，求解 n 元线性方程组 $\boldsymbol{Ax}=\boldsymbol{b}$ 可按如下步骤进行：

第一步　写出方程组的增广矩阵 $\overline{\boldsymbol{A}}=(\boldsymbol{A}\ \boldsymbol{b})$；

第二步　对 $\overline{\boldsymbol{A}}$ 施以初等行变换化成阶梯形矩阵 $\overline{\boldsymbol{B}}$，确定方程组是否有解．如果没有解则停止；否则进行下一步；

第三步　继续对 $\overline{\boldsymbol{B}}$ 施以初等行变换直至化成简化阶梯形矩阵 $\overline{\boldsymbol{C}}$，并写出其对应的简化阶梯形方程组．

（1）若 $r(\boldsymbol{A})=r(\overline{\boldsymbol{A}})=n$，则原方程组有唯一解．此时可根据简化阶梯形方程组容易求出原线性方程组的解；

（2）若 $r(\boldsymbol{A})=r(\overline{\boldsymbol{A}})=r<n$，则原方程组有无穷多解．此时把与简化阶梯形矩阵 $\overline{\boldsymbol{C}}$ 中不是首非零元所在列的系数对应的 $n-r$ 个未知量取作自由未知量，改写简化阶梯形方程组，将非自由未知量用自由未知量表示，从而求出原线性方程组的解．

需要指出是，当方程组相容时，虽然根据阶梯形矩阵$\overline{\boldsymbol{B}}$对应的阶梯形方程组也可求得原方程组的解，但我们通常总是根据简化阶梯形矩阵$\overline{\boldsymbol{C}}$对应的简化阶梯形方程组求解；当方程组有无穷多解时，一般来说自由未知量的选取可能不唯一，但通常按上述第三步中办法选取.

例 4　设线性方程组

$$\begin{cases}(1+\lambda)x_1+x_2+x_3=0,\\ x_1+(1+\lambda)x_2+x_3=3,\\ x_1+x_2+(1+\lambda)x_3=\lambda.\end{cases}$$

问 λ 取何值时此方程组(1)有唯一解；(2)无解；(3)有无穷多个解？并在有无穷多个解时，求出方程组的一般解.

解　对方程组的增广矩阵 $\overline{\boldsymbol{A}}$ 施以初等行变换，化为阶梯形矩阵：

$$\overline{\boldsymbol{A}}=\begin{pmatrix}1+\lambda & 1 & 1 & 0\\ 1 & 1+\lambda & 1 & 3\\ 1 & 1 & 1+\lambda & \lambda\end{pmatrix}\rightarrow\begin{pmatrix}1 & 1 & 1+\lambda & \lambda\\ 1 & 1+\lambda & 1 & 3\\ 1+\lambda & 1 & 1 & 0\end{pmatrix}$$

$$\rightarrow\begin{pmatrix}1 & 1 & 1+\lambda & \lambda\\ 0 & \lambda & -\lambda & 3-\lambda\\ 0 & -\lambda & -\lambda(2+\lambda) & -\lambda(1+\lambda)\end{pmatrix}\rightarrow\begin{pmatrix}1 & 1 & 1+\lambda & \lambda\\ 0 & \lambda & -\lambda & 3-\lambda\\ 0 & 0 & -\lambda(3+\lambda) & (1-\lambda)(3+\lambda)\end{pmatrix}.$$

(1)当 $\lambda\neq0$ 且 $\lambda\neq-3$ 时，$\boldsymbol{r}(\boldsymbol{A})=\boldsymbol{r}(\overline{\boldsymbol{A}})=3$，方程组有唯一解；

(2)当 $\lambda=0$ 时，$\boldsymbol{r}(\boldsymbol{A})=1,\boldsymbol{r}(\overline{\boldsymbol{A}})=2,\boldsymbol{r}(\boldsymbol{A})\neq\boldsymbol{r}(\overline{\boldsymbol{A}})$，方程组无解；

(3)当 $\lambda=-3$ 时，$\boldsymbol{r}(\boldsymbol{A})=\boldsymbol{r}(\overline{\boldsymbol{A}})=2<3$，方程组有无穷多个解. 这时，对方程组的增广矩阵施以矩阵的初等行变换，化为简化阶梯形矩阵：

$$\overline{\boldsymbol{A}}\rightarrow\begin{pmatrix}1 & 1 & -2 & -3\\ 0 & -3 & 3 & 6\\ 0 & 0 & 0 & 0\end{pmatrix}\rightarrow\begin{pmatrix}1 & 0 & -1 & -1\\ 0 & 1 & -1 & -2\\ 0 & 0 & 0 & 0\end{pmatrix}.$$

于是，方程组的同解方程组为：

$$\begin{cases}x_1=x_3-1,\\ x_2=x_3-2.\end{cases}$$

其中，x_3 为自由未知量.

令 $x_3=c$(其中 c 为任意常数)，得方程组的一般解为

$$\begin{cases}x_1=c-1,\\ x_2=c-2,\\ x_3=c.\end{cases}$$

齐次线性方程组的一般形式为：

$$\begin{cases} a_{11}x_1 + a_{12}x_2 + \cdots + a_{1n}x_n = 0, \\ a_{21}x_1 + a_{22}x_2 + \cdots + a_{2n}x_n = 0, \\ \cdots\cdots\cdots\cdots\cdots\cdots\cdots\cdots \\ a_{m1}x_1 + a_{m2}x_2 + \cdots + a_{mn}x_n = 0. \end{cases} \tag{8}$$

其矩阵表示形式为 $\boldsymbol{Ax} = \boldsymbol{o}$，其中

$$\boldsymbol{A} = \begin{pmatrix} a_{11} & a_{12} & \cdots & a_{1n} \\ a_{21} & a_{22} & \cdots & a_{2n} \\ \cdots & \cdots & \cdots & \cdots \\ a_{m1} & a_{m2} & \cdots & a_{mn} \end{pmatrix}, \boldsymbol{o} = \begin{pmatrix} 0 \\ 0 \\ \vdots \\ 0 \end{pmatrix}, \boldsymbol{x} = \begin{pmatrix} x_1 \\ x_2 \\ \vdots \\ x_n \end{pmatrix}$$

分别为系数矩阵、常数项矩阵和未知量矩阵．

对于齐次线性方程组(8)，因为 $\boldsymbol{r}(\boldsymbol{A}) = \boldsymbol{r}(\overline{\boldsymbol{A}})$，所以方程组一定有解．事实上，它至少有零解：$x_1 = 0, x_2 = 0, \cdots, x_n = 0$. 现在的问题是：方程组除了零解以外，是否还有非零解？由定理 3.1.1 可知，当 $\boldsymbol{r}(\boldsymbol{A}) = n$ 时，方程组只有零解；当 $\boldsymbol{r}(\boldsymbol{A}) < n$ 时，方程组有无穷多个解，即除了零解以外还有非零解．于是有以下定理．

定理 3.1.2 齐次线性方程组(8)有非零解的充分必要条件是 $\boldsymbol{r}(\boldsymbol{A}) < n$.

定理3.1.2 也可以叙述为：齐次线性方程组(8)仅有零解的充分必要条件是 $\boldsymbol{r}(\boldsymbol{A}) = n$.

推论 当 $m < n$ 时，齐次线性方程组(8)有非零解．

例 5 解齐次线性方程组

$$\begin{cases} x_1 + x_2 + x_3 + x_4 = 0, \\ x_1 + x_2 - x_3 - x_4 = 0, \\ x_1 - x_2 + x_3 - x_4 = 0, \\ x_1 - x_2 + x_3 + x_4 = 0. \end{cases}$$

解 对方程组的增广矩阵 $\overline{\boldsymbol{A}}$ 施以初等行变换，化为阶梯形矩阵：

$$\overline{\boldsymbol{A}} = \begin{pmatrix} 1 & 1 & 1 & 1 & 0 \\ 1 & 1 & -1 & -1 & 0 \\ 1 & -1 & 1 & -1 & 0 \\ 1 & -1 & 1 & 1 & 0 \end{pmatrix} \to \begin{pmatrix} 1 & 1 & 1 & 1 & 0 \\ 0 & 0 & -2 & -2 & 0 \\ 0 & -2 & 0 & -2 & 0 \\ 0 & -2 & 0 & 0 & 0 \end{pmatrix}$$

$$\to \begin{pmatrix} 1 & 1 & 1 & 1 & 0 \\ 0 & -2 & 0 & 0 & 0 \\ 0 & 0 & -2 & -2 & 0 \\ 0 & -2 & 0 & -2 & 0 \end{pmatrix} \to \begin{pmatrix} 1 & 1 & 1 & 1 & 0 \\ 0 & -2 & 0 & 0 & 0 \\ 0 & 0 & -2 & -2 & 0 \\ 0 & 0 & 0 & -2 & 0 \end{pmatrix}.$$

因为 $r(A)=4$,所以方程组仅有零解:$x_1=0,x_2=0,x_3=0,x_4=0$.

注意到在计算过程中常数项始终为零,因此,在求齐次线性方程组的解时,可只对系数矩阵 A 施以初等行变换,就可以求得该方程组的一般解.

例 6 解齐次线性方程组

$$\begin{cases} x_1+x_2+x_3+4x_4-3x_5=0, \\ x_1+3x_2-x_3-2x_4-x_5=0, \\ 2x_1+3x_2+x_3+5x_4-5x_5=0, \\ 3x_1+5x_2+x_3+6x_4-7x_5=0. \end{cases}$$

解 因为 $m=4<n=5$,所以方程组有非零解. 对方程组的系数矩阵 A 施以初等行变换,化为简化阶梯形矩阵:

$$A=\begin{pmatrix} 1 & 1 & 1 & 4 & -3 \\ 1 & 3 & -1 & -2 & -1 \\ 2 & 3 & 1 & 5 & -5 \\ 3 & 5 & 1 & 6 & -7 \end{pmatrix} \to \begin{pmatrix} 1 & 1 & 1 & 4 & -3 \\ 0 & 2 & -2 & -6 & 2 \\ 0 & 1 & -1 & -3 & 1 \\ 0 & 2 & -2 & -6 & 2 \end{pmatrix} \to \begin{pmatrix} 1 & 1 & 1 & 4 & -3 \\ 0 & 2 & -2 & -6 & 2 \\ 0 & 0 & 0 & 0 & 0 \\ 0 & 0 & 0 & 0 & 0 \end{pmatrix}$$

$$\to \begin{pmatrix} 1 & 1 & 1 & 4 & -3 \\ 0 & 1 & -1 & -3 & 1 \\ 0 & 0 & 0 & 0 & 0 \\ 0 & 0 & 0 & 0 & 0 \end{pmatrix} \to \begin{pmatrix} 1 & 0 & 2 & 7 & -4 \\ 0 & 1 & -1 & -3 & 1 \\ 0 & 0 & 0 & 0 & 0 \\ 0 & 0 & 0 & 0 & 0 \end{pmatrix},$$

得方程组的同解方程组为:

$$\begin{cases} x_1=-2x_3-7x_4+4x_5, \\ x_2=x_3+3x_4-x_5. \end{cases}$$

其中,x_3,x_4,x_5 为自由未知量.

令 $x_3=c_1,x_4=c_2,x_5=c_3$(其中:c_1,c_2,c_3 为任意常数),则原方程组的一般解为:

$$\begin{cases} x_1=-2c_1-7c_2+4c_3, \\ x_2=c_1+3c_2-c_3, \\ x_3=c_1, \\ x_4=c_2, \\ x_5=c_3. \end{cases}$$

例 7 图 3-3 是某城市某区域单行道路网. 据统计,进入交叉路口 A 每小时车流量为 500 辆,而从路口 B 和 C 出来的车流量分别为每小时 350 辆和 150 辆. (1)求出沿每一道路每小时的车流量;(2)若 BC 段因故封闭,求此时各路段的车流量;(3)若路口 C 出来的车流量为每小时 200 辆,求此时各道路的车流量.

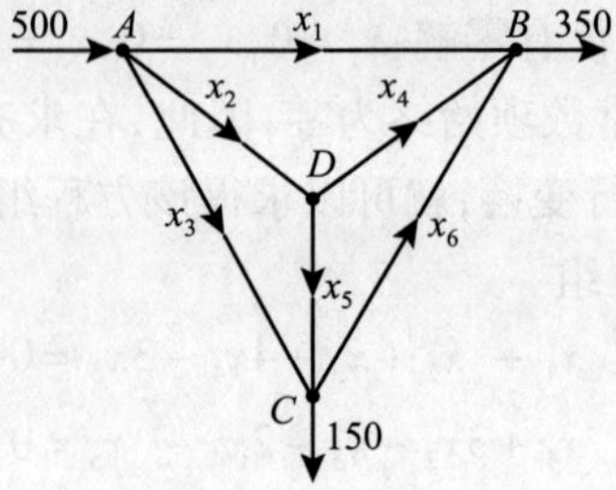

图 3－3

解 (1)如图所示,设沿这些道路每小时车流量分别为 x_1,x_2,x_3,x_4,x_5,x_6. 鉴于出入每一个路口的车流量是相等的,所以有

路口 A $500=x_1+x_2+x_3$,路口 B $x_1+x_4+x_6=350$,

路口 C $x_3+x_5=x_6+150$,路口 D $x_2=x_4+x_5$.

于是,该问题归结为求解线性方程组

$$\begin{cases}x_1+x_2+x_3=500,\\x_1+x_4+x_6=350,\\x_3+x_5-x_6=150,\\x_2-x_4-x_5=0.\end{cases}$$

对方程组的增广矩阵$\overline{A}$施以初等行变换,化为简化阶梯形矩阵:

$$\overline{A}=\begin{pmatrix}1&1&1&0&0&0&500\\1&0&0&1&0&1&350\\0&0&1&0&1&-1&150\\0&1&0&-1&-1&0&0\end{pmatrix}\to\begin{pmatrix}1&1&1&0&0&0&500\\0&-1&-1&1&0&1&-150\\0&0&1&0&1&-1&150\\0&1&0&-1&-1&0&0\end{pmatrix}$$

$$\to\begin{pmatrix}1&1&1&0&0&0&500\\0&1&0&-1&-1&0&0\\0&0&1&0&1&-1&150\\0&0&0&0&0&0&0\end{pmatrix}\to\begin{pmatrix}1&0&0&1&0&1&350\\0&1&0&-1&-1&0&0\\0&0&1&0&1&-1&150\\0&0&0&0&0&0&0\end{pmatrix}$$

则原方程组的同解方程组为

$$\begin{cases}x_1=350-x_4-x_6,\\x_2=x_4+x_5,\\x_3=150-x_5+x_6.\end{cases}$$

其中 x_4,x_5,x_6 为自由未知量. 令 $x_4=c_1,x_5=c_2,x_6=c_3$,则原方程组的一般解为

$$\begin{cases} x_1 = 350 - c_1 - c_3, \\ x_2 = c_1 + c_2, \\ x_3 = 150 - c_2 + c_3, \\ x_4 = c_1, \\ x_5 = c_2, \\ x_6 = c_3. \end{cases}$$

其中 c_1, c_2, c_3 为任意常数,且要满足$\begin{cases} c_1 + c_3 \leqslant 350 \\ c_2 - c_3 \leqslant 150 \end{cases}$.

(2)BC 段封闭导致 $x_6 = c_3 = 0$,所以此时

$$\begin{cases} x_1 = 350 - c_1, \\ x_2 = c_1 + c_2, \\ x_3 = 150 - c_2, \\ x_4 = c_1, \\ x_5 = c_2, \\ x_6 = 0. \end{cases}$$

其中 c_1, c_2 为任意常数,且要满足$\begin{cases} c_1 \leqslant 350 \\ c_2 \leqslant 150 \end{cases}$.

(3)此时问题可归结为解线性方程组

$$\begin{cases} x_1 + x_2 + x_3 = 500, \\ x_1 + x_4 + x_6 = 350, \\ x_3 + x_5 - x_6 = 200, \\ x_2 - x_4 - x_5 = 0. \end{cases}$$

记方程组的系数矩阵为 $\boldsymbol{B}$,增广矩阵为$\overline{\boldsymbol{B}}$,则对$\overline{\boldsymbol{B}}$施以初等行变换化为阶梯形矩阵为

$$\overline{\boldsymbol{B}} = \begin{pmatrix} 1 & 1 & 1 & 0 & 0 & 0 & 500 \\ 1 & 0 & 0 & 1 & 0 & 1 & 350 \\ 0 & 0 & 1 & 0 & 1 & -1 & 200 \\ 0 & 1 & 0 & -1 & -1 & 0 & 0 \end{pmatrix} \to \begin{pmatrix} 1 & 1 & 1 & 0 & 0 & 0 & 500 \\ 0 & 1 & 0 & -1 & -1 & 0 & 0 \\ 0 & 0 & 1 & 0 & 1 & -1 & 200 \\ 0 & 0 & 0 & 0 & 0 & 0 & 50 \end{pmatrix}$$

显然,秩$(\boldsymbol{B}) = 3$,秩$(\overline{\boldsymbol{B}}) = 4$,故无解. 请读者试给出无解的实际背景.

至此,我们已解决了本章开始提出的线性方程组有解的条件和求解方法问题,对于线性方程组有无穷多解时解的结构问题,我们需要进一步讨论有关向量的理论.

思考与练习 3.1

1. 叙述非齐次线性方程组无解、有唯一解和有无穷多解的条件.
2. 写出下列方程组的系数矩阵.

(1) $\begin{cases} 2x_1 - 3x_2 = 2, \\ 2x_2 = 6. \end{cases}$　　(2) $\begin{cases} x_1 + x_2 + x_3 = 8, \\ 2x_2 + x_3 = 5, \\ 3x_3 = 9. \end{cases}$

(3) $\begin{cases} x_1 + 2x_2 + 2x_3 + x_4 = 5, \\ 3x_2 + x_3 - 2x_4 = 1, \\ -x_3 + 2x_4 = -1, \\ 4x_4 = 4. \end{cases}$

3. 确定下列增广矩阵对应的线性方程组是否有解？如果有唯一解,求之.

(1) $\begin{pmatrix} 1 & 2 & 4 \\ 0 & 1 & 3 \\ 0 & 0 & 1 \end{pmatrix}$;　　(2) $\begin{pmatrix} 1 & 3 & 1 \\ 0 & 1 & -1 \\ 0 & 0 & 0 \end{pmatrix}$;

(3) $\begin{pmatrix} 1 & -2 & 4 & 1 \\ 0 & 0 & 1 & 3 \\ 0 & 0 & 0 & 0 \end{pmatrix}$;　　(4) $\begin{pmatrix} 1 & -2 & 2 & -2 \\ 0 & 1 & -1 & 3 \\ 0 & 0 & 1 & 2 \end{pmatrix}$.

4. 用消元法解下列线性方程组.

(1) $\begin{cases} 2x_1 + x_2 + x_3 = 2, \\ x_1 + 3x_2 + x_3 = 5, \\ x_1 + x_2 + 5x_3 = -7, \\ 2x_1 + 3x_2 - 3x_3 = 14. \end{cases}$　　(2) $\begin{cases} 5x_1 - x_2 + 2x_3 + x_4 = 7, \\ 2x_1 + x_2 + 4x_3 - 2x_4 = 1, \\ x_1 - 3x_2 - 6x_3 + 5x_4 = 0. \end{cases}$

(3) $\begin{cases} x_1 - 2x_2 + x_3 + x_4 = 1, \\ x_1 - 2x_2 + x_3 - x_4 = -1, \\ x_1 - 2x_2 + x_3 - 5x_4 = -5. \end{cases}$　　(4) $\begin{cases} x_1 + 2x_2 - x_4 = -1, \\ -x_1 - 3x_2 + x_3 + 2x_4 = 3, \\ x_1 - x_2 + 3x_3 + x_4 = 1, \\ 2x_1 - 3x_2 + 7x_3 + 3x_4 = 4. \end{cases}$

(5) $\begin{cases} x_1 + x_2 + x_3 + x_4 + x_5 = 0, \\ 3x_1 + 2x_2 + x_3 + x_4 - 3x_5 = 0, \\ x_2 + 2x_3 + 2x_4 + 6x_5 = 0, \\ 5x_1 + 4x_2 + 2x_3 + 3x_4 - x_5 = 0. \end{cases}$　　(6) $\begin{cases} 2x_1 - 4x_2 + 5x_3 + 3x_4 = 0, \\ 3x_1 - 6x_2 + 4x_3 + 2x_4 = 0, \\ 4x_1 - 8x_2 + 17x_3 + 11x_4 = 0. \end{cases}$

5. 判断下列命题的真伪,并说明理由.

(1)若非齐次线性方程组 $\boldsymbol{Ax} = \boldsymbol{b}$ 无解,则其对应的齐次线性方程组 $\boldsymbol{Ax} = \boldsymbol{0}$ 也无解.

(2)若非齐次线性方程组有唯一解,则其对应的齐次线性方程组也只有唯一解.

(3)对增广矩阵的行施以初等变换不改变相应的线性方程组的解.

6. 求下图中给出的交通流量 x_1,x_2,x_3 和 x_4.

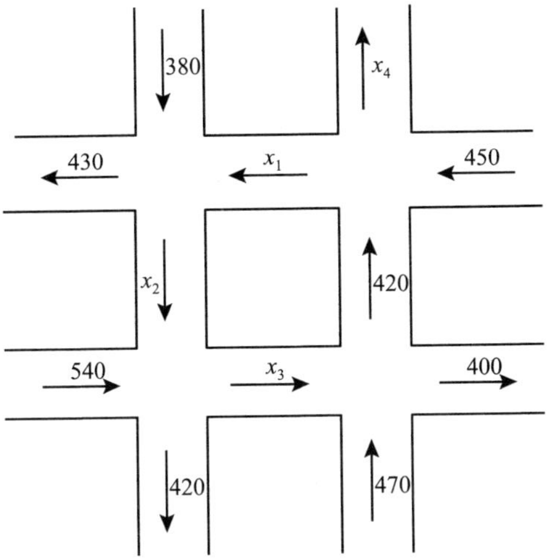

7. 三条直线 $x_1-4x_2=1, 2x_1-x_2=-3$ 和 $-x_1-3x_2=4$ 是否有一个交点？请解释．

8. 确定 a 的值使下列线性方程组有解，并求其解．

(1) $\begin{cases} 2x_1-x_2+x_3+x_4=1, \\ x_1+2x_2-x_3+4x_4=2, \\ x_1+7x_2-4x_3+11x_4=a. \end{cases}$　　(2) $\begin{cases} ax_1+x_2+x_3=1, \\ x_1+ax_2+x_3=a, \\ x_1+x_2+ax_3=a^2. \end{cases}$

§3.2　n 维向量及向量间的线性相关性

3.2.1　向量及其线性运算

1. 向量的概念

定义 3.2.1　由 n 个数 $a_1,a_2,\cdots,a_n$ 组成的一个有序数组称为一个 n 维向量，记为

$$(a_1,a_2,\cdots,a_n) \text{或} \begin{pmatrix} a_1 \\ a_2 \\ \vdots \\ a_n \end{pmatrix}.$$

前者称为 n 维行向量(row vector),后者称为 n 维列向量(column vector),其中第 i 个数 a_i 称为这个向量的第 i 个分量.

向量通常用希腊字母 $\boldsymbol{\alpha},\boldsymbol{\beta},\boldsymbol{\gamma}$ 等表示,有时也用小写黑体拉丁字母 $\boldsymbol{x},\boldsymbol{y},\boldsymbol{a},\boldsymbol{b},\boldsymbol{o}$ 等表示.

显然,n 维行向量就是一个 $1\times n$ 矩阵,即行矩阵,n 维列向量就是一个 $n\times 1$ 矩阵,即列矩阵. 因此,可以通过矩阵的转置运算把一个行向量写成列向量.

例如 $\boldsymbol{\alpha}=(a_1 \quad a_2 \quad \cdots \quad a_n)$ 是一个 n 维行向量,则 $\boldsymbol{\alpha}^T=\begin{pmatrix} a_1 \\ a_2 \\ \vdots \\ a_n \end{pmatrix}$ 就是一个 n 维列向量.

仿照矩阵,我们就有了零向量 $\boldsymbol{o}$,向量 $\boldsymbol{\alpha}$ 的负向量 $-\boldsymbol{\alpha}$,两个向量相等的概念.

若干个同维数的列向量(或行向量)所组成的集合称为**向量组**.

一个含有限个向量的向量组可以构成一个矩阵;反过来,一个矩阵也可看作由有限个有顺序的行(列)向量所构成的向量组. 因此,关于向量组与矩阵的问题可以互相转化,尤其是用矩阵来研究向量组更方便些.

例如,一个 $m\times n$ 矩阵

$$\boldsymbol{A}=\begin{pmatrix} a_{11} & a_{12} & \cdots & a_{1n} \\ a_{21} & a_{22} & \cdots & a_{2n} \\ \cdots & \cdots & \cdots & \cdots \\ a_{m1} & a_{m2} & \cdots & a_{mn} \end{pmatrix}$$

的每一行

$$\boldsymbol{\alpha}_i=(a_{i1} \quad a_{i2} \quad \cdots \quad a_{in}) \quad (i=1,2,\cdots,m)$$

都是一个 n 维行向量,于是矩阵 $\boldsymbol{A}$ 可以写成 $\boldsymbol{A}=\begin{pmatrix} \boldsymbol{\alpha}_1 \\ \boldsymbol{\alpha}_2 \\ \vdots \\ \boldsymbol{\alpha}_m \end{pmatrix}$,我们称 $\boldsymbol{\alpha}_1,\boldsymbol{\alpha}_2,\cdots,\boldsymbol{\alpha}_m$ 为矩阵 $\boldsymbol{A}$ 的行向量组;矩阵 $\boldsymbol{A}$ 的每一列

$$\boldsymbol{\beta}_j=\begin{pmatrix} a_{1j} \\ a_{2j} \\ \vdots \\ a_{mj} \end{pmatrix} \quad (j=1,2,\cdots,n)$$

都是一个 m 维列向量，于是矩阵 $\boldsymbol{A}$ 也可以写成 $\boldsymbol{A}=(\boldsymbol{\beta}_1\quad\boldsymbol{\beta}_2\quad\cdots\quad\boldsymbol{\beta}_n)$，我们称 $\boldsymbol{\beta}_1,\boldsymbol{\beta}_2,\cdots,\boldsymbol{\beta}_n$ 为矩阵 $\boldsymbol{A}$ 的列向量组．

由于行向量与列向量的许多性质都相同，所以在以后的讨论中不再特别注明行向量或列向量，而统一称为向量．

向量概念其实是解析几何中矢量概念的推广．设平面上点 P 的坐标是 (a,b)，则起点在坐标原点 O，终点为 P 的矢量 $\overrightarrow{OP}$ 就由有序数对 (a,b) 确定，因此，我们可以将矢量 $\overrightarrow{OP}$ 与 2 维向量 (a,b) 等同起来，称 (a,b) 是矢量 $\overrightarrow{OP}$ 的坐标，有时也称 (a,b) 就是矢量 $\overrightarrow{OP}$. 故 2 维向量 (a,b) 的几何表示是一条由原点 $(0,0)$ 指向点 (a,b) 的有向线段（见图 3－4）．通常我们将有相同长度和方向的有向线段看成是相同的，如向量 $\boldsymbol{\alpha}=\begin{pmatrix}2\\1\end{pmatrix}$ 可以表示为从原点 $(0,0)$ 指向点 $(2,1)$ 的有向线段，也可以表示为从点 $(2,2)$ 指向点 $(4,3)$ 的有向线段或从点 $(-1,-1)$ 指向点 $(1,0)$ 的有向线段（见图 3－5）.

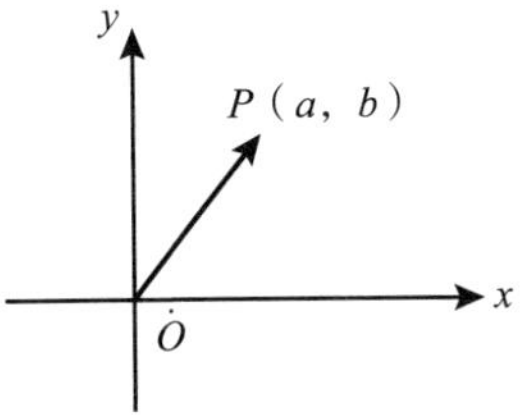

图 3－4

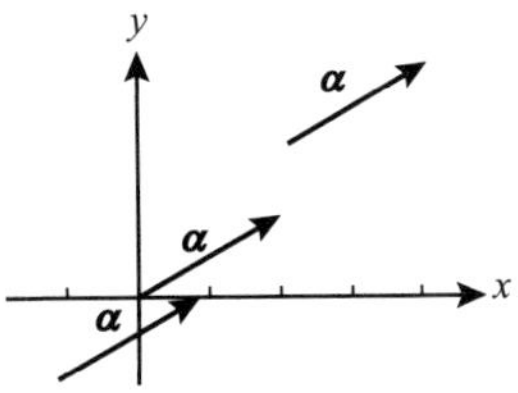

图 3－5

3 维向量可以看成立体空间中的矢量（见图 3－6），但高于 3 维的向量就没有明显的几何对照物了．然而，在许多实际问题中，n 维向量也具有明确的实际意义和广泛的应用．

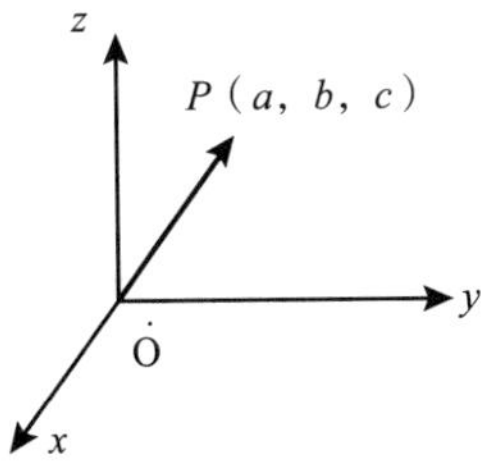

图 3－6

2. 向量的线性运算

按照定义 3.2.1，向量就是一个行矩阵或列矩阵，向量的线性运算是按照矩阵的线性运算来定义的，并且也满足相应的运算规律．为方便起见，我们将其列出如下：

两个 n 维向量 $\boldsymbol{\alpha}=(a_1 \quad a_2 \quad \cdots \quad a_n)$ 与 $\boldsymbol{\beta}=(b_1 \quad b_2 \quad \cdots \quad b_n)$ 的各对应分量之和所组成的向量，称为向量 $\boldsymbol{\alpha}$ 与 $\boldsymbol{\beta}$ 的和，记作 $\boldsymbol{\alpha}+\boldsymbol{\beta}$. 即

$$\boldsymbol{\alpha}+\boldsymbol{\beta}=(a_1+b_1 \quad a_2+b_2 \quad \cdots \quad a_n+b_n).$$

向量

$$\begin{aligned}\boldsymbol{\alpha}+(-\boldsymbol{\beta})&=(a_1 \quad a_2 \quad \cdots \quad a_n)+(-b_1 \quad -b_2 \quad \cdots \quad -b_n)\\&=(a_1-b_1 \quad a_2-b_2 \quad \cdots \quad a_n-b_n)\end{aligned}$$

称为向量 $\boldsymbol{\alpha}$ 与 $\boldsymbol{\beta}$ 的差，记作 $\boldsymbol{\alpha}-\boldsymbol{\beta}$.

n 维向量 $\boldsymbol{\alpha}=(a_1 \quad a_2 \quad \cdots \quad a_n)$ 的各个分量都乘以 k(k 为一实数)所组成的向量，称为数 k 与向量 $\boldsymbol{\alpha}$ 的**乘积**，记作 $k\boldsymbol{\alpha}$. 即

$$k\boldsymbol{\alpha}=(ka_1 \quad ka_2 \quad \cdots \quad ka_n).$$

向量的加法及数与向量的乘法称为向量的线性运算，向量的线性运算满足下列 8 条运算规律：

(1) $\boldsymbol{\alpha}+\boldsymbol{\beta}=\boldsymbol{\beta}+\boldsymbol{\alpha}$;

(2) $(\boldsymbol{\alpha}+\boldsymbol{\beta})+\boldsymbol{\gamma}=\boldsymbol{\alpha}+(\boldsymbol{\beta}+\boldsymbol{\gamma})$;

(3) $\boldsymbol{\alpha}+\boldsymbol{o}=\boldsymbol{\alpha}$;

(4) $\boldsymbol{\alpha}+(-\boldsymbol{\alpha})=\boldsymbol{o}$;

(5) $1\cdot\boldsymbol{\alpha}=\boldsymbol{\alpha}$;

(6) $k(l\boldsymbol{\alpha})=(kl)\boldsymbol{\alpha}$;

(7) $k(\boldsymbol{\alpha}+\boldsymbol{\beta})=k\boldsymbol{\alpha}+k\boldsymbol{\beta}$;

(8) $(k+l)\boldsymbol{\alpha}=k\boldsymbol{\alpha}+l\boldsymbol{\alpha}$.

其中 $\boldsymbol{\alpha},\boldsymbol{\beta},\boldsymbol{\gamma},\boldsymbol{o}$ 都是 n 维向量，k,l 都是实数．

例 1 设向量 $\boldsymbol{\alpha}=(1,2)$，$\boldsymbol{\beta}=(3,1)$，则 $2\boldsymbol{\alpha}=(2,4)$，$-2\boldsymbol{\alpha}=(-2,-4)$，$\boldsymbol{\alpha}+\boldsymbol{\beta}=(4,3)$，$\boldsymbol{\alpha}-\boldsymbol{\beta}=(-2,1)$. 从几何上看，向量 $k\boldsymbol{\alpha}$ 表示的有向线段的长度是向量 $\boldsymbol{\alpha}$ 表示的有向线段长度的 $|k|$ 倍，当 $k>0$ 时，$k\boldsymbol{\alpha}$ 与 $\boldsymbol{\alpha}$ 方向相同，当 $k<0$ 时，$k\boldsymbol{\alpha}$ 与 $\boldsymbol{\alpha}$ 方向相反，如图 3－7 所示．二维向量 $\boldsymbol{\alpha},\boldsymbol{\beta}$ 的和 $\boldsymbol{\alpha}+\boldsymbol{\beta}$ 与差 $\boldsymbol{\alpha}-\boldsymbol{\beta}$ 分别表示从 $\boldsymbol{\alpha}$ 的起点到 $\boldsymbol{\beta}$ 的终点的有向线段和从 $\boldsymbol{\beta}$ 的终点到 $\boldsymbol{\alpha}$ 的终点的有向线段．如果 $\boldsymbol{\alpha},\boldsymbol{\beta}$ 均放置在原点，则 $\boldsymbol{\alpha}+\boldsymbol{\beta}$ 和 $\boldsymbol{\alpha}-\boldsymbol{\beta}$ 分别表示以 $\boldsymbol{\alpha},\boldsymbol{\beta}$ 为边所构成的平行四边形的对角线．如图 3－8 所示．

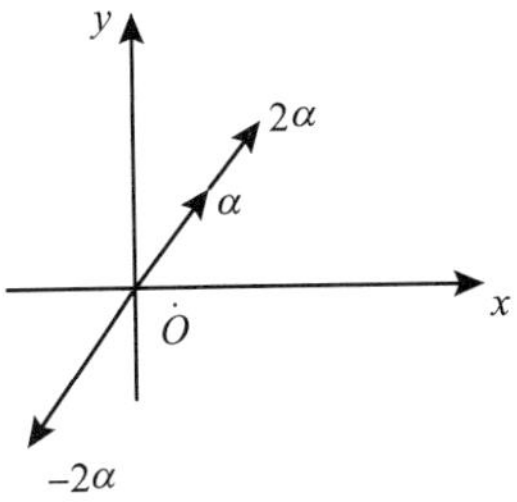

图 3 −7

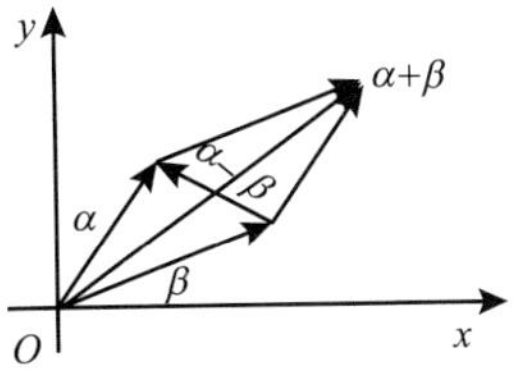

图 3 −8

例 2 设向量 $\boldsymbol{\alpha}=(7\quad 2\quad 0\quad -8)$,$\boldsymbol{\beta}=(2\quad 1\quad -4\quad 3)$,且满足 $3\boldsymbol{\alpha}-2(\boldsymbol{\beta}+\boldsymbol{\eta})=\boldsymbol{o}$. 求向量 $\boldsymbol{\eta}$.

解 由 $3\boldsymbol{\alpha}-2(\boldsymbol{\beta}+\boldsymbol{\eta})=\boldsymbol{o}$,得

$$\boldsymbol{\eta}=\frac{1}{2}(3\boldsymbol{\alpha}-2\boldsymbol{\beta})=\frac{3}{2}\boldsymbol{\alpha}-\boldsymbol{\beta}$$

$$=\frac{3}{2}(7\quad 2\quad 0\quad -8)-(2\quad 1\quad -4\quad 3)=\left(\frac{17}{2}\quad 2\quad 4\quad -15\right).$$

例 3 某公司生产两种产品,每美元价值的产品 B,公司需耗费 \$0.45 材料、\$0.25 劳动和 \$0.15 管理费用,对每美元价值的产品 C,公司需耗费 \$0.40 材料、\$0.30 劳动和 \$0.15 管理费用.

(1)用向量描述生产 100 美元的产品 B 需要的各种成本.

(2)设公司希望生产 x_1 美元产品 B 和 x_2 美元的产品 C,给出描述该公司花费的各部分成本的向量.

解 设

$$\boldsymbol{b}=\begin{pmatrix}0.45\\0.25\\0.15\end{pmatrix},\boldsymbol{c}=\begin{pmatrix}0.40\\0.30\\0.15\end{pmatrix},$$

则 $\boldsymbol{b},\boldsymbol{c}$ 为两种产品的单位美元产出成本.

(1)生产 100 美元的产品 B 需要的各种成本为

$$100\boldsymbol{b}=100\begin{pmatrix}0.45\\0.25\\0.15\end{pmatrix}=\begin{pmatrix}45\\25\\15\end{pmatrix},$$

即 \$45 材料、\$25 劳动和 \$15 管理费用.

(2)生产 x_1 美元产品 B 的成本由向量 $x_1\boldsymbol{b}$ 给出,生产 x_2 美元的产品 C 的成本由向量 $x_2\boldsymbol{c}$ 给出,故总的成本为 $x_1\boldsymbol{b}+x_2\boldsymbol{c}$.

例 4(线性方程组的向量表示形式) 设线性方程组

$$\begin{cases} a_{11}x_1 + a_{12}x_2 + \cdots + a_{1n}x_n = b_1, \\ a_{21}x_1 + a_{22}x_2 + \cdots + a_{2n}x_n = b_2, \\ \cdots\cdots\cdots\cdots\cdots\cdots\cdots\cdots \\ a_{m1}x_1 + a_{m2}x_2 + \cdots + a_{mn}x_n = b_m. \end{cases} \tag{1}$$

记 $\boldsymbol{\alpha}_j = \begin{pmatrix} a_{1j} \\ a_{2j} \\ \vdots \\ a_{mj} \end{pmatrix}$ 是未知量 x_j 的系数构成的列向量$(j = 1, 2, \cdots, n)$, $\boldsymbol{b} = \begin{pmatrix} b_1 \\ b_2 \\ \vdots \\ b_m \end{pmatrix}$ 是常数项构成的列向量,则上述方程组(1)可写成

$$x_1\boldsymbol{\alpha}_1 + x_2\boldsymbol{\alpha}_2 + \cdots + x_n\boldsymbol{\alpha}_n = \boldsymbol{\beta}, \tag{2}$$

称为线性方程组(1)的向量表示形式. 容易看出,方程组(1)是否有解的问题即是否存在一组数 $x_1 = k_1, x_2 = k_2, \cdots, x_n = k_n$ 使式(2)成立的问题.

可见,有了向量概念后,我们就可以很方便地记述方程组和研究方程组了.

3.2.2 向量间的线性相关性

向量之间除了运算关系外,还存在着各种各样的关系,其中最重要的是向量之间的线性相关性. 下面我们在论及向量组时,均认为它们是同维的行向量或列向量.

1. 向量组的线性组合

定义 3.2.2 设 $\boldsymbol{\alpha}_1, \boldsymbol{\alpha}_2, \cdots, \boldsymbol{\alpha}_m$ 是一组 n 维向量, $k_1, k_2, \cdots, k_m$ 是一组常数,则向量

$$k_1\boldsymbol{\alpha}_1 + k_2\boldsymbol{\alpha}_2 + \cdots + k_m\boldsymbol{\alpha}_m$$

称为向量组 $\boldsymbol{\alpha}_1, \boldsymbol{\alpha}_2, \cdots, \boldsymbol{\alpha}_m$ 的一个**线性组合**(linear combination),常数 $k_1, k_2, \cdots, k_m$ 称为**线性组合系数**. 若向量 $\boldsymbol{\beta}$ 满足

$$\boldsymbol{\beta} = k_1\boldsymbol{\alpha}_1 + k_2\boldsymbol{\alpha}_2 + \cdots + k_m\boldsymbol{\alpha}_m,$$

则称向量 $\boldsymbol{\beta}$ 是向量组 $\boldsymbol{\alpha}_1, \boldsymbol{\alpha}_2, \cdots, \boldsymbol{\alpha}_m$ 的线性组合,或称向量 $\boldsymbol{\beta}$ 可以由向量组 $\boldsymbol{\alpha}_1, \boldsymbol{\alpha}_2, \cdots, \boldsymbol{\alpha}_m$ 线性表示.

例如,向量 $\boldsymbol{\alpha}_1 = (1,0,1)$, $\boldsymbol{\alpha}_2 = (0,1,1)$ 和向量 $\boldsymbol{\beta} = (2,3,5)$,显然有 $\boldsymbol{\beta} = 2\boldsymbol{\alpha}_1 + 3\boldsymbol{\alpha}_2$. 从几何上来看,向量 $\boldsymbol{\beta}$ 在由向量 $\boldsymbol{\alpha}_1, \boldsymbol{\alpha}_2$ 所确定的平面 π 上,且 $\boldsymbol{\alpha}_1, \boldsymbol{\alpha}_2$ 的所有线性组合则是平面 π. 任一向量 $\boldsymbol{\gamma}$ 能否由 $\boldsymbol{\alpha}_1, \boldsymbol{\alpha}_2$ 线性表示,归结为 $\boldsymbol{\gamma}$ 是否在平面 π 上. 如图 3-9 所示.

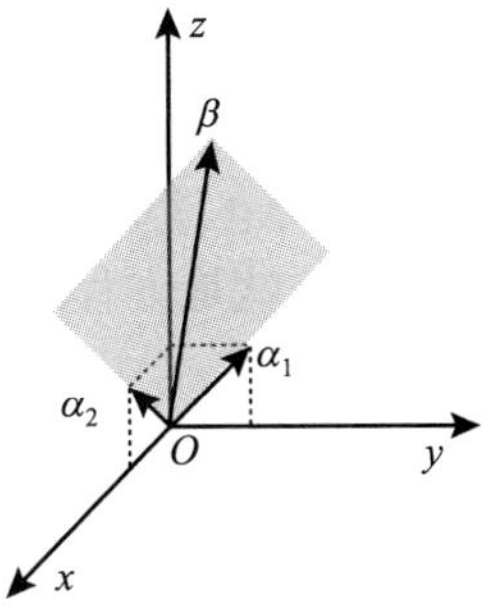

图 3－9

例 1　零向量是任意向量组的线性组合.

事实上,对任意的 n 维向量组 $\boldsymbol{\alpha}_1,\boldsymbol{\alpha}_2,\cdots,\boldsymbol{\alpha}_m$ 及 n 维零向量 $\boldsymbol{o}$,有

$$\boldsymbol{o}=0\cdot\boldsymbol{\alpha}_1+0\cdot\boldsymbol{\alpha}_2+\cdots+0\cdot\boldsymbol{\alpha}_m.$$

例 2　任一 n 维向量 $\boldsymbol{\alpha}=(a_1\quad a_2\quad\cdots\quad a_n)$都是 n 维向量组 $\boldsymbol{\varepsilon}_1=(1\quad 0\quad 0\quad\cdots\quad 0)$,$\boldsymbol{\varepsilon}_2=(0\quad 1\quad 0\quad\cdots\quad 0)$,$\cdots$,$\boldsymbol{\varepsilon}_n=(0\quad 0\quad 0\quad\cdots\quad 1)$的线性组合.

事实上,对任一 n 维向量 $\boldsymbol{\alpha}=(a_1\quad a_2\quad\cdots\quad a_n)$,有

$$\boldsymbol{\alpha}=a_1\boldsymbol{\varepsilon}_1+a_2\boldsymbol{\varepsilon}_2+\cdots+a_n\boldsymbol{\varepsilon}_n.$$

我们称向量组 $\boldsymbol{\varepsilon}_1,\boldsymbol{\varepsilon}_2,\cdots,\boldsymbol{\varepsilon}_n$ 为 n 维**初始单位向量组**.

例 3　向量组 $\boldsymbol{\alpha}_1,\boldsymbol{\alpha}_2,\cdots,\boldsymbol{\alpha}_m$ 中任一向量 $\boldsymbol{\alpha}_i(i=1,2,\cdots,m)$都是该向量组的线性组合.

事实上,对向量组中任一向量 $\boldsymbol{\alpha}_i(i=1,2,\cdots,m)$,有

$$\boldsymbol{\alpha}_i=0\cdot\boldsymbol{\alpha}_1+0\cdot\boldsymbol{\alpha}_2+\cdots+1\cdot\boldsymbol{\alpha}_i+\cdots+0\cdot\boldsymbol{\alpha}_m.$$

现在我们讨论对于分量已知的向量 $\boldsymbol{\beta}$ 和向量组 $\boldsymbol{\alpha}_1,\boldsymbol{\alpha}_2,\cdots,\boldsymbol{\alpha}_n$,如何判断 $\boldsymbol{\beta}$ 能否由 $\boldsymbol{\alpha}_1,\boldsymbol{\alpha}_2,\cdots,\boldsymbol{\alpha}_n$ 线性表示?

设　$\boldsymbol{\alpha}_j=\begin{pmatrix}a_{1j}\\a_{2j}\\\vdots\\a_{mj}\end{pmatrix}(j=1,2,\cdots,n)$,$\boldsymbol{\beta}=\begin{pmatrix}b_1\\b_2\\\vdots\\b_m\end{pmatrix}$,令

$$x_1\boldsymbol{\alpha}_1+x_2\boldsymbol{\alpha}_2+\cdots+x_n\boldsymbol{\alpha}_n=\boldsymbol{\beta},$$

即

$$\begin{cases}a_{11}x_1+a_{12}x_2+\cdots+a_{1n}x_n=b_1,\\a_{21}x_1+a_{22}x_2+\cdots+a_{2n}x_n=b_2,\\\cdots\cdots\cdots\cdots\cdots\cdots\cdots\cdots\\a_{m1}x_1+a_{m2}x_2+\cdots+a_{mn}x_n=b_m.\end{cases}\tag{1}$$

若线性方程组(1)有解 $x_1=k_1,x_2=k_2,\cdots,x_n=k_n$,则有

$$\boldsymbol{\beta}=k_1\boldsymbol{\alpha}_1+k_2\boldsymbol{\alpha}_2+\cdots+k_n\boldsymbol{\alpha}_n$$

成立,即向量 $\boldsymbol{\beta}$ 可以由向量组 $\boldsymbol{\alpha}_1,\boldsymbol{\alpha}_2,\cdots,\boldsymbol{\alpha}_n$ 线性表示;反之,若存在数 $k_1,k_2,\cdots,k_n$ 使得上式成立,则 $x_i=k_i(i=1,2,\cdots,n)$ 就是方程组(1)的解. 于是,我们得到下面的定理.

定理 3.2.1 设向量 $\boldsymbol{\beta}=\begin{pmatrix}b_1\\b_2\\\vdots\\b_m\end{pmatrix}$,向量组 $\boldsymbol{\alpha}_j=\begin{pmatrix}a_{1j}\\a_{2j}\\\vdots\\a_{mj}\end{pmatrix}(j=1,2,\cdots,n)$,则向量 $\boldsymbol{\beta}$ 可由向量组 $\boldsymbol{\alpha}_1,\boldsymbol{\alpha}_2,\cdots,\boldsymbol{\alpha}_n$ 线性表示的充分必要条件是线性方程组(1)有解.

定理3.2.1 表明:判断向量 $\boldsymbol{\beta}$ 能否由向量组 $\boldsymbol{\alpha}_1,\boldsymbol{\alpha}_2,\cdots,\boldsymbol{\alpha}_n$ 线性表示的问题,可归结为判断线性方程组

$$x_1\boldsymbol{\alpha}_1+x_2\boldsymbol{\alpha}_2+\cdots+x_n\boldsymbol{\alpha}_n=\boldsymbol{\beta}$$

是否有解的问题,且若 $k_1,k_2,\cdots,k_n$ 是方程组的一个解,则 $\boldsymbol{\beta}=k_1\boldsymbol{\alpha}_1+k_2\boldsymbol{\alpha}_2+\cdots+k_n\boldsymbol{\alpha}_n$. 从而可以利用求解线性方程组的消元法判断 $\boldsymbol{\beta}$ 能否由 $\boldsymbol{\alpha}_1,\boldsymbol{\alpha}_2,\cdots,\boldsymbol{\alpha}_n$ 线性表示,并在可以表示的情况下,求出表示式.

例 4 判断向量 $\boldsymbol{\beta}=(-1\quad 1\quad 5)$ 可否由向量组 $\boldsymbol{\alpha}_1=(1\quad 2\quad 3)$,$\boldsymbol{\alpha}_2=(0\quad 1\quad 4)$,$\boldsymbol{\alpha}_3=(2\quad 3\quad 6)$ 线性表示. 如果可以,写出表示式.

解 考虑线性方程组

$$x_1\boldsymbol{\alpha}_1+x_2\boldsymbol{\alpha}_2+x_3\boldsymbol{\alpha}_3=\boldsymbol{\beta},$$

即

$$\begin{cases}x_1+\qquad 2x_3=-1,\\2x_1+x_2+3x_3=1,\\3x_1+4x_2+6x_3=5.\end{cases}$$

这个方程组有唯一解:

$$\begin{cases}x_1=1,\\x_2=2,\\x_3=-1.\end{cases}$$

于是 $\boldsymbol{\beta}$ 可由向量组 $\boldsymbol{\alpha}_1,\boldsymbol{\alpha}_2,\boldsymbol{\alpha}_3$ 线性表示,并且 $\boldsymbol{\beta}=\boldsymbol{\alpha}_1+2\boldsymbol{\alpha}_2-\boldsymbol{\alpha}_3$.

例 5 判断向量 $\boldsymbol{\beta}=(2\quad 1\quad -1)$ 能否由向量组 $\boldsymbol{\alpha}_1=(2\quad 3\quad 1)$,$\boldsymbol{\alpha}_2=(1\quad 2\quad 1)$,$\boldsymbol{\alpha}_3=(3\quad 2\quad -1)$ 线性表示. 若能,写出表示式.

解 考虑线性方程组

$$x_1\boldsymbol{\alpha}_1+x_2\boldsymbol{\alpha}_2+x_3\boldsymbol{\alpha}_3=\boldsymbol{\beta},$$

即

$$\begin{cases}2x_1+x_2+3x_3=2,\\3x_1+2x_2+2x_3=1,\\x_1+x_2-x_3=-1.\end{cases}$$

这个方程组的解为:

$$\begin{cases}x_1=-4c+3,\\x_2=5c-4,\\x_3=c.\end{cases}\qquad (c\text{ 为任意常数})$$

于是,向量$\boldsymbol{\beta}$可由向量组$\boldsymbol{\alpha}_1,\boldsymbol{\alpha}_2,\boldsymbol{\alpha}_3$线性表示,且表示式有无穷多个.

令$c=0$,得到一个解:$x_1=3,x_2=-4,x_3=0$,则有

$$\boldsymbol{\beta}=3\boldsymbol{\alpha}_1-4\boldsymbol{\alpha}_2.$$

令$c=1$,得到另一个解$x_1=-1,x_2=1,x_3=1$,则有

$$\boldsymbol{\beta}=-\boldsymbol{\alpha}_1+\boldsymbol{\alpha}_2+\boldsymbol{\alpha}_3.$$

例 6　设向量$\boldsymbol{\alpha}_1=(1\quad 4\quad 0\quad 2)$,$\boldsymbol{\alpha}_2=(2\quad 7\quad 1\quad 3)$,$\boldsymbol{\alpha}_3=(0\quad 1\quad -1\quad a)$,$\boldsymbol{\beta}=(3\quad 10\quad b\quad 4)$. 求:(1)当$a,b$为何值时,$\boldsymbol{\beta}$不能由$\boldsymbol{\alpha}_1,\boldsymbol{\alpha}_2,\boldsymbol{\alpha}_3$线性表示?(2)当$a,b$为何值时,$\boldsymbol{\beta}$可由$\boldsymbol{\alpha}_1,\boldsymbol{\alpha}_2,\boldsymbol{\alpha}_3$线性表示?并求出表示式.

解　设$x_1\boldsymbol{\alpha}_1+x_2\boldsymbol{\alpha}_2+x_3\boldsymbol{\alpha}_3=\boldsymbol{\beta}$,即

$$\begin{cases}x_1+2x_2=3,\\4x_1+7x_2+x_3=10,\\x_2-x_3=b,\\2x_1+3x_2+ax_3=4.\end{cases}$$

对方程组的增广矩阵施以初等行变换化为阶梯形矩阵:

$$\overline{\boldsymbol{A}}=\begin{pmatrix}1&2&0&3\\4&7&1&10\\0&1&-1&b\\2&3&a&4\end{pmatrix}\to\begin{pmatrix}1&2&0&3\\0&-1&1&-2\\0&1&-1&b\\0&-1&a&-2\end{pmatrix}$$

$$\to\begin{pmatrix}1&2&0&3\\0&-1&1&-2\\0&0&0&b-2\\0&0&a-1&0\end{pmatrix}\to\begin{pmatrix}1&0&2&-1\\0&1&-1&2\\0&0&a-1&0\\0&0&0&b-2\end{pmatrix}.$$

(1)当$b\neq 2$,a为任一实数时,方程组无解. 此时,$\boldsymbol{\beta}$不能由$\boldsymbol{\alpha}_1,\boldsymbol{\alpha}_2,\boldsymbol{\alpha}_3$线性

表示 .

(2)当 $b=2, a\neq 1$ 时,线性方程组有唯一解:$x_1=-1, x_2=2, x_3=0$. 于是,向量 $\boldsymbol{\beta}$ 可由 $\boldsymbol{\alpha}_1, \boldsymbol{\alpha}_2, \boldsymbol{\alpha}_3$ 唯一地线性表示,且 $\boldsymbol{\beta}=-\boldsymbol{\alpha}_1+2\boldsymbol{\alpha}_2$.

当 $b=2, a=1$ 时,线性方程组有无穷多解,其一般解为:

$$\begin{cases} x_1=-1-2c, \\ x_2=2+c, \qquad (c\text{ 为任意常数}) \\ x_3=c. \end{cases}$$

这时,$\boldsymbol{\beta}$ 可由 $\boldsymbol{\alpha}_1, \boldsymbol{\alpha}_2, \boldsymbol{\alpha}_3$ 线性表示,且表示式不唯一. 令 $c=1$,得 $\boldsymbol{\beta}=-3\boldsymbol{\alpha}_1+3\boldsymbol{\alpha}_2+\boldsymbol{\alpha}_3$.

定义 3.2.3 设有两个向量组

$$\boldsymbol{\alpha}_1, \boldsymbol{\alpha}_2, \cdots, \boldsymbol{\alpha}_s, \qquad (\text{Ⅰ})$$

$$\boldsymbol{\beta}_1, \boldsymbol{\beta}_2, \cdots, \boldsymbol{\beta}_t. \qquad (\text{Ⅱ})$$

若向量组(Ⅰ)中每一个向量都可以由向量组(Ⅱ)线性表示,则称向量组(Ⅰ)可以由向量组(Ⅱ)线性表示.

若向量组(Ⅰ)与向量组(Ⅱ)可以互相线性表示,则称向量组(Ⅰ)与向量组(Ⅱ)等价,记作(Ⅰ)~(Ⅱ).

向量组间的等价关系具有以下性质:

(1)任一向量组与它自身等价.(自反性)

(2)若向量组 $\boldsymbol{\alpha}_1, \boldsymbol{\alpha}_2, \cdots, \boldsymbol{\alpha}_s$ 与 $\boldsymbol{\beta}_1, \boldsymbol{\beta}_2, \cdots, \boldsymbol{\beta}_t$ 等价,则向量组 $\boldsymbol{\beta}_1, \boldsymbol{\beta}_2, \cdots, \boldsymbol{\beta}_t$ 与 $\boldsymbol{\alpha}_1, \boldsymbol{\alpha}_2, \cdots, \boldsymbol{\alpha}_s$ 等价.(对称性)

(3)若向量组 $\boldsymbol{\alpha}_1, \boldsymbol{\alpha}_2, \cdots, \boldsymbol{\alpha}_s$ 与 $\boldsymbol{\beta}_1, \boldsymbol{\beta}_2, \cdots, \boldsymbol{\beta}_t$ 等价,而向量组 $\boldsymbol{\beta}_1, \boldsymbol{\beta}_2, \cdots, \boldsymbol{\beta}_t$ 与 $\boldsymbol{\gamma}_1, \boldsymbol{\gamma}_2, \cdots, \boldsymbol{\gamma}_m$ 等价,则向量组 $\boldsymbol{\alpha}_1, \boldsymbol{\alpha}_2, \cdots, \boldsymbol{\alpha}_s$ 与 $\boldsymbol{\gamma}_1, \boldsymbol{\gamma}_2, \cdots, \boldsymbol{\gamma}_m$ 等价.(传递性)

2. 向量组的线性相关性

我们知道,零向量是任意向量组的线性组合. 也就是说,对任意的 n 维向量组 $\boldsymbol{\alpha}_1, \boldsymbol{\alpha}_2, \cdots, \boldsymbol{\alpha}_m$ 及 n 维零向量 $\boldsymbol{o}$,关系式

$$\boldsymbol{o}=0\cdot\boldsymbol{\alpha}_1+0\cdot\boldsymbol{\alpha}_2+\cdots+0\cdot\boldsymbol{\alpha}_m$$

总是成立的. 现在的问题是,是否存在一组不全为零的数 $k_1, k_2, \cdots, k_m$,使得上述关系式成立. 这是向量组的一个非常重要的性质,称之为向量组的线性相关性.

定义 3.2.4 设 n 维向量组 $\boldsymbol{\alpha}_1, \boldsymbol{\alpha}_2, \cdots, \boldsymbol{\alpha}_m$,如果存在一组不全为零的数 k_1, $k_2, \cdots, k_m$,使得

$$k_1\boldsymbol{\alpha}_1+k_2\boldsymbol{\alpha}_2+\cdots+k_m\boldsymbol{\alpha}_m=\boldsymbol{o} \qquad (2)$$

成立,则称向量组 $\boldsymbol{\alpha}_1, \boldsymbol{\alpha}_2, \cdots, \boldsymbol{\alpha}_m$ **线性相关**(linearly dependence),数 $k_1, k_2, \cdots, k_m$ 称为一组相关系数;否则,称向量组 $\boldsymbol{\alpha}_1, \boldsymbol{\alpha}_2, \cdots, \boldsymbol{\alpha}_m$ **线性无关**(linearly independence),

也就是说，如果只有当 $k_1=k_2=\cdots=k_m=0$ 时，等式(2)才成立，则向量组 $\boldsymbol{\alpha}_1,\boldsymbol{\alpha}_2,\cdots,\boldsymbol{\alpha}_m$ 线性无关．换句话说，若向量组 $\boldsymbol{\alpha}_1,\boldsymbol{\alpha}_2,\cdots,\boldsymbol{\alpha}_m$ 线性无关，且等式(2)成立，则必有 $k_1=k_2=\cdots=k_m=0$.

例如，向量组 $\boldsymbol{\alpha}_1=(1,2),\boldsymbol{\alpha}_2=(2,4)$ 和向量组 $\boldsymbol{\beta}_1=(1,0,0),\boldsymbol{\beta}_2=(0,1,0),\boldsymbol{\beta}_3=(3,4,0)$ 显然都是线性相关的．从几何意义上看，两个向量是否线性相关归结为它们是否共线，如图 3－10 所示．3 个 3 维向量是否线性相关归结为这 3 个向量是否共面，如图 3－11 所示．因此，向量组的线性相关性实际上是对几何空间中矢量位置关系的刻画方式的推广．

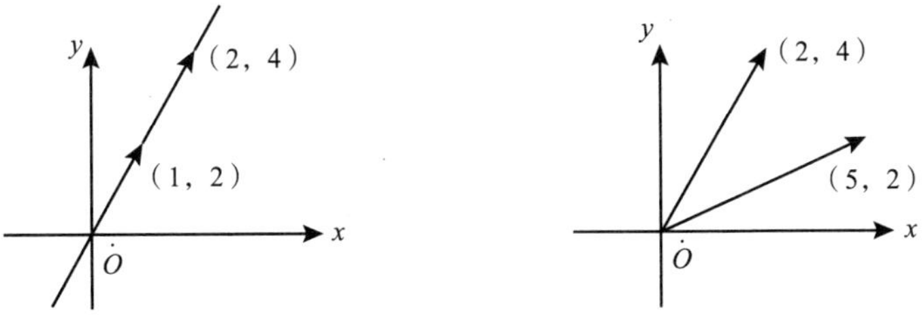

(a)线性相关　　(b)线性无关

图 3－10

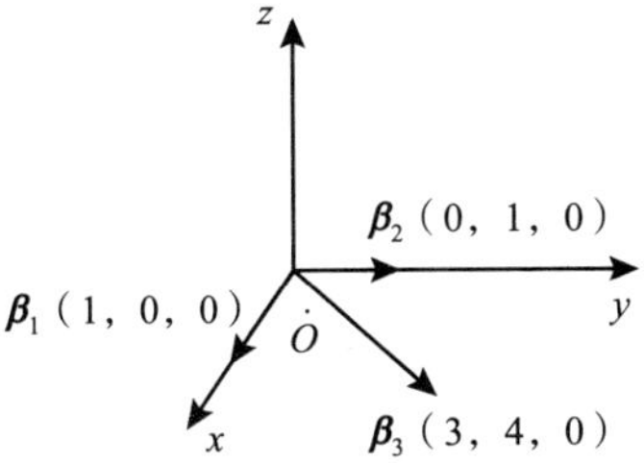

图 3－11

根据定义 3.2.4，如果向量组 $\boldsymbol{\alpha}_1,\boldsymbol{\alpha}_2,\cdots,\boldsymbol{\alpha}_m$ 中有一个是零向量，那么向量组 $\boldsymbol{\alpha}_1,\boldsymbol{\alpha}_2,\cdots,\boldsymbol{\alpha}_m$ 一定线性相关．事实上，不妨设 $\boldsymbol{\alpha}_1=\boldsymbol{o}$，则有

$$1\cdot\boldsymbol{\alpha}_1+0\cdot\boldsymbol{\alpha}_2+\cdots+0\cdot\boldsymbol{\alpha}_m=\boldsymbol{o}.$$

其中，$\boldsymbol{\alpha}_1$ 的系数不等于零，由定义可知 $\boldsymbol{\alpha}_1,\boldsymbol{\alpha}_2,\cdots,\boldsymbol{\alpha}_m$ 线性相关．

我们说向量组 $\boldsymbol{\alpha}_1,\boldsymbol{\alpha}_2,\cdots,\boldsymbol{\alpha}_m$ 线性相关(无关)，通常指 $m\geqslant 2$ 的情形．当 $m=1$ 时，向量组中只含一个向量 $\boldsymbol{\alpha}$，当 $\boldsymbol{\alpha}=\boldsymbol{o}$ 时是线性相关的，当 $\boldsymbol{\alpha}\neq\boldsymbol{o}$ 时是线性无关的．而对于含两个向量 $\boldsymbol{\alpha}_1,\boldsymbol{\alpha}_2$ 的向量组，$\boldsymbol{\alpha}_1,\boldsymbol{\alpha}_2$ 线性相关的充分必要条件是 $\boldsymbol{\alpha}_1,\boldsymbol{\alpha}_2$ 的对应分量成比例．

例 7 证明 n 维初始单位向量组 $\boldsymbol{\varepsilon}_1,\boldsymbol{\varepsilon}_2,\cdots,\boldsymbol{\varepsilon}_n$ 线性无关.

证 设存在一组数 $k_1,k_2,\cdots,k_n$,使得关系式

$$k_1\boldsymbol{\varepsilon}_1+k_2\boldsymbol{\varepsilon}_2+\cdots+k_n\boldsymbol{\varepsilon}_n=\boldsymbol{o}$$

成立. 由

$$\begin{aligned}&k_1\boldsymbol{\varepsilon}_1+k_2\boldsymbol{\varepsilon}_2+\cdots+k_n\boldsymbol{\varepsilon}_n\\&=k_1(1\quad 0\quad 0\quad\cdots\quad 0)+k_2(0\quad 1\quad 0\quad\cdots\quad 0)+\cdots+k_n(0\quad 0\quad 0\quad\cdots\quad 1)\\&=(k_1\quad k_2\quad\cdots\quad k_n)\end{aligned}$$

可得

$$(k_1\quad k_2\quad\cdots\quad k_n)=(0\quad 0\quad\cdots\quad 0),$$

即 $k_1=k_2=\cdots=k_n=0$,所以向量组 $\boldsymbol{\varepsilon}_1,\boldsymbol{\varepsilon}_2,\cdots,\boldsymbol{\varepsilon}_n$ 线性无关.

例 8 已知向量组 $\boldsymbol{\alpha}_1,\boldsymbol{\alpha}_2,\boldsymbol{\alpha}_3$ 线性无关,证明向量组 $\boldsymbol{\beta}_1=\boldsymbol{\alpha}_1+\boldsymbol{\alpha}_2,\boldsymbol{\beta}_2=\boldsymbol{\alpha}_2+\boldsymbol{\alpha}_3,\boldsymbol{\beta}_3=\boldsymbol{\alpha}_3+\boldsymbol{\alpha}_1$ 也线性无关.

证 设有一组数 k_1,k_2,k_3,使得

$$k_1\boldsymbol{\beta}_1+k_2\boldsymbol{\beta}_2+k_3\boldsymbol{\beta}_3=\boldsymbol{o}$$

成立,即

$$k_1(\boldsymbol{\alpha}_1+\boldsymbol{\alpha}_2)+k_2(\boldsymbol{\alpha}_2+\boldsymbol{\alpha}_3)+k_3(\boldsymbol{\alpha}_3+\boldsymbol{\alpha}_1)=\boldsymbol{o}.$$

整理,得

$$(k_1+k_3)\boldsymbol{\alpha}_1+(k_1+k_2)\boldsymbol{\alpha}_2+(k_2+k_3)\boldsymbol{\alpha}_3=\boldsymbol{o}.$$

因 $\boldsymbol{\alpha}_1,\boldsymbol{\alpha}_2,\boldsymbol{\alpha}_3$ 线性无关,故有

$$\begin{cases}k_1+k_3=0,\\k_1+k_2=0,\\k_2+k_3=0.\end{cases}$$

解得 $k_1=k_2=k_3=0$,所以向量组 $\boldsymbol{\beta}_1,\boldsymbol{\beta}_2,\boldsymbol{\beta}_3$ 线性无关.

例 9 如果向量组中有一部分向量(称为部分组)线性相关,则整个向量组线性相关.

证 设向量组 $\boldsymbol{\alpha}_1,\boldsymbol{\alpha}_2,\cdots,\boldsymbol{\alpha}_s$ 中有含 $r(r\leqslant s)$ 个向量的部分组线性相关,不妨设 $\boldsymbol{\alpha}_1,\boldsymbol{\alpha}_2,\cdots,\boldsymbol{\alpha}_r$ 线性相关,则存在一组不全为零的数 $k_1,k_2,\cdots,k_r$,使

$$k_1\boldsymbol{\alpha}_1+k_2\boldsymbol{\alpha}_2+\cdots+k_r\boldsymbol{\alpha}_r=\boldsymbol{o}$$

成立. 取 $k_{r+1}=\cdots=k_s=0$,则

$$k_1\boldsymbol{\alpha}_1+k_2\boldsymbol{\alpha}_2+\cdots+k_r\boldsymbol{\alpha}_r+k_{r+1}\boldsymbol{\alpha}_{r+1}+\cdots+k_s\boldsymbol{\alpha}_s=\boldsymbol{o}$$

仍然成立,其中数 $k_1,k_2,\cdots,k_r,k_{r+1},\cdots,k_s$ 不全为零,所以向量组 $\boldsymbol{\alpha}_1,\boldsymbol{\alpha}_2,\cdots,\boldsymbol{\alpha}_s$ 线性相关.

例 9 的结论也可叙述如下:

如果向量组 $\boldsymbol{\alpha}_1,\boldsymbol{\alpha}_2,\cdots,\boldsymbol{\alpha}_s$ 线性无关,则它的任一部分组必线性无关.

例 10　已知 $\boldsymbol{\alpha}_1=(1\quad 1\quad 1)$,$\boldsymbol{\alpha}_2=(0\quad 2\quad 5)$,$\boldsymbol{\alpha}_3=(2\quad 4\quad 7)$,试讨论向量组 $\boldsymbol{\alpha}_1,\boldsymbol{\alpha}_2,\boldsymbol{\alpha}_3$ 及向量组 $\boldsymbol{\alpha}_1,\boldsymbol{\alpha}_2$ 的线性相关性.

解　设有一组数 k_1,k_2,k_3,使得

$$k_1\boldsymbol{\alpha}_1+k_2\boldsymbol{\alpha}_2+k_3\boldsymbol{\alpha}_3=\boldsymbol{o}$$

成立. 即

$$k_1(1\quad 1\quad 1)+k_2(0\quad 2\quad 5)+k_3(2\quad 4\quad 7)=(0\quad 0\quad 0),$$

于是得齐次线性方程组

$$\begin{cases}k_1 \qquad\quad +2k_3=0,\\ k_1+2k_2+4k_3=0,\\ k_1+5k_2+7k_3=0.\end{cases}$$

因为系数行列式 $\begin{vmatrix}1&0&2\\1&2&4\\1&5&7\end{vmatrix}=0$,齐次线性方程组有非零解,所以向量组 $\boldsymbol{\alpha}_1,\boldsymbol{\alpha}_2,\boldsymbol{\alpha}_3$ 线性相关.

类似地,设有一组数 k_1,k_2,使得

$$k_1\boldsymbol{\alpha}_2+k_1\boldsymbol{\alpha}_2=\boldsymbol{o}$$

成立. 即

$$k_1(1\quad 1\quad 1)+k_2(0\quad 2\quad 5)=(0\quad 0\quad 0),$$

于是得齐次线性方程组

$$\begin{cases}k_1 \qquad\quad =0,\\ k_1+2k_2=0,\\ k_1+5k_2=0.\end{cases}$$

解得 $k_1=k_2=0$,齐次线性方程组只有零解,所以向量组 $\boldsymbol{\alpha}_1,\boldsymbol{\alpha}_2$ 线性无关.

一般地,给定向量组 $\boldsymbol{\alpha}_j=\begin{pmatrix}a_{1j}\\a_{2j}\\\vdots\\a_{mj}\end{pmatrix}(j=1,2,\cdots,n)$,令

$$x_1\boldsymbol{\alpha}_1+x_2\boldsymbol{\alpha}_2+\cdots+x_n\boldsymbol{\alpha}_n=\boldsymbol{o},$$

得齐次线性方程组

$$\begin{cases} a_{11}x_1 + a_{12}x_2 + \cdots + a_{1n}x_n = 0, \\ a_{21}x_1 + a_{22}x_2 + \cdots + a_{2n}x_n = 0, \\ \cdots\cdots\cdots\cdots\cdots\cdots\cdots\cdots \\ a_{m1}x_1 + a_{m2}x_2 + \cdots + a_{mn}x_n = 0. \end{cases} \tag{3}$$

齐次线性方程组(3)有非零解,就相当于存在一组不全为零的数 $k_1, k_2, \cdots, k_n$,使得

$$k_1\boldsymbol{\alpha}_1 + k_2\boldsymbol{\alpha}_2 + \cdots + k_n\boldsymbol{\alpha}_n = \boldsymbol{o} \tag{4}$$

成立,即向量组 $\boldsymbol{\alpha}_1, \boldsymbol{\alpha}_2, \cdots, \boldsymbol{\alpha}_n$ 线性相关;反之,如果向量组 $\boldsymbol{\alpha}_1, \boldsymbol{\alpha}_2, \cdots, \boldsymbol{\alpha}_n$ 线性相关,则存在不全为零的数 $k_1, k_2, \cdots, k_n$ 使式(4)成立. 即 $k_1, k_2, \cdots, k_n$ 是齐次线性方程组(3)的非零解.

于是,我们得到下面的定理.

定理 3.2.2 设向量组 $\boldsymbol{\alpha}_j = \begin{pmatrix} a_{1j} \\ a_{2j} \\ \vdots \\ a_{mj} \end{pmatrix} (j = 1, 2, \cdots, n)$,则向量组 $\boldsymbol{\alpha}_1, \boldsymbol{\alpha}_2, \cdots, \boldsymbol{\alpha}_n$ 线性相关的充分必要条件是齐次线性方程组(3)有非零解.

由定理 3.2.2,可以得到下面的推论.

推论 1 设 n 个 n 维向量 $\boldsymbol{\alpha}_j = (a_{1j} \quad a_{2j} \quad \cdots \quad a_{nj}) (j = 1, 2, \cdots, n)$,则向量组 $\boldsymbol{\alpha}_1, \boldsymbol{\alpha}_2, \cdots, \boldsymbol{\alpha}_n$ 线性相关的充分必要条件是 $\begin{vmatrix} a_{11} & a_{12} & \cdots & a_{1n} \\ a_{21} & a_{22} & \cdots & a_{2n} \\ \cdots & \cdots & \cdots & \cdots \\ a_{n1} & a_{n2} & \cdots & a_{nn} \end{vmatrix} = 0.$

推论 1 也可以叙述为:含 n 个向量的 n 维向量组线性相关的充分必要条件是以这 n 个向量为列(或行)所作成的矩阵的行列式为零.

推论 2 若向量组中所含向量的个数大于向量的维数,则该向量组一定线性相关.

由定理 3.1.2 的推论和定理 3.2.2 即得结论.

由此可知:$n+1$ 个 n 维向量一定是线性相关的.

推论 3 如果 n 维向量组

$$\boldsymbol{\alpha}_i = (a_{i1} \quad a_{i2} \quad \cdots \quad a_{in}) (i = 1, 2, \cdots, m)$$

线性无关,那么在每一个向量上添加一个分量所得到的 $n+1$ 维向量组

$$\boldsymbol{\beta}_i = (a_{i1} \quad a_{i2} \quad \cdots \quad a_{in} \quad a_{in+1}) (i = 1, 2, \cdots, m)$$

也线性无关.

证 设存在一组数 $k_1,k_2,\cdots,k_m$,使得

$$k_1\boldsymbol{\beta}_1+k_2\boldsymbol{\beta}_2+\cdots+k_m\boldsymbol{\beta}_m=\boldsymbol{o}$$

成立. 即

$$\begin{cases} a_{11}k_1+a_{21}k_2+\cdots+a_{m1}k_m=0,\\ a_{12}k_1+a_{22}k_2+\cdots+a_{m2}k_m=0,\\ \cdots\cdots\cdots\cdots\cdots\cdots\cdots\cdots\cdots\cdots\\ a_{1n}k_1+a_{2n}k_2+\cdots+a_{mn}k_m=0,\\ a_{1n+1}k_1+a_{2n+1}k_2+\cdots+a_{mn+1}k_m=0. \end{cases}$$

在这 $n+1$ 个等式中,由前 n 个等式可得

$$k_1\boldsymbol{\alpha}_1+k_2\boldsymbol{\alpha}_2+\cdots+k_m\boldsymbol{\alpha}_m=\boldsymbol{o}.$$

由于向量组 $\boldsymbol{\alpha}_1,\boldsymbol{\alpha}_2,\cdots,\boldsymbol{\alpha}_m$ 线性无关,因此 $k_1=k_2=\cdots=k_m=0$,所以向量组 $\boldsymbol{\beta}_1,\boldsymbol{\beta}_2,\cdots,\boldsymbol{\beta}_m$ 线性无关.

这个结论可以推广到添加有限个分量的情形. 简单地说:向量组线性无关,则添加分量得到的向量组也线性无关.

例 11 a 取何值时,向量组 $\boldsymbol{\alpha}_1=(1\quad a\quad a),\boldsymbol{\alpha}_2=(a\quad 1\quad a),\boldsymbol{\alpha}_3=(a\quad a\quad 1)$ 线性相关?

解 由于 $D=\begin{vmatrix}1&a&a\\a&1&a\\a&a&1\end{vmatrix}=(1+2a)\begin{vmatrix}1&a&a\\1&1&a\\1&a&1\end{vmatrix}$

$$=(1+2a)\begin{vmatrix}1&a&a\\0&1-a&a\\0&0&1-a\end{vmatrix}=(1+2a)(1-a)^2,$$

于是,当 $a=1$ 或 $a=-\dfrac{1}{2}$ 时,行列式 $D=0$,向量组 $\boldsymbol{\alpha}_1,\boldsymbol{\alpha}_2,\boldsymbol{\alpha}_3$ 线性相关.

下面我们给出几个线性相关与线性表示之间联系的定理.

定理 3.2.3 向量组 $\boldsymbol{\alpha}_1,\boldsymbol{\alpha}_2,\cdots,\boldsymbol{\alpha}_m(m\geqslant 2)$ 线性相关的充分必要条件是其中至少有一个向量能由其余 $m-1$ 个向量线性表示.

证 必要性:设向量组 $\boldsymbol{\alpha}_1,\boldsymbol{\alpha}_2,\cdots,\boldsymbol{\alpha}_m$ 线性相关,则存在一组不全为零的数 $k_1,k_2,\cdots,k_m$,使

$$k_1\boldsymbol{\alpha}_1+k_2\boldsymbol{\alpha}_2+\cdots+k_m\boldsymbol{\alpha}_m=\boldsymbol{o}$$

成立. 由于数 $k_1,k_2,\cdots,k_m$ 不全为零,其中至少有某个 $k_i\neq 0$,不妨设 $k_1\neq 0$,于是

$$\boldsymbol{\alpha}_1=\frac{k_2}{k_1}\boldsymbol{\alpha}_2-\frac{k_3}{k_1}\boldsymbol{\alpha}_3-\cdots-\frac{k_m}{k_1}\boldsymbol{\alpha}_m,$$

即 $\boldsymbol{\alpha}_1$ 能由 $\boldsymbol{\alpha}_2,\boldsymbol{\alpha}_3,\cdots,\boldsymbol{\alpha}_m$ 线性表示.

充分性:设 $\boldsymbol{\alpha}_1,\boldsymbol{\alpha}_2,\cdots,\boldsymbol{\alpha}_m$ 中有某个向量能由其余 $m-1$ 个向量线性表示,不妨设 $\boldsymbol{\alpha}_m$ 能由 $\boldsymbol{\alpha}_1,\boldsymbol{\alpha}_2,\cdots,\boldsymbol{\alpha}_{m-1}$线性表示,即存在一组数 $k_1,k_2,\cdots,k_{m-1}$,使得

$$\boldsymbol{\alpha}_m=k_1\boldsymbol{\alpha}_1+k_2\boldsymbol{\alpha}_2+\cdots+k_{m-1}\boldsymbol{\alpha}_{m-1},$$

于是

$$k_1\boldsymbol{\alpha}_1+k_2\boldsymbol{\alpha}_2+\cdots+k_{m-1}\boldsymbol{\alpha}_{m-1}+(-1)\boldsymbol{\alpha}_m=\boldsymbol{o}$$

成立,所以向量组 $\boldsymbol{\alpha}_1,\boldsymbol{\alpha}_2,\cdots,\boldsymbol{\alpha}_m$ 线性相关.

定理 3.2.4 向量组 $\boldsymbol{\alpha}_1,\boldsymbol{\alpha}_2,\cdots,\boldsymbol{\alpha}_m$ 线性无关,而向量组 $\boldsymbol{\alpha}_1,\boldsymbol{\alpha}_2,\cdots,\boldsymbol{\alpha}_m,\boldsymbol{\beta}$ 线性相关,则向量 $\boldsymbol{\beta}$ 可由向量组 $\boldsymbol{\alpha}_1,\boldsymbol{\alpha}_2,\cdots,\boldsymbol{\alpha}_m$ 线性表示,且表示式唯一.

证 先证向量 $\boldsymbol{\beta}$ 可由向量组 $\boldsymbol{\alpha}_1,\boldsymbol{\alpha}_2,\cdots,\boldsymbol{\alpha}_m$ 线性表示. 因为向量组 $\boldsymbol{\alpha}_1,\boldsymbol{\alpha}_2,\cdots,\boldsymbol{\alpha}_m,\boldsymbol{\beta}$ 线性相关,故存在一组不全为零的数 $k_1,k_2,\cdots,k_m,k$,使得

$$k_1\boldsymbol{\alpha}_1+k_2\boldsymbol{\alpha}_2+\cdots+k_m\boldsymbol{\alpha}_m+k\boldsymbol{\beta}=\boldsymbol{o}$$

成立,则必有 $k\neq0$. 否则,上式变为

$$k_1\boldsymbol{\alpha}_1+k_2\boldsymbol{\alpha}_2+\cdots+k_m\boldsymbol{\alpha}_m=\boldsymbol{o}$$

且 $k_1,k_2,\cdots,k_m$ 不全为零,这与 $\boldsymbol{\alpha}_1,\boldsymbol{\alpha}_2,\cdots,\boldsymbol{\alpha}_m$ 线性无关矛盾,因此 $k\neq0$. 于是

$$\boldsymbol{\beta}=-\frac{k_1}{k}\boldsymbol{\alpha}_1-\frac{k_2}{k}\boldsymbol{\alpha}_2-\cdots-\frac{k_m}{k}\boldsymbol{\alpha}_m,$$

即向量 $\boldsymbol{\beta}$ 可由向量组 $\boldsymbol{\alpha}_1,\boldsymbol{\alpha}_2,\cdots,\boldsymbol{\alpha}_m$ 线性表示.

再证表示式唯一. 设 $\boldsymbol{\beta}=k_1\boldsymbol{\alpha}_1+k_2\boldsymbol{\alpha}_2+\cdots+k_m\boldsymbol{\alpha}_m$,且 $\boldsymbol{\beta}=l_1\boldsymbol{\alpha}_1+l_2\boldsymbol{\alpha}_2+\cdots+l_m\boldsymbol{\alpha}_m$,则

$$(k_1-l_1)\boldsymbol{\alpha}_1+(k_2-l_2)\boldsymbol{\alpha}_2+\cdots+(k_m-l_m)\boldsymbol{\alpha}_m=\boldsymbol{o}$$

成立,由 $\boldsymbol{\alpha}_1,\boldsymbol{\alpha}_2,\cdots,\boldsymbol{\alpha}_m$ 线性无关可知

$$k_1-l_1=k_2-l_2=\cdots=k_m-l_m=0,$$

即 $k_1=l_1,k_2=l_2,\cdots,k_m=l_m$,所以表示式是唯一的.

应用定理 3.2.4 可得,任一 n 维向量可由 n 维初始单位向量组唯一地线性表示. 事实上,n 维初始单位向量组 $\boldsymbol{\varepsilon}_1,\boldsymbol{\varepsilon}_2,\cdots,\boldsymbol{\varepsilon}_n$ 线性无关,而对任 n 维向量 $\boldsymbol{\alpha}=(a_1\ \ a_2\ \ \cdots\ \ a_n)$,向量组 $\boldsymbol{\alpha},\boldsymbol{\varepsilon}_1,\boldsymbol{\varepsilon}_2,\cdots,\boldsymbol{\varepsilon}_n$ 线性相关,所以向量 $\boldsymbol{\alpha}$ 可由 $\boldsymbol{\varepsilon}_1,\boldsymbol{\varepsilon}_2,\cdots,\boldsymbol{\varepsilon}_n$ 唯一地线性表示,且表示式为

$$\boldsymbol{\alpha}=a_1\boldsymbol{\varepsilon}_1+a_2\boldsymbol{\varepsilon}_2+\cdots+a_n\boldsymbol{\varepsilon}_n.$$

定理 3.2.5 若向量组 $\boldsymbol{\beta}_1,\boldsymbol{\beta}_2,\cdots,\boldsymbol{\beta}_t$ 可由向量组 $\boldsymbol{\alpha}_1,\boldsymbol{\alpha}_2,\cdots,\boldsymbol{\alpha}_s$ 线性表示,且 $t>s$,则向量组 $\boldsymbol{\beta}_1,\boldsymbol{\beta}_2,\cdots,\boldsymbol{\beta}_t$ 线性相关.

证明从略.

此定理也可以叙述为:若向量组 $\boldsymbol{\beta}_1,\boldsymbol{\beta}_2,\cdots,\boldsymbol{\beta}_t$ 线性无关,且可由向量组 $\boldsymbol{\alpha}_1,\boldsymbol{\alpha}_2,\cdots,\boldsymbol{\alpha}_s$ 线性表示,则 $t\leqslant s$.

推论 若向量组 $\boldsymbol{\alpha}_1,\boldsymbol{\alpha}_2,\cdots,\boldsymbol{\alpha}_s$ 与 $\boldsymbol{\beta}_1,\boldsymbol{\beta}_2,\cdots,\boldsymbol{\beta}_t$ 均线性无关且可以互相线性表示,则 $s=t$.

思考与练习 3.2

1. 判断下列命题的真伪,并说明理由.

(1)若向量组 $\boldsymbol{\alpha}_1,\boldsymbol{\alpha}_2$ 线性相关,$\boldsymbol{\beta}_1,\boldsymbol{\beta}_2$ 也线性相关,则 $\boldsymbol{\alpha}_1+\boldsymbol{\beta}_1,\boldsymbol{\alpha}_2+\boldsymbol{\beta}_2$ 一定线性相关.

(2)若向量组 $\boldsymbol{\alpha}_1,\boldsymbol{\alpha}_2,\cdots,\boldsymbol{\alpha}_m$ 是线性相关的,则 $\boldsymbol{\alpha}_1$ 可由 $\boldsymbol{\alpha}_2,\cdots,\boldsymbol{\alpha}_m$ 线性表示.

(3)若向量组 $\boldsymbol{\alpha}_1,\boldsymbol{\alpha}_2,\cdots,\boldsymbol{\alpha}_m$ 线性无关,则其中每一个向量都不是其余向量的线性组合.

2. 证明:由两个向量

$$\boldsymbol{\alpha}=(a_1,a_2,\cdots,a_n),\boldsymbol{\beta}=(b_1,b_2,\cdots,b_n)$$

构成的向量组如果线性相关,则它们的对应分量成比例.

3. 设 $\boldsymbol{\alpha}=(1\quad 0\quad -1\quad 2),\boldsymbol{\beta}=(3\quad 2\quad 4\quad -1)$,求 $-\boldsymbol{\alpha},2\boldsymbol{\alpha},\boldsymbol{\alpha}-\boldsymbol{\beta},5\boldsymbol{\alpha}+4\boldsymbol{\beta}$.

4. 设 $3\boldsymbol{\alpha}+4\boldsymbol{\beta}=(2\quad 1\quad 1\quad 2),2\boldsymbol{\alpha}+3\boldsymbol{\beta}=(-1\quad 2\quad 3\quad 1)$,求 $\boldsymbol{\alpha},\boldsymbol{\beta}$.

5. 设 $\boldsymbol{\alpha}=(2\quad 5\quad 1\quad 3),\boldsymbol{\beta}=(10\quad 1\quad 5\quad 10),\boldsymbol{\gamma}=(4\quad 1\quad -1\quad 1)$,求向量 $\boldsymbol{\eta}$,使 $3(\boldsymbol{\alpha}-\boldsymbol{\eta})+2(\boldsymbol{\beta}+\boldsymbol{\eta})=5(\boldsymbol{\gamma}-\boldsymbol{\eta})$.

6. 将下列各题中向量 $\boldsymbol{\beta}$ 表示成其余向量的线性组合.

(1)$\boldsymbol{\beta}=(3\quad 5\quad -6),\boldsymbol{\alpha}_1=(1\quad 0\quad 1),\boldsymbol{\alpha}_2=(1\quad 1\quad 1),\boldsymbol{\alpha}_3=(0\quad -1\quad -1)$;

(2)$\boldsymbol{\beta}=(2\quad -1\quad 5\quad 1),\boldsymbol{\varepsilon}_1=(1\quad 0\quad 0\quad 0),\boldsymbol{\varepsilon}_2=(0\quad 1\quad 0\quad 0),\boldsymbol{\varepsilon}_3=(0\quad 0\quad 1\quad 0),\boldsymbol{\varepsilon}_4=(0\quad 0\quad 0\quad 1)$;

(3)$\boldsymbol{\beta}=(1\quad 2\quad 1\quad 1),\boldsymbol{\alpha}_1=(1\quad 1\quad 1\quad 1),\boldsymbol{\alpha}_2=(1\quad 1\quad -1\quad -1),\boldsymbol{\alpha}_3=(1\quad -1\quad 1\quad -1),\boldsymbol{\alpha}_4=(1\quad -1\quad -1\quad 1)$;

(4)$\boldsymbol{\beta}=(0\quad 2\quad 0\quad -1),\boldsymbol{\alpha}_1=(1\quad 1\quad 1\quad 1),\boldsymbol{\alpha}_2=(1\quad 1\quad 1\quad 0),\boldsymbol{\alpha}_3=(1\quad 1\quad 0\quad 0),\boldsymbol{\alpha}_4=(1\quad 0\quad 0\quad 0)$.

7. 判断向量 $\boldsymbol{\beta}=(1\quad 2\quad 1)$ 能否由向量组 $\boldsymbol{\alpha}_1=(0\quad 1\quad 2),\boldsymbol{\alpha}_2=(1\quad 2\quad 3)$ 线性表示.

8. 设 $\boldsymbol{\alpha}_1=(1,4,-2),\boldsymbol{\alpha}_2=(-2,-3,7),\boldsymbol{\beta}=(4,1,h)$,当 h 取何值时,$\boldsymbol{\beta}$ 在 $\boldsymbol{\alpha}_1$ 和 $\boldsymbol{\alpha}_2$ 生成的平面内?

9. 指出以下各向量组是线性相关还是线性无关:

(1)$\boldsymbol{\alpha}_1=(2\quad 5),\boldsymbol{\alpha}_2=(-1\quad 3)$;

(2)$\boldsymbol{\alpha}_1=(2\quad -1\quad 2),\boldsymbol{\alpha}_2=(7\quad 6\quad 4),\boldsymbol{\alpha}_3=(0\quad 0\quad 0)$;

(3)$\boldsymbol{\alpha}_1=(2\quad 0\quad -14\quad 8),\boldsymbol{\alpha}_2=(-1\quad 0\quad 7\quad -4),\boldsymbol{\alpha}_3=(9\quad 11\quad 2\quad 3)$;

(4)$\boldsymbol{\alpha}_1=(1\quad -2\quad 3),\boldsymbol{\alpha}_2=(0\quad 2\quad -5),\boldsymbol{\alpha}_3=(-1\quad 0\quad 2)$;

(5)$\boldsymbol{\alpha}_1=(1\quad 0\quad 0\quad 2),\boldsymbol{\alpha}_2=(0\quad 1\quad 0\quad 4),\boldsymbol{\alpha}_3=(0\quad 0\quad 1\quad 3)$;

(6)$\boldsymbol{\alpha}_1=(2\quad 0\quad 1),\boldsymbol{\alpha}_2=(0\quad 1\quad -2),\boldsymbol{\alpha}_3=(1\quad -1\quad 1),\boldsymbol{\alpha}_4=(5\quad -1\quad 3)$;

(7) $\boldsymbol{\alpha}_1=(1\ \ 1\ \ 1\ \ 1)$, $\boldsymbol{\alpha}_2=(1\ \ 1\ \ -1\ \ -1)$, $\boldsymbol{\alpha}_3=(1\ \ -1\ \ -1\ \ 1)$, $\boldsymbol{\alpha}_4=(-1\ \ -1\ \ -1\ \ 1)$;

(8) $\boldsymbol{\alpha}_1=(0\ \ 0\ \ 0\ \ 1)$, $\boldsymbol{\alpha}_2=(0\ \ 0\ \ 1\ \ 1)$, $\boldsymbol{\alpha}_3=(0\ \ 1\ \ 1\ \ 1)$, $\boldsymbol{\alpha}_4=(1\ \ 1\ \ 1\ \ 1)$.

10. 设 $\boldsymbol{A}=\begin{pmatrix} 2 & -1 \\ -6 & 3 \end{pmatrix}$, $\boldsymbol{b}=\begin{pmatrix} b_1 \\ b_2 \end{pmatrix}$,证明方程组 $\boldsymbol{Ax}=\boldsymbol{b}$ 不是对一切向量 $\boldsymbol{b}$ 都有解,并说明使 $\boldsymbol{Ax}=\boldsymbol{b}$ 有解的所有向量 $\boldsymbol{b}$ 的集合.

§3.3 向量组的秩

3.3.1 极大线性无关组

一个向量组只要不全为零向量,则它一定有线性无关的部分组,又向量组中向量的个数只要超过维数就一定线性相关,因此任何非零向量组一定有向量个数最多的线性无关部分组,这就是下面所说的极大线性无关组.

定义 3.3.1 如果 n 维向量组 $\boldsymbol{\alpha}_1,\boldsymbol{\alpha}_2,\cdots,\boldsymbol{\alpha}_s$ 中有一部分组 $\boldsymbol{\alpha}_{j_1},\boldsymbol{\alpha}_{j_2},\cdots,\boldsymbol{\alpha}_{j_r}$ $(r\leqslant s)$ 满足

(1) $\boldsymbol{\alpha}_{j_1},\boldsymbol{\alpha}_{j_2},\cdots,\boldsymbol{\alpha}_{j_r}$ 线性无关;

(2) 向量组 $\boldsymbol{\alpha}_1,\boldsymbol{\alpha}_2,\cdots,\boldsymbol{\alpha}_s$ 中任意 $r+1$ 个向量(如果向量组中有 $r+1$ 个向量的话)组成的部分组线性相关;

则称 $\boldsymbol{\alpha}_{j_1},\boldsymbol{\alpha}_{j_2},\cdots,\boldsymbol{\alpha}_{j_r}$ 为向量组 $\boldsymbol{\alpha}_1,\boldsymbol{\alpha}_2,\cdots,\boldsymbol{\alpha}_s$ 的一个**极大线性无关组**,简称极大无关组.

根据定义 3.3.1,所谓向量组的极大线性无关组,就是向量个数达到最大的线性无关的部分组. 因此,如果一个向量组本身是线性无关的,则其极大线性无关组就是其自身,只含零向量的向量组没有极大线性无关组.

例 1 n 维初始单位向量组 $\boldsymbol{\varepsilon}_1,\boldsymbol{\varepsilon}_2,\cdots,\boldsymbol{\varepsilon}_n$ 线性无关,所以其极大线性无关组为其自身.

例 2 考察 2 维向量组 $\boldsymbol{\alpha}_1=(1\ \ 0)$, $\boldsymbol{\alpha}_2=(0\ \ 1)$, $\boldsymbol{\alpha}_3=(1\ \ 1)$, $\boldsymbol{\alpha}_4=(0\ \ 2)$. 因为 $\boldsymbol{\alpha}_1,\boldsymbol{\alpha}_2$ 线性无关,而任何 3 个 2 维向量必线性相关,所以 $\boldsymbol{\alpha}_1,\boldsymbol{\alpha}_2$ 是向量组 $\boldsymbol{\alpha}_1,\boldsymbol{\alpha}_2,\boldsymbol{\alpha}_3,\boldsymbol{\alpha}_4$ 的极大线性无关组. 同理可得 $\boldsymbol{\alpha}_1,\boldsymbol{\alpha}_3$; $\boldsymbol{\alpha}_1,\boldsymbol{\alpha}_4$; $\boldsymbol{\alpha}_2,\boldsymbol{\alpha}_3$; $\boldsymbol{\alpha}_3,\boldsymbol{\alpha}_4$ 都是向量组 $\boldsymbol{\alpha}_1,\boldsymbol{\alpha}_2,\boldsymbol{\alpha}_3,\boldsymbol{\alpha}_4$ 的极大线性无关组.

由例 2 可以看出:向量组的极大线性无关组可以不止一个,但其极大线性无

关组中所含向量的个数是相同的．

定理 3.3.1 如果 $\boldsymbol{\alpha}_{j_1},\boldsymbol{\alpha}_{j_2},\cdots,\boldsymbol{\alpha}_{j_r}$ 是向量组 $\boldsymbol{\alpha}_1,\boldsymbol{\alpha}_2,\cdots,\boldsymbol{\alpha}_s$ 的线性无关部分组，则它是极大线性无关组的充分必要条件是 $\boldsymbol{\alpha}_1,\boldsymbol{\alpha}_2,\cdots,\boldsymbol{\alpha}_s$ 中任一向量都可由 $\boldsymbol{\alpha}_{j_1},\boldsymbol{\alpha}_{j_2},\cdots,\boldsymbol{\alpha}_{j_r}$ 线性表示．

证 必要性：设 $\boldsymbol{\alpha}_{j_1},\boldsymbol{\alpha}_{j_2},\cdots,\boldsymbol{\alpha}_{j_r}$ 是向量组 $\boldsymbol{\alpha}_1,\boldsymbol{\alpha}_2,\cdots,\boldsymbol{\alpha}_s$ 的极大线性无关组，则对向量组中任一向量 $\boldsymbol{\alpha}_j(j=1,2,\cdots,s)$，当 j 是 $j_1,j_2,\cdots,j_r$ 中的数时，显然 $\boldsymbol{\alpha}_j$ 可由 $\boldsymbol{\alpha}_{j_1},\boldsymbol{\alpha}_{j_2},\cdots,\boldsymbol{\alpha}_{j_r}$ 线性表示；当 j 不是 $j_1,j_2,\cdots,j_r$ 中的数时，向量组 $\boldsymbol{\alpha}_j,\boldsymbol{\alpha}_{j_1},\boldsymbol{\alpha}_{j_2},\cdots,\boldsymbol{\alpha}_{j_r}$ 线性相关，而 $\boldsymbol{\alpha}_{j_1},\boldsymbol{\alpha}_{j_2},\cdots,\boldsymbol{\alpha}_{j_r}$ 线性无关．根据定理 3.2.4，得 $\boldsymbol{\alpha}_j$ 可由 $\boldsymbol{\alpha}_{j_1},\boldsymbol{\alpha}_{j_2},\cdots,\boldsymbol{\alpha}_{j_r}$ 线性表示．

充分性：设 $\boldsymbol{\alpha}_1,\boldsymbol{\alpha}_2,\cdots,\boldsymbol{\alpha}_s$ 可由线性无关部分组 $\boldsymbol{\alpha}_{j_1},\boldsymbol{\alpha}_{j_2},\cdots,\boldsymbol{\alpha}_{j_r}$ 线性表示，根据定理 3.2.5，得 $\boldsymbol{\alpha}_1,\boldsymbol{\alpha}_2,\cdots,\boldsymbol{\alpha}_s$ 中任意 $r+1$ 个向量（$s>r$）组成的部分组都线性相关，则 $\boldsymbol{\alpha}_{j_1},\boldsymbol{\alpha}_{j_2},\cdots,\boldsymbol{\alpha}_{j_r}$ 是极大线性无关组．

根据定理 3.3.1，向量组与其极大线性无关组等价．这样一来，在某种程度上，对向量组的讨论可以归结为对其极大线性无关组的讨论．

推论 向量组的任意两个极大线性无关组等价，因而所含向量个数相等．

3.3.2 向量组的秩

由上面的讨论我们知道，向量组的极大线性无关组可以不唯一，但任意两个极大线性无关组所含向量的个数是确定不变的．这个极大线性无关组所含向量的个数 r，反映了向量组内在的重要特性，我们将它称为向量组的秩．

定义 3.3.2 向量组 $\boldsymbol{\alpha}_1,\boldsymbol{\alpha}_2,\cdots,\boldsymbol{\alpha}_s$ 的极大线性无关组所含向量的个数，称为向量组的**秩**（rank），记作

$$\boldsymbol{r}(\boldsymbol{\alpha}_1,\boldsymbol{\alpha}_2,\cdots,\boldsymbol{\alpha}_s)\text{或秩}(\boldsymbol{\alpha}_1,\boldsymbol{\alpha}_2,\cdots,\boldsymbol{\alpha}_s).$$

如上述例 2 中的向量组 $\boldsymbol{\alpha}_1=(1\quad 0),\boldsymbol{\alpha}_2=(0\quad 1),\boldsymbol{\alpha}_3=(1\quad 1),\boldsymbol{\alpha}_4=(0\quad 2)$ 的秩为 2，而例 1 中 n 维初始单位向量组 $\boldsymbol{\varepsilon}_1,\boldsymbol{\varepsilon}_2,\cdots,\boldsymbol{\varepsilon}_n$ 的秩为 n.

规定：只含零向量的向量组的秩为零．

显然，对任一向量组 $\boldsymbol{\alpha}_1,\boldsymbol{\alpha}_2,\cdots,\boldsymbol{\alpha}_s$，有 $0\leqslant \boldsymbol{r}(\boldsymbol{\alpha}_1,\boldsymbol{\alpha}_2,\cdots,\boldsymbol{\alpha}_s)\leqslant s$.

根据定义 3.3.1 和定义 3.3.2，我们有下面的结论：

（1）向量组 $\boldsymbol{\alpha}_1,\boldsymbol{\alpha}_2,\cdots,\boldsymbol{\alpha}_s$ 线性无关的充分必要条件是 $\boldsymbol{r}(\boldsymbol{\alpha}_1,\boldsymbol{\alpha}_2,\cdots,\boldsymbol{\alpha}_s)=s$. 等价地，向量组 $\boldsymbol{\alpha}_1,\boldsymbol{\alpha}_2,\cdots,\boldsymbol{\alpha}_s$ 线性相关的充分必要条件是 $\boldsymbol{r}(\boldsymbol{\alpha}_1,\boldsymbol{\alpha}_2,\cdots,\boldsymbol{\alpha}_s)<s$.

（2）设向量组 $\boldsymbol{\alpha}_1,\boldsymbol{\alpha}_2,\cdots,\boldsymbol{\alpha}_s$ 的秩为 r，则任一含 $r+1$ 个向量的部分组必线性相关，且任一含 r 个向量的线性无关的部分组必是极大线性无关组．

定理 3.3.2 若向量组 $\boldsymbol{\alpha}_1,\boldsymbol{\alpha}_2,\cdots,\boldsymbol{\alpha}_s$ 可由向量组 $\boldsymbol{\beta}_1,\boldsymbol{\beta}_2,\cdots,\boldsymbol{\beta}_t$ 线性表示，则

$$r(\boldsymbol{\alpha}_1,\boldsymbol{\alpha}_2,\cdots,\boldsymbol{\alpha}_s)\leqslant r(\boldsymbol{\beta}_1,\boldsymbol{\beta}_2,\cdots,\boldsymbol{\beta}_t).$$

证 设向量组 $\boldsymbol{\alpha}_1,\boldsymbol{\alpha}_2,\cdots,\boldsymbol{\alpha}_s$ 的一个极线性无关组为 $\boldsymbol{\alpha}_{j_1},\boldsymbol{\alpha}_{j_2},\cdots,\boldsymbol{\alpha}_{j_{r_1}}$，向量组 $\boldsymbol{\beta}_1,\boldsymbol{\beta}_2,\cdots,\boldsymbol{\beta}_t$ 的一个极大线性无关组为 $\boldsymbol{\beta}_{k_1},\boldsymbol{\beta}_{k_2},\cdots,\boldsymbol{\beta}_{k_{r_2}}$. 因为向量组 $\boldsymbol{\alpha}_1,\boldsymbol{\alpha}_2,\cdots,\boldsymbol{\alpha}_s$ 可由向量组 $\boldsymbol{\beta}_1,\boldsymbol{\beta}_2,\cdots,\boldsymbol{\beta}_t$ 线性表示，所以向量组 $\boldsymbol{\alpha}_{j_1},\boldsymbol{\alpha}_{j_2},\cdots,\boldsymbol{\alpha}_{j_{r_1}}$ 可由向量组 $\boldsymbol{\beta}_{k_1},\boldsymbol{\beta}_{k_2},\cdots,\boldsymbol{\beta}_{k_{r_2}}$ 线性表示，且向量组 $\boldsymbol{\alpha}_{j_1},\boldsymbol{\alpha}_{j_2},\cdots,\boldsymbol{\alpha}_{j_{r_1}}$ 线性无关. 根据定理 3.2.5，得 $r_1\leqslant r_2$，即

$$r(\boldsymbol{\alpha}_1,\boldsymbol{\alpha}_2,\cdots,\boldsymbol{\alpha}_s)\leqslant r(\boldsymbol{\beta}_1,\boldsymbol{\beta}_2,\cdots,\boldsymbol{\beta}_t).$$

由定理 3.3.2 易得下面推论.

推论 等价的向量组有相同的秩.

3.3.3 矩阵的秩与向量组的秩的关系

定义 3.3.3 矩阵 $\boldsymbol{A}$ 的行向量组的秩称为矩阵 $\boldsymbol{A}$ 的**行秩**(row rank)，矩阵 $\boldsymbol{A}$ 的列向量组的秩称为矩阵 $\boldsymbol{A}$ 的**列秩**(column rank).

例 1 已知矩阵 $\boldsymbol{A}=\begin{pmatrix}1&0&-1&2\\0&1&4&3\\0&0&0&0\end{pmatrix}$，求 $\boldsymbol{A}$ 的秩、行秩及列秩.

解 因为 $\boldsymbol{A}$ 是阶梯形矩阵，且有 2 个非零行，所以秩$(\boldsymbol{A})=2$.

$\boldsymbol{A}$ 的行向量组为

$$\boldsymbol{\alpha}_1=(1,0,-1,2),\boldsymbol{\alpha}_2=(0,1,4,3),\boldsymbol{\alpha}_3=(0,0,0,0).$$

因 $\boldsymbol{\alpha}_3$ 是零向量，故 $\boldsymbol{\alpha}_1,\boldsymbol{\alpha}_2,\boldsymbol{\alpha}_3$ 线性相关，而部分组 $\boldsymbol{\alpha}_1,\boldsymbol{\alpha}_2$ 线性无关，所以 $\boldsymbol{\alpha}_1,\boldsymbol{\alpha}_2$ 是 $\boldsymbol{A}$ 的行向量组的极大线性无关组，于是 $\boldsymbol{A}$ 的行向量组的秩为 2，即 $\boldsymbol{A}$ 的行秩为 2.

$\boldsymbol{A}$ 的列向量组为

$$\beta_1=\begin{pmatrix}1\\0\\0\end{pmatrix},\beta_2=\begin{pmatrix}0\\1\\0\end{pmatrix},\beta_3=\begin{pmatrix}-1\\4\\0\end{pmatrix},\beta_4=\begin{pmatrix}2\\3\\0\end{pmatrix},$$

显然 $\boldsymbol{\beta}_1,\boldsymbol{\beta}_2$ 是线性无关的，且 $\boldsymbol{\beta}_3=-\boldsymbol{\beta}_1+4\boldsymbol{\beta}_2,\boldsymbol{\beta}_4=2\boldsymbol{\beta}_1+3\boldsymbol{\beta}_2$. 因此 $\boldsymbol{\beta}_1,\boldsymbol{\beta}_2$ 是 $\boldsymbol{A}$ 列向量组的极大线性无关组，于是 $\boldsymbol{A}$ 的列向量组的秩为 2，即 $\boldsymbol{A}$ 的列秩为 2.

从上述例子可以看出，$\boldsymbol{A}$ 的行秩和列秩是相等，并等于 $\boldsymbol{A}$ 的秩. 事实上，对任何一个矩阵，这个结论都成立.

定理 3.3.3 任一矩阵 $\boldsymbol{A}$ 的行秩与列秩相等，都等于 $\boldsymbol{A}$ 的秩.

由定理 3.3.3 和定理 2.6.1，我们可以得出一个用初等变换求向量组秩的方法：以给定向量组中的向量为列(行)向量作成矩阵 $\boldsymbol{A}$，然后用初等变换化 $\boldsymbol{A}$ 为阶

梯形矩阵，求出 $\boldsymbol{A}$ 的秩，$\boldsymbol{A}$ 的秩也就是向量组的秩.

我们还可以证明：如果对矩阵 $\boldsymbol{A}$ 仅施行初等行变换化为矩阵 $\boldsymbol{B}$，则 $\boldsymbol{B}$ 的列向量组与 $\boldsymbol{A}$ 的列向量组有相同的线性关系，即

(1) 如果 $\boldsymbol{A}$ 的列向量组 $\boldsymbol{\alpha}_1,\boldsymbol{\alpha}_2,\cdots,\boldsymbol{\alpha}_n$ 中 $\boldsymbol{\alpha}_{j_1},\boldsymbol{\alpha}_{j_2},\cdots,\boldsymbol{\alpha}_{j_r}$ 线性无关，则 $\boldsymbol{B}$ 的列向量组 $\boldsymbol{\beta}_1,\boldsymbol{\beta}_2,\cdots,\boldsymbol{\beta}_n$ 中 $\boldsymbol{\beta}_{j_1},\boldsymbol{\beta}_{j_2},\cdots,\boldsymbol{\beta}_{j_r}$ 也线性无关；反之亦然.

(2) 如果 $\boldsymbol{A}$ 的列向量组 $\boldsymbol{\alpha}_1,\boldsymbol{\alpha}_2,\cdots,\boldsymbol{\alpha}_n$ 中某个向量 $\boldsymbol{\alpha}_j$ 由其中的 $\boldsymbol{\alpha}_{j_1},\boldsymbol{\alpha}_{j_2},\cdots,\boldsymbol{\alpha}_{j_r}$ 线性表示的表示式为

$$\boldsymbol{\alpha}_j = k_1\boldsymbol{\alpha}_{j_1} + k_2\boldsymbol{\alpha}_{j_2} + \cdots + k_r\boldsymbol{\alpha}_{j_r},$$

则 $\boldsymbol{B}$ 的列向量组 $\boldsymbol{\beta}_1,\boldsymbol{\beta}_2,\cdots,\boldsymbol{\beta}_n$ 中相应的向量 $\boldsymbol{\beta}_j$ 可以由其中的 $\boldsymbol{\beta}_{j_1},\boldsymbol{\beta}_{j_2},\cdots,\boldsymbol{\beta}_{j_r}$ 线性表示，且

$$\boldsymbol{\beta}_j = k_1\boldsymbol{\beta}_{j_1} + k_2\boldsymbol{\beta}_{j_2} + \cdots + k_r\boldsymbol{\beta}_{j_r},$$

反之亦然.

类似地，如果对矩阵 $\boldsymbol{A}$ 仅施行初等列变换化为矩阵 $\boldsymbol{A}_1$，则 $\boldsymbol{A}_1$ 的行向量组与 $\boldsymbol{A}$ 的行向量组有相同的线性关系.

简单地说，矩阵的初等行（列）变换，不改变矩阵列（行）向量间的线性关系.

例 2　求下列向量组的秩，并判定其线性相关性：

(1) $\boldsymbol{\alpha}_1 = (1\quad 2\quad 3\quad 4)$，$\boldsymbol{\alpha}_2 = (2\quad 3\quad 4\quad 5)$，$\boldsymbol{\alpha}_3 = (3\quad 4\quad 5\quad 6)$；

(2) $\boldsymbol{\alpha}_1 = (1\quad -1\quad 2\quad -1)$，$\boldsymbol{\alpha}_2 = (3\quad 1\quad 6\quad 2)$，$\boldsymbol{\alpha}_3 = (1\quad 3\quad -4\quad 4)$.

解　$$(1)\boldsymbol{A} = (\boldsymbol{\alpha}_1^T\quad \boldsymbol{\alpha}_2^T\quad \boldsymbol{\alpha}_3^T) = \begin{pmatrix} 1 & 2 & 3 \\ 2 & 3 & 4 \\ 3 & 4 & 5 \\ 4 & 5 & 6 \end{pmatrix} \to \begin{pmatrix} 1 & 2 & 3 \\ 0 & -1 & -2 \\ 0 & -2 & -4 \\ 0 & -3 & -6 \end{pmatrix} \to \begin{pmatrix} 1 & 2 & 3 \\ 0 & -1 & -2 \\ 0 & 0 & 0 \\ 0 & 0 & 0 \end{pmatrix}.$$

由最后的阶梯形矩阵可知，$\boldsymbol{r}(\boldsymbol{A}) = 2$，于是 $\boldsymbol{r}(\boldsymbol{\alpha}_1,\boldsymbol{\alpha}_2,\boldsymbol{\alpha}_3) = 2$. 因 $\boldsymbol{r}(\boldsymbol{\alpha}_1,\boldsymbol{\alpha}_2,\boldsymbol{\alpha}_3) = 2 < 3$，所以 $\boldsymbol{\alpha}_1,\boldsymbol{\alpha}_2,\boldsymbol{\alpha}_3$ 线性相关.

$$(2)\boldsymbol{A} = (\boldsymbol{\alpha}_1^T\quad \boldsymbol{\alpha}_2^T\quad \boldsymbol{\alpha}_3^T) = \begin{pmatrix} 1 & 3 & 1 \\ -1 & 1 & 3 \\ 2 & 6 & -4 \\ -1 & 2 & 4 \end{pmatrix} \to \begin{pmatrix} 1 & 3 & 1 \\ 0 & 4 & 4 \\ 0 & 0 & -6 \\ 0 & 5 & 5 \end{pmatrix} \to \begin{pmatrix} 1 & 3 & 1 \\ 0 & 4 & 4 \\ 0 & 0 & -6 \\ 0 & 0 & 0 \end{pmatrix}.$$

由最后的阶梯形矩阵可知，$\boldsymbol{r}(\boldsymbol{\alpha}_1,\boldsymbol{\alpha}_2,\boldsymbol{\alpha}_3) = \boldsymbol{r}(\boldsymbol{A}) = 3$，所以 $\boldsymbol{\alpha}_1,\boldsymbol{\alpha}_2,\boldsymbol{\alpha}_3$ 线性无关.

例 3　求向量组 $\boldsymbol{\alpha}_1 = (2\quad 1\quad 4\quad 3)$，$\boldsymbol{\alpha}_2 = (-1\quad 1\quad -6\quad 6)$，$\boldsymbol{\alpha}_3 = (-1\quad -2\quad 2\quad -9)$，$\boldsymbol{\alpha}_4 = (1\quad 1\quad -2\quad 7)$，$\boldsymbol{\alpha}_5 = (2\quad 4\quad 4\quad 9)$ 的一个极大线性无关组，并把其余向量用该极大线性无关组线性表示.

解　以给定向量组中的向量为列向量作成矩阵 $\boldsymbol{A}$，用初等行变换将 $\boldsymbol{A}$ 化为阶

梯形矩阵：

$$A=\begin{pmatrix}2&-1&-1&1&2\\1&1&-2&1&4\\4&-6&2&-2&4\\3&6&-9&7&9\end{pmatrix}\to\begin{pmatrix}1&1&-2&1&4\\2&-1&-1&1&2\\4&-6&2&-2&4\\3&6&-9&7&9\end{pmatrix}$$

$$\to\begin{pmatrix}1&1&-2&1&4\\0&-3&3&-1&-6\\0&-10&10&-6&-12\\0&3&-3&4&-3\end{pmatrix}\to\begin{pmatrix}1&1&-2&1&4\\0&-3&3&-1&-6\\0&0&0&-\frac{8}{3}&8\\0&0&0&3&-9\end{pmatrix}$$

$$\to\begin{pmatrix}1&1&-2&1&4\\0&-3&3&-1&-6\\0&0&0&1&-3\\0&0&0&0&0\end{pmatrix}.$$

由最后的阶梯形矩阵可知 $\boldsymbol{r}(\boldsymbol{\alpha}_1,\boldsymbol{\alpha}_2,\boldsymbol{\alpha}_3,\boldsymbol{\alpha}_4,\boldsymbol{\alpha}_5)=3$，向量组的极大线性无关组含 3 个向量，且 $\boldsymbol{\alpha}_1,\boldsymbol{\alpha}_2,\boldsymbol{\alpha}_4$ 是一个极大线性无关组．

为了把 $\boldsymbol{\alpha}_3,\boldsymbol{\alpha}_5$ 用 $\boldsymbol{\alpha}_1,\boldsymbol{\alpha}_2,\boldsymbol{\alpha}_4$ 线性表示，继续用初等行变换将 $\boldsymbol{A}$ 化为简化阶梯形矩阵：

$$\to\begin{pmatrix}1&1&-2&0&7\\0&-3&3&0&-9\\0&0&0&1&-3\\0&0&0&0&0\end{pmatrix}\to\begin{pmatrix}1&0&-1&0&4\\0&1&-1&0&3\\0&0&0&1&-3\\0&0&0&0&0\end{pmatrix},$$

可得 $\boldsymbol{\alpha}_3=-\boldsymbol{\alpha}_1-\boldsymbol{\alpha}_2,\boldsymbol{\alpha}_5=4\boldsymbol{\alpha}_1+3\boldsymbol{\alpha}_2-3\boldsymbol{\alpha}_4$.

上例中向量组的极大线性无关组是不唯一的，我们在这里只求出了一个．事实上，因为

$$\boldsymbol{r}(\boldsymbol{\alpha}_1,\boldsymbol{\alpha}_2,\boldsymbol{\alpha}_3,\boldsymbol{\alpha}_4,\boldsymbol{\alpha}_5)=3,$$

所以，任何含三个向量的线性无关的部分组均构成极大线性无关组．例如：$\boldsymbol{\alpha}_1,\boldsymbol{\alpha}_2,\boldsymbol{\alpha}_5$；$\boldsymbol{\alpha}_1,\boldsymbol{\alpha}_3,\boldsymbol{\alpha}_4$；$\boldsymbol{\alpha}_1,\boldsymbol{\alpha}_3,\boldsymbol{\alpha}_5$ 都是极大线性无关组．

例 4 设 $\boldsymbol{A}=(a_{ij})_{m\times n},\boldsymbol{B}=(b_{ij})_{n\times s}$ 是两个矩阵，证明：

$$\boldsymbol{r}(\boldsymbol{AB})\leqslant\min(\boldsymbol{r}(\boldsymbol{A}),\boldsymbol{r}(\boldsymbol{B})).$$

证 设 $\boldsymbol{A}=(a_{ij})_{m\times n}=(\boldsymbol{\alpha}_1\quad\boldsymbol{\alpha}_2\quad\cdots\quad\boldsymbol{\alpha}_n)$，$\boldsymbol{AB}=\boldsymbol{C}=(c_{ij})_{m\times s}=(\boldsymbol{\gamma}_1\quad\boldsymbol{\gamma}_2\quad\cdots\quad\boldsymbol{\gamma}_s)$.

由$(\boldsymbol{\gamma}_1 \quad \boldsymbol{\gamma}_2 \quad \cdots \quad \boldsymbol{\gamma}_s)=(\boldsymbol{\alpha}_1 \quad \boldsymbol{\alpha}_2 \quad \cdots \quad \boldsymbol{\alpha}_n)\begin{pmatrix} b_{11} & b_{12} & \cdots & b_{1s} \\ b_{21} & b_{22} & \cdots & b_{2s} \\ \cdots & & & \cdots \\ b_{n1} & b_{n2} & \cdots & b_{ns} \end{pmatrix}$可得，$\boldsymbol{\gamma}_j=b_{1j}\boldsymbol{\alpha}_1+b_{2j}\boldsymbol{\alpha}_2+\cdots+b_{nj}\boldsymbol{\alpha}_n(j=1,2,\cdots,s)$，即矩阵 $\boldsymbol{AB}$ 的列向量组 $\boldsymbol{\gamma}_1,\boldsymbol{\gamma}_2,\cdots,\boldsymbol{\gamma}_s$ 可由 $\boldsymbol{A}$ 的列向量组 $\boldsymbol{\alpha}_1,\boldsymbol{\alpha}_2,\cdots,\boldsymbol{\alpha}_n$ 线性表示，由定理 3.2.7 可知，$\boldsymbol{r}(\boldsymbol{AB})\leqslant\boldsymbol{r}(\boldsymbol{A})$.

类似地，设 $\boldsymbol{B}=(b_{ij})_{n\times s}=\begin{pmatrix}\boldsymbol{\beta}_1\\ \boldsymbol{\beta}_2\\ \vdots\\ \boldsymbol{\beta}_n\end{pmatrix}$，$\boldsymbol{AB}=(c_{ij})_{m\times s}=\begin{pmatrix}\boldsymbol{\gamma}_1\\ \boldsymbol{\gamma}_2\\ \vdots\\ \boldsymbol{\gamma}_m\end{pmatrix}$，我们也可以证明 $\boldsymbol{r}(\boldsymbol{AB})\leqslant\boldsymbol{r}(\boldsymbol{B})$.

因此，$\boldsymbol{r}(\boldsymbol{AB})\leqslant\min(\boldsymbol{r}(\boldsymbol{A}),\boldsymbol{r}(\boldsymbol{B}))$.

思考与练习 3.3

1. 矩阵的行秩和列秩是否一定相同，为什么？
2. 若 $\boldsymbol{A}$ 是 7×5 矩阵，$\boldsymbol{A}$ 的秩最大可能为多少？若 $\boldsymbol{A}$ 是 5×7 矩阵，$\boldsymbol{A}$ 的秩最大可能为多少？解释你的回答.
3. 判断下列命题的真伪，并说明理由.
   (1) 向量组的极大线性无关组是唯一的.
   (2) 矩阵的初等行变换不改变矩阵的秩.
   (3) 矩阵的初等列变换改变矩阵的行秩.
4. 求下列向量组的秩及一个极大线性无关组.
   (1) $\boldsymbol{\alpha}_1=(2\ \ 0\ \ 2)$，$\boldsymbol{\alpha}_2=(3\ \ 1\ \ 1)$，$\boldsymbol{\alpha}_3=(2\ \ 1\ \ 0)$；
   (2) $\boldsymbol{\alpha}_1=(1\ \ 0\ \ 1\ \ 0)$，$\boldsymbol{\alpha}_2=(0\ \ 1\ \ 1\ \ 0)$，$\boldsymbol{\alpha}_3=(1\ \ 1\ \ 0\ \ 0)$；
   (3) $\boldsymbol{\alpha}_1=(1\ \ 1\ \ 2\ \ 3)$，$\boldsymbol{\alpha}_2=(-1\ \ -1\ \ 1\ \ 1)$，$\boldsymbol{\alpha}_3=(1\ \ 3\ \ 3\ \ 5)$，$\boldsymbol{\alpha}_4=(4\ \ -2\ \ 5\ \ 6)$；
   (4) $\boldsymbol{\alpha}_1=(1\ \ 1\ \ 3\ \ 1)$，$\boldsymbol{\alpha}_2=(-1\ \ 1\ \ -1\ \ 3)$，$\boldsymbol{\alpha}_3=(5\ \ -2\ \ 8\ \ -9)$，$\boldsymbol{\alpha}_4=(-1\ \ 3\ \ 1\ \ 7)$.
5. 从下列向量组中求出一个极大线性无关组，并将其余向量用该极大线性无关组线性表示.
   (1) $\boldsymbol{\alpha}_1=(1\ \ 2\ \ 2)$，$\boldsymbol{\alpha}_2=(2\ \ 4\ \ 4)$，$\boldsymbol{\alpha}_3=(1\ \ 0\ \ 3)$，$\boldsymbol{\alpha}_4=(0\ \ 4\ \ -2)$；
   (2) $\boldsymbol{\alpha}_1=(1\ \ -2\ \ 3\ \ -1)$，$\boldsymbol{\alpha}_2=(3\ \ -1\ \ 5\ \ -3)$，$\boldsymbol{\alpha}_3=(5\ \ 0\ \ 7\ \ -5)$，$\boldsymbol{\alpha}_4=(2\ \ 1\ \ 2\ \ -2)$；
   (3) $\boldsymbol{\alpha}_1=(1\ \ 0\ \ 0\ \ 1)$，$\boldsymbol{\alpha}_2=(0\ \ 1\ \ 0\ \ -1)$，$\boldsymbol{\alpha}_3=(0\ \ 0\ \ 1\ \ -1)$，$\boldsymbol{\alpha}_4=(2\ \ -1\ \ 3\ \ 0)$；
   (4) $\boldsymbol{\alpha}_1=(1\ \ 1\ \ 1\ \ 4\ \ -3)$，$\boldsymbol{\alpha}_2=(1\ \ -1\ \ 3\ \ -2\ \ -1)$，$\boldsymbol{\alpha}_3=(2\ \ 1\ \ 3\ \ 5\ \ -5)$，$\boldsymbol{\alpha}_4=(3\ \ 1\ \ 5\ \ 6\ \ -7)$.
6. 证明：向量 $\boldsymbol{\beta}$ 可由向量组 $\boldsymbol{\alpha}_1,\boldsymbol{\alpha}_2,\cdots,\boldsymbol{\alpha}_s$ 线性表示的充要条件是秩$(\boldsymbol{\alpha}_1,\boldsymbol{\alpha}_2,\cdots,\boldsymbol{\alpha}_s)=$秩$(\boldsymbol{\beta},\boldsymbol{\alpha}_1,$

$\boldsymbol{\alpha}_2,\cdots,\boldsymbol{\alpha}_s$).

7. 设 n 维向量组 $\boldsymbol{\alpha}_1,\boldsymbol{\alpha}_2,\cdots,\boldsymbol{\alpha}_n$，证明向量组 $\boldsymbol{\alpha}_1,\boldsymbol{\alpha}_2,\cdots,\boldsymbol{\alpha}_n$ 线性无关的充要条件是任一 n 维向量都可由它线性表示.

§3.4 线性方程组解的结构

对于 n 元线性方程组 $\boldsymbol{A}\boldsymbol{x}=\boldsymbol{b}$ 来说，当 $\boldsymbol{r}(\boldsymbol{A})=\boldsymbol{r}(\bar{\boldsymbol{A}})=r<n$ 时，方程有无穷多个解. 这无穷多个解之间有什么联系？怎样通过适当的方式将全部解表示出来？下面我们利用前两节介绍过的向量组的线性相关性的理论来讨论与这一问题有关的线性方程组的解的结构问题.

3.4.1 齐次线性方程组解的结构

我们先来研究齐次线性方程组解的结构. 虽然它是一般线性方程组的特殊情形，但对研究一般线性方程组解的结构起着重要的作用.

设有齐次线性方程组

$$\begin{cases} a_{11}x_1+a_{12}x_2+\cdots+a_{1n}x_n=0, \\ a_{21}x_1+a_{22}x_2+\cdots+a_{2n}x_n=0, \\ \cdots\cdots\cdots\cdots\cdots\cdots\cdots\cdots \\ a_{m1}x_1+a_{m2}x_2+\cdots+a_{mn}x_n=0. \end{cases} \tag{1}$$

其系数矩阵 $\boldsymbol{A}=(a_{ij})_{m\times n}$，假定 $\boldsymbol{r}(\boldsymbol{A})=r<n$，则该齐次线性方程组有非零解. 方程组(1)的矩阵形式为

$$\boldsymbol{A}\boldsymbol{x}=\boldsymbol{o}.$$

如果有一个 n 维列向量 $\boldsymbol{\alpha}$，使得

$$\boldsymbol{A}\boldsymbol{\alpha}=\boldsymbol{o},$$

则称 $\boldsymbol{\alpha}$ 为齐次线性方程组(1)的一个**解向量**，简称解.

齐次线性方程组的解有下列性质：

性质1 如果 $\boldsymbol{v}_1,\boldsymbol{v}_2$ 是齐次线性方程组(1)的两个解，则 $\boldsymbol{v}_1+\boldsymbol{v}_2$ 也是它的解.

证 因为 $\boldsymbol{v}_1,\boldsymbol{v}_2$ 是齐次线性方程组(1)的解，即 $\boldsymbol{A}\boldsymbol{v}_1=\boldsymbol{o},\boldsymbol{A}\boldsymbol{v}_2=\boldsymbol{o}$. 于是

$$\boldsymbol{A}(\boldsymbol{v}_1+\boldsymbol{v}_2)=\boldsymbol{A}\boldsymbol{v}_1+\boldsymbol{A}\boldsymbol{v}_2=\boldsymbol{o}+\boldsymbol{o}=\boldsymbol{o},$$

即 $\boldsymbol{v}_1+\boldsymbol{v}_2$ 也是齐次线性方程组(1)的解.

性质 2　如果 $\boldsymbol{v}$ 是齐次线性方程组(1)的解，k 为常数，则 $k\boldsymbol{v}$ 也是它的解.

证　由已知条件，有 $\boldsymbol{A}\boldsymbol{v}=\boldsymbol{o}$，所以

$$\boldsymbol{A}(k\boldsymbol{v})=k(\boldsymbol{A}\boldsymbol{v})=k\boldsymbol{o}=\boldsymbol{o},$$

即 $k\boldsymbol{v}$ 也是齐次线性方程组(1)的解.

利用性质 1、性质 2 容易推得下面结论.

性质 3　若 $\boldsymbol{v}_1,\boldsymbol{v}_2,\cdots,\boldsymbol{v}_s$ 是齐次线性方程组(1)的解，则其线性组合

$$k_1\boldsymbol{v}_1+k_2\boldsymbol{v}_2+\cdots+k_s\boldsymbol{v}_s$$

也是它的解，其中 $k_1,k_2,\cdots,k_s$ 为任意常数.

由此可知，如果一个齐次线性方程组有非零解，则它就有无穷多个解. n 元齐次线性方程组的任一解都是一个 n 维向量，方程组的这无穷多个解就构成了一个 n 维向量组，称为方程组的**解向量组**. 我们知道，含有非零向量的向量组必有极大线性无关组，而 n 维向量组的极大线性无关组至多含有 n 个向量，因此，如果我们能设法求出这个解向量组的一个极大线性无关组，则方程组的全部解就可以用极大线性无关组的线性组合表示出来. 我们将解向量组的极大线性无关组称为方程组的基础解系. 为此，给出下面的定义.

定义 3.4.1　如果齐次线性方程组(1)的解 $\boldsymbol{v}_1,\boldsymbol{v}_2,\cdots,\boldsymbol{v}_s$ 满足

(1) $\boldsymbol{v}_1,\boldsymbol{v}_2,\cdots,\boldsymbol{v}_s$ 线性无关；

(2) 方程组(1)的任一解都可以表示为 $\boldsymbol{v}_1,\boldsymbol{v}_2,\cdots,\boldsymbol{v}_s$ 的线性组合，则称 $\boldsymbol{v}_1,\boldsymbol{v}_2,\cdots,\boldsymbol{v}_s$ 是齐次线性方程(1)的一个**基础解系**.

定理 3.4.1　如果齐次线性方程组(1)的系数矩阵 $\boldsymbol{A}$ 的秩 $\boldsymbol{r}(\boldsymbol{A})=r<n$，则方程组的基础解系存在，且每个基础解系中含有 $n-r$ 个解.

证　因为 $\boldsymbol{r}(\boldsymbol{A})=r<n$，所以对方程组(1)的增广矩阵$(\boldsymbol{A}\ \ \boldsymbol{o})$施以初等行变换化为简化阶梯形矩阵，不妨设为以下形式：

$$\begin{pmatrix}1 & 0 & \cdots & 0 & k_{1r+1} & k_{1r+2} & \cdots & k_{1n} & 0\\ 0 & 1 & \cdots & 0 & k_{2r+1} & k_{2r+2} & \cdots & k_{2n} & 0\\ \cdots & \cdots & \cdots & \cdots & \cdots & \cdots & \cdots & \cdots & \cdots\\ 0 & 0 & \cdots & 1 & k_{rr+1} & k_{rr+2} & \cdots & k_{rn} & 0\\ 0 & 0 & \cdots & 0 & 0 & \cdots & 0 & 0 & 0\\ \cdots & \cdots & \cdots & \cdots & \cdots & \cdots & \cdots & \cdots & \cdots\\ 0 & 0 & \cdots & 0 & 0 & 0 & 0 & 0 & \cdots\end{pmatrix},$$

则方程组(1)的同解方程组为

$$\begin{cases} x_1 = -k_{1r+1}x_{r+1} - k_{1r+2}x_{r+2} - \cdots - k_{1n}x_n, \\ x_2 = -k_{2r+1}x_{r+1} - k_{2r+2}x_{r+2} - \cdots - k_{2n}x_n, \\ \cdots\cdots\cdots\cdots\cdots\cdots\cdots\cdots\cdots\cdots\cdots\cdots \\ x_r = -k_{rr+1}x_{r+1} - k_{rr+2}x_{r+2} - \cdots - k_{rn}x_n. \end{cases}$$

其中，$x_{r+1}, x_{r+2}, \cdots, x_n$ 为自由未知量.

令 $n-r$ 个自由未知量分别取

$$\begin{pmatrix} 1 \\ 0 \\ \vdots \\ 0 \end{pmatrix}, \begin{pmatrix} 0 \\ 1 \\ \vdots \\ 0 \end{pmatrix}, \cdots, \begin{pmatrix} 0 \\ 0 \\ \vdots \\ 1 \end{pmatrix},$$

可得方程组的 $n-r$ 个解

$$\boldsymbol{v}_1 = \begin{pmatrix} -k_{1r+1} \\ -k_{2r+1} \\ \vdots \\ -k_{rr+1} \\ 1 \\ 0 \\ \vdots \\ 0 \end{pmatrix}, \boldsymbol{v}_2 = \begin{pmatrix} -k_{1r+2} \\ -k_{2r+2} \\ \vdots \\ -k_{rr+2} \\ 0 \\ 1 \\ \vdots \\ 0 \end{pmatrix}, \cdots, \boldsymbol{v}_{n-r} = \begin{pmatrix} -k_{1n} \\ -k_{2n} \\ \vdots \\ -k_{rn} \\ 0 \\ 0 \\ \vdots \\ 1 \end{pmatrix},$$

则 $\boldsymbol{v}_1, \boldsymbol{v}_2, \cdots, \boldsymbol{v}_{n-r}$ 就是齐次线性方程组(1)的一个基础解系.

首先证明 $\boldsymbol{v}_1, \boldsymbol{v}_2, \cdots, \boldsymbol{v}_{n-r}$ 线性无关. 因为矩阵

$$\boldsymbol{K} = \begin{pmatrix} -k_{1r+1} & -k_{1r+2} & \cdots & -k_{1n} \\ -k_{2r+1} & -k_{2r+2} & \cdots & -k_{2n} \\ \cdots & \cdots & \cdots & \cdots \\ -k_{rr+1} & -k_{rr+2} & \cdots & -k_{rn} \\ 1 & 0 & \cdots & 0 \\ 0 & 1 & \cdots & 0 \\ \cdots & \cdots & \cdots & \cdots \\ 0 & 0 & \cdots & 1 \end{pmatrix}_{n\times(n-r)}$$

有一个 $n-r$ 阶子式 $\begin{vmatrix} 1 & 0 & \cdots & 0 \\ 0 & 1 & \cdots & 0 \\ \cdots & \cdots & \cdots & \cdots \\ 0 & 0 & \cdots & 1 \end{vmatrix} = 1 \neq 0$，即 $r(\boldsymbol{K}) = n-r$，所以 $\boldsymbol{v}_1, \boldsymbol{v}_2, \cdots, \boldsymbol{v}_{n-r}$

线性无关.

其次再证明方程组(1)的任一解 $\boldsymbol{v}=\begin{pmatrix} d_1 \\ d_2 \\ \vdots \\ d_r \\ d_{r+1} \\ \vdots \\ d_n \end{pmatrix}$ 都是 $\boldsymbol{v}_1,\boldsymbol{v}_2,\cdots,\boldsymbol{v}_{n-r}$ 的线性组合.

因为

$$\begin{cases} d_1 = -k_{1r+1}d_{r+1} - k_{1r+2}d_{r+2} - \cdots - k_{1n}d_n, \\ d_2 = -k_{2r+1}d_{r+1} - k_{2r+2}d_{r+2} - \cdots - k_{2n}d_n, \\ \cdots\cdots\cdots\cdots\cdots\cdots\cdots\cdots\cdots\cdots \\ d_r = -k_{rr+1}d_{r+1} - k_{rr+2}d_{r+2} - \cdots - k_{rn}d_n. \end{cases}$$

所以

$$\boldsymbol{v} = \begin{pmatrix} -k_{1r+1}d_{r+1} - k_{1r+2}d_{r+2} - \cdots - k_{1n}d_n \\ -k_{2r+1}d_{r+1} - k_{2r+2}d_{r+2} - \cdots - k_{2n}d_n \\ \vdots \\ -k_{rr+1}d_{r+1} - k_{rr+2}d_{r+2} - \cdots - k_{rn}d_n \\ d_{r+1} \\ \vdots \\ d_n \end{pmatrix}$$

$$= d_{r+1}\begin{pmatrix} -k_{1r+1} \\ -k_{2r+1} \\ \vdots \\ -k_{rr+1} \\ 1 \\ 0 \\ \vdots \\ 0 \end{pmatrix} + d_{r+2}\begin{pmatrix} -k_{1r+2} \\ -k_{2r+2} \\ \vdots \\ -k_{rr+2} \\ 0 \\ 1 \\ \vdots \\ 0 \end{pmatrix} + \cdots + d_n\begin{pmatrix} -k_{1n} \\ -k_{2n} \\ \vdots \\ -k_{rn} \\ 0 \\ 0 \\ \vdots \\ 1 \end{pmatrix}$$

$$= d_{r+1}\boldsymbol{v}_1 + d_{r+2}\boldsymbol{v}_2 + \cdots + d_n\boldsymbol{v}_{n-r},$$

即 $\boldsymbol{v}$ 是 $\boldsymbol{v}_1,\boldsymbol{v}_2,\cdots,\boldsymbol{v}_{n-r}$ 的线性组合.

所以,$\boldsymbol{v}_1,\boldsymbol{v}_2,\cdots,\boldsymbol{v}_{n-r}$ 是齐次线性方程组(1)的一个基础解系.

定理 3.4.1 的证明过程不仅证明了基础解系的存在性,还提供了一种求齐次线性方程组的基础解系的方法. 当然,求基础解系的方法很多,基础解系也不是唯一的. 事实上,如果$\boldsymbol{r}(\boldsymbol{A})=r<n$,则任意 $n-r$ 个线性无关的解都是方程组(1)的一个基础解系.

如果 $\boldsymbol{r}(\boldsymbol{A})=n$,则齐次线性方程组(1)只有零解,方程组没有基础解系. 如果 $\boldsymbol{r}(\boldsymbol{A})=r<n$,则方程组(1)有含 $n-r$ 个解向量的基础解系. 设 $\boldsymbol{v}_1,\boldsymbol{v}_2,\cdots,\boldsymbol{v}_{n-r}$是方程组(1)的一个基础解系,则方程组的全部解可以表示为

$$c_1\boldsymbol{v}_1+c_2\boldsymbol{v}_2+\cdots+c_{n-r}\boldsymbol{v}_{n-r}.$$

其中,$c_1,c_2,\cdots,c_{n-r}$为任意常数.

例 1 求下列齐次线性方程组的一个基础解系:

$$\begin{cases} x_1+x_2+\ x_3+4x_4-3x_5=0, \\ x_1-x_2+3x_3-2x_4-\ x_5=0, \\ 2x_1+x_2+3x_3+5x_4-5x_5=0, \\ 3x_1+x_2+5x_3+6x_4-7x_5=0. \end{cases}$$

解 对系数矩阵 $\boldsymbol{A}$ 施以初等行变换,化为简化阶梯形矩阵:

$$\boldsymbol{A}=\begin{pmatrix} 1 & 1 & 1 & 4 & -3 \\ 1 & -1 & 3 & -2 & -1 \\ 2 & 1 & 3 & 5 & -5 \\ 3 & 1 & 5 & 6 & -7 \end{pmatrix}\to\begin{pmatrix} 1 & 1 & 1 & 4 & -3 \\ 0 & -2 & 2 & -6 & 2 \\ 0 & -1 & 1 & -3 & 1 \\ 0 & -2 & 2 & -6 & 2 \end{pmatrix}$$

$$\to\begin{pmatrix} 1 & 1 & 1 & 4 & -3 \\ 0 & -2 & 2 & -6 & 2 \\ 0 & 0 & 0 & 0 & 0 \\ 0 & 0 & 0 & 0 & 0 \end{pmatrix}\to\begin{pmatrix} 1 & 1 & 1 & 4 & -3 \\ 0 & 1 & -1 & 3 & -1 \\ 0 & 0 & 0 & 0 & 0 \\ 0 & 0 & 0 & 0 & 0 \end{pmatrix}$$

$$\to\begin{pmatrix} 1 & 0 & 2 & 1 & -2 \\ 0 & 1 & -1 & 3 & -1 \\ 0 & 0 & 0 & 0 & 0 \\ 0 & 0 & 0 & 0 & 0 \end{pmatrix}.$$

得方程组的同解方程组为:

$$\begin{cases} x_1=-2x_3-\ x_4+2x_5, \\ x_2=\quad x_3-3x_4+\ x_5. \end{cases}$$

其中,x_3,x_4,x_5 为自由未知量.

令$\begin{pmatrix} x_3 \\ x_4 \\ x_5 \end{pmatrix}$分别取$\begin{pmatrix} 1 \\ 0 \\ 0 \end{pmatrix}$,$\begin{pmatrix} 0 \\ 1 \\ 0 \end{pmatrix}$,$\begin{pmatrix} 0 \\ 0 \\ 1 \end{pmatrix}$,得到方程组的 3 个解：

$$\boldsymbol{v}_1 = \begin{pmatrix} -2 \\ 1 \\ 1 \\ 0 \\ 0 \end{pmatrix}, \boldsymbol{v}_2 = \begin{pmatrix} -1 \\ -3 \\ 0 \\ 1 \\ 0 \end{pmatrix}, \boldsymbol{v}_3 = \begin{pmatrix} 2 \\ 1 \\ 0 \\ 0 \\ 1 \end{pmatrix},$$

则 $\boldsymbol{v}_1, \boldsymbol{v}_2, \boldsymbol{v}_3$ 是方程组的一个基础解系．

例 2　用基础解系表示下列齐次线性方程组的全部解：

$$\begin{cases} x_1 + x_2 - x_3 - x_4 = 0, \\ 2x_1 - 5x_2 + 3x_3 + 2x_4 = 0, \\ 7x_1 - 7x_2 + 3x_3 + x_4 = 0, \\ 3x_1 - 4x_2 + 2x_3 + x_4 = 0. \end{cases}$$

解　对系数矩阵 $\boldsymbol{A}$ 施以初等行变换，化为简化阶梯形矩阵：

$$\boldsymbol{A} = \begin{pmatrix} 1 & 1 & -1 & -1 \\ 2 & -5 & 3 & 2 \\ 7 & -7 & 3 & 1 \\ 3 & -4 & 2 & 1 \end{pmatrix} \to \begin{pmatrix} 1 & 1 & -1 & -1 \\ 0 & -7 & 5 & 4 \\ 0 & -14 & 10 & 8 \\ 0 & -7 & 5 & 4 \end{pmatrix}$$

$$\to \begin{pmatrix} 1 & 1 & -1 & -1 \\ 0 & -7 & 5 & 4 \\ 0 & 0 & 0 & 0 \\ 0 & 0 & 0 & 0 \end{pmatrix} \to \begin{pmatrix} 1 & 0 & -\frac{2}{7} & -\frac{3}{7} \\ 0 & 1 & -\frac{5}{7} & -\frac{4}{7} \\ 0 & 0 & 0 & 0 \\ 0 & 0 & 0 & 0 \end{pmatrix},$$

得原方程组的同解方程组为：

$$\begin{cases} x_1 = \frac{2}{7}x_3 + \frac{3}{7}x_4, \\ x_2 = \frac{5}{7}x_3 + \frac{4}{7}x_4. \end{cases}$$

其中，x_3, x_4 是自由未知量．

令$\begin{pmatrix} x_3 \\ x_4 \end{pmatrix}$分别取$\begin{pmatrix} 1 \\ 0 \end{pmatrix}$,$\begin{pmatrix} 0 \\ 1 \end{pmatrix}$,得到方程组的一个基础解系：

$$v_1=\begin{pmatrix}\frac{2}{7}\\ \frac{5}{7}\\ 1\\ 0\end{pmatrix},v_2=\begin{pmatrix}\frac{3}{7}\\ \frac{4}{7}\\ 0\\ 1\end{pmatrix},$$

因此,方程组的全部解为:

$$v=c_1v_1+c_2v_2=c_1\begin{pmatrix}\frac{2}{7}\\ \frac{5}{7}\\ 1\\ 0\end{pmatrix}+c_2\begin{pmatrix}\frac{3}{7}\\ \frac{4}{7}\\ 0\\ 1\end{pmatrix}.$$

其中,c_1,c_2 为任意常数.

例 3 设 4 元齐次线性方程组

$$\begin{cases}x_1+x_2=0,\\ x_2-x_4=0.\end{cases}\qquad(\text{I})$$

又已知另一齐次线性方程组(Ⅱ)的通解为:

$$k_1(0\quad 1\quad 1\quad 0)^T+k_2(-1\quad 2\quad 2\quad 1)^T\quad(k_1,k_2\text{ 为任意常数}).$$

(1)求线性方程组(Ⅰ)的通解;

(2)线性方程组(Ⅰ)与(Ⅱ)是否有非零公共解?若有,求出所有非零公共解.

解 (1)齐次线性方程组(Ⅰ)的系数矩阵

$$\boldsymbol{A}=\begin{pmatrix}1&1&0&0\\0&1&0&-1\end{pmatrix}$$

的秩等于2,取 x_2,x_3 为自由未知量,方程组(Ⅰ)的同解方程组为:

$$\begin{cases}x_1=-x_2,\\ x_4=\quad x_2.\end{cases}$$

令 $\begin{pmatrix}x_2\\x_3\end{pmatrix}$ 分别取 $\begin{pmatrix}1\\0\end{pmatrix},\begin{pmatrix}0\\1\end{pmatrix}$,得方程组(Ⅰ)的一个基础解系:

$$\boldsymbol{\eta}_1=\begin{pmatrix}-1\\1\\0\\1\end{pmatrix},\boldsymbol{\eta}_2=\begin{pmatrix}0\\0\\1\\0\end{pmatrix}.$$

于是,方程组(Ⅰ)的通解为

$$c_1\boldsymbol{\eta}_1 + c_2\boldsymbol{\eta}_2 \qquad (c_1, c_2 \text{ 为任意常数}).$$

(2) 将方程组(Ⅱ)的通解

$$k_1\begin{pmatrix}0\\1\\1\\0\end{pmatrix}+k_2\begin{pmatrix}-1\\2\\2\\1\end{pmatrix}=\begin{pmatrix}-k_2\\k_1+2k_2\\k_1+2k_2\\k_2\end{pmatrix}$$

代入方程组(Ⅰ),得

$$\begin{cases}-k_2+(k_1+2k_2)=0,\\(k_1+2k_2)-k_2=0.\end{cases}$$

解得 $k_1=-k_2$. 当 $k_1=-k_2=k\neq 0$ 时,向量 $k_1\begin{pmatrix}0\\1\\1\\0\end{pmatrix}+k_2\begin{pmatrix}-1\\2\\2\\1\end{pmatrix}=k\begin{pmatrix}1\\-1\\-1\\-1\end{pmatrix}$满足方程组(Ⅰ),也满足方程组(Ⅱ),故它是方程组(Ⅰ)与(Ⅱ)的非零公共解.

例 4　设矩阵 $\boldsymbol{A}=(a_{ij})_{m\times n}$,$\boldsymbol{B}=(b_{ij})_{n\times s}$,满足 $\boldsymbol{AB}=\boldsymbol{O}$,并且 $r(\boldsymbol{A})=r$. 试证:$r(\boldsymbol{B})\leqslant n-r$.

证　将矩阵 $\boldsymbol{B}$ 按列分块 $\boldsymbol{B}=(\boldsymbol{\beta}_1\quad\boldsymbol{\beta}_2\quad\cdots\quad\boldsymbol{\beta}_s)$,其中

$$\boldsymbol{\beta}_j=\begin{pmatrix}b_{1j}\\b_{2j}\\\vdots\\b_{nj}\end{pmatrix}\quad(j=1,2,\cdots,s),$$

则 $\boldsymbol{AB}=\boldsymbol{A}(\boldsymbol{\beta}_1\quad\boldsymbol{\beta}_2\quad\cdots\quad\boldsymbol{\beta}_s)=(\boldsymbol{A\beta}_1\quad\boldsymbol{A\beta}_2\quad\cdots\quad\boldsymbol{A\beta}_s)$. 由 $\boldsymbol{AB}=\boldsymbol{O}$ 可得

$$\boldsymbol{A\beta}_j=\boldsymbol{o}\quad(j=1,2,\cdots,s)$$

考虑 n 元齐次线性方程组 $\boldsymbol{Ax}=\boldsymbol{o}$,则矩阵 $\boldsymbol{B}$ 的每一个列向量 $\boldsymbol{\beta}_j(j=1,2,\cdots,s)$ 都是方程组 $\boldsymbol{Ax}=\boldsymbol{o}$ 的解向量. 因为 $r(\boldsymbol{A})=r$,所以方程组 $\boldsymbol{Ax}=\boldsymbol{o}$ 的任一基础解系中所含向量个数为 $n-r$. 由此可得

$$r(\boldsymbol{B})=r(\boldsymbol{\beta}_1\quad\boldsymbol{\beta}_2\quad\cdots\quad\boldsymbol{\beta}_s)\leqslant n-r.$$

由例 4 我们还可以得到:若 $\boldsymbol{AB}=\boldsymbol{O}$,则 $r(\boldsymbol{A})+r(\boldsymbol{B})\leqslant n$.

3.4.2　非齐次线性方程组解的结构

非齐次线性方程组可以表示为

$$\boldsymbol{Ax}=\boldsymbol{b}.$$

令 $\boldsymbol{b}=\boldsymbol{o}$,得到一个齐次线性方程组

$$\boldsymbol{Ax}=\boldsymbol{o},$$

称 $\boldsymbol{Ax}=\boldsymbol{o}$ 为非齐次线性方程组 $\boldsymbol{Ax}=\boldsymbol{b}$ 的**导出组**.

非齐次线性方程组 $\boldsymbol{Ax}=\boldsymbol{b}$ 的解与其导出组 $\boldsymbol{Ax}=\boldsymbol{o}$ 的解之间有以下性质:

性质 1 如果 $\boldsymbol{u}_1$ 是非齐次线性方程组 $\boldsymbol{Ax}=\boldsymbol{b}$ 的一个解,$\boldsymbol{v}_1$ 是其导出组的一个解,则 $\boldsymbol{u}_1+\boldsymbol{v}_1$ 也是非齐次线性方程组 $\boldsymbol{Ax}=\boldsymbol{b}$ 的一个解.

证 因为 $\boldsymbol{u}_1$ 是方程组 $\boldsymbol{Ax}=\boldsymbol{b}$ 的解,所以有 $\boldsymbol{Au}_1=\boldsymbol{b}$;又 $\boldsymbol{v}_1$ 是导出组 $\boldsymbol{Ax}=\boldsymbol{o}$ 的解,所以有 $\boldsymbol{Av}_1=\boldsymbol{o}$. 于是

$$\boldsymbol{A}(\boldsymbol{u}_1+\boldsymbol{v}_1)=\boldsymbol{Au}_1+\boldsymbol{Av}_1=\boldsymbol{b}+\boldsymbol{o}=\boldsymbol{b},$$

即 $\boldsymbol{u}_1+\boldsymbol{v}_1$ 也是方程组 $\boldsymbol{Ax}=\boldsymbol{b}$ 的一个解.

性质 2 如果 $\boldsymbol{u}_1,\boldsymbol{u}_2$ 是非齐次线性方程组 $\boldsymbol{Ax}=\boldsymbol{b}$ 的两个解,则 $\boldsymbol{u}_1-\boldsymbol{u}_2$ 是其导出组的解.

证 因为 $\boldsymbol{u}_1,\boldsymbol{u}_2$ 是方程组 $\boldsymbol{Ax}=\boldsymbol{b}$ 的解,所以有 $\boldsymbol{Au}_1=\boldsymbol{b},\boldsymbol{Au}_2=\boldsymbol{b}$. 于是

$$\boldsymbol{A}(\boldsymbol{u}_1-\boldsymbol{u}_2)=\boldsymbol{Au}_1-\boldsymbol{Au}_2=\boldsymbol{b}-\boldsymbol{b}=\boldsymbol{o},$$

即 $\boldsymbol{u}_1-\boldsymbol{u}_2$ 是其导出组的解.

定理 3.4.2 若 n 元非齐次线性方程组 $\boldsymbol{Ax}=\boldsymbol{b}$ 满足 $r(\boldsymbol{A})=r(\overline{\boldsymbol{A}})=r<n$,又 $\boldsymbol{u}_0$ 是 $\boldsymbol{Ax}=\boldsymbol{b}$ 的一个解,则方程组 $\boldsymbol{Ax}=\boldsymbol{b}$ 的任一解 $\boldsymbol{u}$ 都可表示为

$$\boldsymbol{u}=\boldsymbol{u}_0+\boldsymbol{v},$$

其中,$\boldsymbol{v}$ 是导出组 $\boldsymbol{Ax}=\boldsymbol{o}$ 的某个解.

证 设 $\boldsymbol{u}$ 是方程组 $\boldsymbol{Ax}=\boldsymbol{b}$ 的任意一解,由性质 2 可知,$\boldsymbol{u}-\boldsymbol{u}_0$ 为导出组 $\boldsymbol{Ax}=\boldsymbol{o}$ 的一个解. 令 $\boldsymbol{u}-\boldsymbol{u}_0=\boldsymbol{v}$,则 $\boldsymbol{u}=\boldsymbol{u}_0+\boldsymbol{v}$,即方程组 $\boldsymbol{Ax}=\boldsymbol{b}$ 的任意一解等于它的一个解 $\boldsymbol{u}_0$ 与导出组的某一个解 $\boldsymbol{v}$ 的和.

由定理 3.4.2 可知,如果非齐次线性方程组有无穷多个解,则只需求出方程组的一个解 $\boldsymbol{u}_0$(称 $\boldsymbol{u}_0$ 为方程组的一个特解),并求出导出组的基础解系 $\boldsymbol{v}_1,\boldsymbol{v}_2,\cdots,\boldsymbol{v}_{n-r}$,则方程组的全部解就可以表示为:

$$\boldsymbol{u}_0+c_1\boldsymbol{v}_1+c_2\boldsymbol{v}_2+\cdots+c_{n-r}\boldsymbol{v}_{n-r}$$

其中,$c_1,c_2,\cdots,c_{n-r}$ 为任意常数.

在实际求解时,我们可以利用初等变换的方法把方程组的特解 $\boldsymbol{u}_0$ 及其导出组的基础解系都求出来.

例 1 用基础解系表示下列线性方程组的全部解:

$$\begin{cases} x_1-x_2-\ \ x_3+\ \ x_4=\ \ 0, \\ x_1-x_2+\ \ x_3-3x_4=\ \ 1, \\ x_1-x_2-2x_3+3x_4=-\dfrac{1}{2}. \end{cases}$$

解　对增广矩阵 $\overline{A}$ 施以初等行变换，化为简化阶梯形矩阵：

$$\overline{\boldsymbol{A}}=\begin{pmatrix}1&-1&-1&1&0\\1&-1&1&-3&1\\1&-1&-2&3&-\frac{1}{2}\end{pmatrix}\to\begin{pmatrix}1&-1&-1&1&0\\0&0&2&-4&1\\0&0&-1&2&-\frac{1}{2}\end{pmatrix}$$

$$\to\begin{pmatrix}1&-1&-1&1&0\\0&0&1&-2&\frac{1}{2}\\0&0&0&0&0\end{pmatrix}\to\begin{pmatrix}1&-1&0&-1&\frac{1}{2}\\0&0&1&-2&\frac{1}{2}\\0&0&0&0&0\end{pmatrix}.$$

原方程组的同解方程组为：

$$\begin{cases}x_1=x_2+\ \ x_4+\dfrac{1}{2},\\x_3=\qquad 2x_4+\dfrac{1}{2},\end{cases}$$

其中，x_2,x_4 是自由未知量.

令 $\begin{pmatrix}x_2\\x_4\end{pmatrix}$ 取 $\begin{pmatrix}0\\0\end{pmatrix}$，得方程组的一个解：

$$\boldsymbol{u}_0=\begin{pmatrix}\frac{1}{2}\\0\\\frac{1}{2}\\0\end{pmatrix}.$$

注意到方程组与其导出组的系数矩阵相同，导出组的同解方程组为：

$$\begin{cases}x_1=x_2+\ \ x_4,\\x_3=\qquad 2x_4,\end{cases}$$

其中，x_2,x_4 是自由未知量.

令 $\begin{pmatrix}x_2\\x_4\end{pmatrix}$ 分别取 $\begin{pmatrix}1\\0\end{pmatrix},\begin{pmatrix}0\\1\end{pmatrix}$，得到导出组的一个基础解系：

$$\boldsymbol{v}_1=\begin{pmatrix}1\\1\\0\\0\end{pmatrix},\boldsymbol{v}_2=\begin{pmatrix}1\\0\\2\\1\end{pmatrix}.$$

因此，方程组的全部解为

$$u_0 + c_1 v_1 + c_2 v_2 = \begin{pmatrix} \frac{1}{2} \\ 0 \\ \frac{1}{2} \\ 0 \end{pmatrix} + c_1 \begin{pmatrix} 1 \\ 1 \\ 0 \\ 0 \end{pmatrix} + c_2 \begin{pmatrix} 1 \\ 0 \\ 2 \\ 0 \end{pmatrix},$$

其中，c_1, c_2 为任意常数 .

例 2 四元非齐次线性方程组 $\boldsymbol{A}\boldsymbol{x} = \boldsymbol{b}$ 中，已知 $r(\boldsymbol{A}) = r(\bar{\boldsymbol{A}}) = 3$，$\boldsymbol{\alpha}_1, \boldsymbol{\alpha}_2, \boldsymbol{\alpha}_3$ 是其三个解，且

$$\boldsymbol{\alpha}_1 = \begin{pmatrix} 1 \\ 2 \\ 3 \\ 4 \end{pmatrix}, \boldsymbol{\alpha}_2 + \boldsymbol{\alpha}_3 = \begin{pmatrix} 0 \\ 1 \\ 2 \\ 3 \end{pmatrix}.$$

求 $\boldsymbol{A}\boldsymbol{x} = \boldsymbol{b}$ 的全部解 .

解 因为 $r(\boldsymbol{A}) = r(\bar{\boldsymbol{A}}) = 3 < 4$，所以方程组的导出组 $\boldsymbol{A}\boldsymbol{x} = \boldsymbol{o}$ 的基础解系中含有 $4 - 3 = 1$ 个解向量 . 由 $\boldsymbol{A}(2\boldsymbol{\alpha}_1 - (\boldsymbol{\alpha}_2 + \boldsymbol{\alpha}_3)) = \boldsymbol{o}$，且 $2\boldsymbol{\alpha}_1 - (\boldsymbol{\alpha}_2 + \boldsymbol{\alpha}_3) = \begin{pmatrix} 2 \\ 3 \\ 4 \\ 5 \end{pmatrix} \neq \boldsymbol{o}$，

易知 $\boldsymbol{v} = \begin{pmatrix} 2 \\ 3 \\ 4 \\ 5 \end{pmatrix}$ 为导出组的一个基础解系，从而方程组的全部解为：

$$\boldsymbol{\alpha}_1 + c\boldsymbol{v} = \begin{pmatrix} 1 \\ 2 \\ 3 \\ 4 \end{pmatrix} + c \begin{pmatrix} 2 \\ 3 \\ 4 \\ 5 \end{pmatrix},$$

其中 c 为任意常数 .

思考与练习 3.4

1. 设 $\boldsymbol{A} = \begin{pmatrix} -2 & -6 \\ 7 & 21 \\ -3 & -9 \end{pmatrix}$，用观察法求 $\boldsymbol{A}\boldsymbol{x} = \boldsymbol{o}$ 的一个非零解 .

2. 判断下列命题的真伪,并说明理由.

(1)向量 $\boldsymbol{b}$ 是矩阵 $\boldsymbol{A}$ 的列的线性组合,当且仅当方程组 $\boldsymbol{Ax}=\boldsymbol{b}$ 至少有一个解.

(2)向量的任何线性组合总可以写成 $\boldsymbol{Ax}$ 的矩阵形式.

(3)齐次线性方程组的基础解系一定是线性无关的向量组.

3. 求下列齐次线性方程组的一个基础解系和通解.

(1) $\begin{cases}2x_1+x_2+x_4=0,\\ x_1-x_3+x_4=0.\end{cases}$ (2) $\begin{cases}x_1+x_2-x_3+x_4=0,\\ x_1-x_2+2x_3-x_4=0,\\ 3x_1+x_2+x_4=0.\end{cases}$

(3) $\begin{cases}x_1+x_2+x_3+x_4+x_5=0,\\ 3x_1+2x_2+x_3+x_4-3x_5=0,\\ x_2+2x_3+2x_4+6x_5=0,\\ 5x_1+4x_2+3x_3+3x_4-x_5=0.\end{cases}$ (4) $\begin{cases}2x_1-4x_2+5x_3+3x_4=0,\\ 3x_1-6x_2+4x_3+2x_4=0,\\ 4x_1-8x_2+17x_3+11x_4=0.\end{cases}$

4. 求下列非齐次线性方程组的全部解,并用其导出组的基础解系表示.

(1) $\begin{cases}x_1+2x_2+3x_4=3,\\ 2x_1+5x_2+2x_3+4x_4=4,\\ x_1+4x_2+5x_3-2x_4=0.\end{cases}$ (2) $\begin{cases}x_1+x_2-2x_3+4x_4=0,\\ 2x_1+5x_2-4x_3+11x_4=-3,\\ x_1+2x_2-2x_3+5x_4=-1.\end{cases}$

(3) $\begin{cases}2x_1-x_2+x_3-x_4-2x_5=2,\\ x_1-x_2+2x_3+x_4-x_5=4,\\ 3x_1-4x_2+5x_3+2x_4-3x_5=10.\end{cases}$ (4) $\begin{cases}x_1+2x_2+x_3-x_4=4,\\ 3x_1+6x_2-x_3-3x_4=8,\\ 5x_1+10x_2+x_3-5x_4=16.\end{cases}$

5. 设 $\boldsymbol{A}=(a_{ij})_{m\times n}$,$\boldsymbol{B}=(b_{ij})_{n\times s}$,试证明 $\boldsymbol{AB}=\boldsymbol{O}$ 的充分必要条件是 $\boldsymbol{B}$ 的每一列向量均为 $\boldsymbol{Ax}=\boldsymbol{o}$ 的解.

6. 已知四元线性方程组 $\boldsymbol{Ax}=\boldsymbol{b}$,$r(\boldsymbol{A})=3$,$\boldsymbol{u}_1,\boldsymbol{u}_2,\boldsymbol{u}_3$ 是它的三个解向量,其中 $\boldsymbol{u}_1+\boldsymbol{u}_2=(1\ \ 1\ \ 0\ \ 2)^T$,$\boldsymbol{u}_2+\boldsymbol{u}_3=(1\ \ 0\ \ 1\ \ 3)^T$,求 $\boldsymbol{Ax}=\boldsymbol{b}$ 的全部解.

7. 设 $\boldsymbol{A}=\begin{pmatrix}1&2&1&2\\0&1&t&t\\1&t&0&1\end{pmatrix}$,且方程组 $\boldsymbol{Ax}=\boldsymbol{o}$ 的基础解系中含有两个线性无关的解向量,求 $\boldsymbol{Ax}=\boldsymbol{o}$ 的通解.(提示:利用 $\boldsymbol{A}$ 的秩确定参数 t)

§3.5 投入产出数学模型

投入产出理论是由里昂惕夫[①]于 1936 年首先提出来的,它是研究国民经济各

① 瓦西里·里昂惕夫(Wassily Leotief,1906~1999),美国经济学家.由于里昂惕夫在投入产出分析领域的重大贡献,而于 1973 年获得了诺贝尔经济学奖.

部门间经济联系的一种数学方法. 从数学模型看,它是研究一个经济系统各部门之间“投入”与“产出”关系的线性模型,一般称之为投入产出模型. 投入产出模型可应用于微观经济系统,也可应用于宏观经济系统的综合平衡分析.

3.5.1 投入产出表

所谓**投入**,是指一个经济部门在其生产过程中投入(或消耗)的劳动对象、劳动资料和劳动的数量,**产出**是指产品的数量及其分配使用方向. 假设一个经济系统由若干个不同的经济部门组成,并假定每个经济部门只生产一种产品,而且没有联合生产. 因为部门间是相互联系的,因此每个经济部门都具有双重身份,既是生产者,又是消费者:一方面,作为生产部门,每个部门要生产产品,这些产品的一部分分配给其他部门(包括本部门)作为生产资料(这部分产品称为**中间产品**),一部分满足居民和社会的非生产性消费需要,并提供积累和出口等(这部分产品称为**最终产品**);另一方面,作为消费部门,每个部门在其生产过程中也要消耗各部门(包括本部门)的产品,因此各部门之间形成了一个复杂的相互交错的关系. 我们可以用一种纵横交错的棋盘式的表格,从生产和消费两个方面来反映各部门间的产品流动,这便是投入产出(平衡)表.

投入产出表可以按实物形式编制. 也可按价值形式编制. 我们在本节使用的是价值型的投入产出模型,即表中所有指标都以产品的价值为统一度量单位,以货币来表现. 后面所提到的诸如“产品量”、“单位产品”、“总产品”、“最终产品”等,分别指“产品的价值”、“单位产品的价值”、“总产品的价值”、“最终产品的价值”等.

假设一个经济系统有 n 个不同的经济部门,各部门分别用 $1,2,\cdots,n$ 表示,并且用变量

$x_i(i=1,2,\cdots,n)$表示部门 i 的总产品;

$y_i(i=1,2,\cdots,n)$表示部门 i 的最终产品;

$x_{ij}(i,j=1,2,\cdots,n)$表示部门 i 分配给部门 j 的产品量,或者说部门 j 消耗部门 i 的产品量;

$v_j(j=1,2,\cdots,n)$表示部门 j 的劳动报酬;

$m_j(j=1,2,\cdots,n)$表示部门 j 创造的纯收入(包括利润、税收等);

$z_j(j=1,2,\cdots,n)$表示部门 j 新创造的价值,即 $z_j=v_j+m_j$.

则价值型的投入产出表见表 3-1.

表 3－1 **价值型投入产出**

部门间流量 (x_{ij}) 部门 (j) / 部门 (i)		中间产品 消耗部门 (j)				最终产品					总产品 (x_i)
		1	2	…	n	消费	积累	出口	……	合计 (y_i)	
生产部门 (i)	1	x_{11}	x_{12}	…	x_{1n}					y_1	x_1
	2	x_{21}	x_{22}	…	x_{2n}					y_2	x_2
	⋮	⋮	⋮		⋮					⋮	⋮
	n	x_{n1}	x_{n2}	…	x_{nn}					y_n	x_n
新创造价值	劳动报酬 (v_j)	v_1	v_2	…	v_n						
	纯收入 (m_j)	m_1	m_2	…	m_n						
	⋮										
	合计 (z_j)	z_1	z_2	…	z_n						
总产品价值 (x_j)		x_1	x_2	…	x_n						

在此投入产出表中，我们用双线把整个表格划分为四个部分，按照左上、右上、左下、右下的次序，分别称为第Ⅰ、第Ⅱ、第Ⅲ、第Ⅳ象限.

第Ⅰ象限由 n 个经济部门交叉组成，是投入产出表的最基本的部分，具体地反映了该经济系统中各部门之间的技术经济联系及各部门间相互提供的产品消耗. 在这一部分中，每一个部门都以生产者和消费者的双重身份出现；从每一横行看，该部门作为生产部门以自己的产品分配给各部门；从每一纵列看，该部门又作为消耗部门在生产过程中消耗各部门的产品. 行与列交叉点处的元素 $x_{ij}(i,j=1,2,\cdots,n)$ 称为**部门间流量**. 这个量也是以双重身份出现的，从每一横行看，它是生产部门 i 分配给部门 j 的产品量；从每一纵列看，它是消耗部门 j 在生产过程中消耗部门 i 的产品量.

第Ⅱ象限反映了各部门用于最终产品的部分. 从每一横行看，反映了该部门最终产品的分配情况，包括消费、积累等；从每一纵列看，表明用于消费、积累等方面的最终产品分别由各部门提供的数量.

第Ⅲ象限反映总产品中新创造的价值部分. 从每一纵列看，反映了该部门新创造价值的结构情况，包括劳动报酬（比如工资、奖金等）和该部门创造的纯收入（比如利润、税金等）；从每一横行看，表明由各部门新创造的价值数量.

第Ⅳ象限反映总收入的再分配情况，比如非生产部门工作者的工资、非生产事业的收入等.

3.5.2 投入产出数学模型

1. 平衡方程组

从投入产出表 3-1 的行来看,第Ⅰ、Ⅱ象限的每一行存在一个等式,即每一个部门作为生产部门,它分配给各部门用于生产消耗的产品,加上它本部门的最终产品,应等于它的总产品. 即

$$\begin{cases} x_1 = x_{11} + x_{12} + \cdots + x_{1n} + y_1, \\ x_2 = x_{21} + x_{22} + \cdots + x_{2n} + y_2, \\ \cdots\cdots\cdots\cdots\cdots\cdots\cdots\cdots\cdots\cdots \\ x_n = x_{n1} + x_{n2} + \cdots + x_{nn} + y_n. \end{cases} \tag{1}$$

简写为:

$$x_i = \sum_{j=1}^{n} x_{ij} + y_i \qquad (i = 1, 2, \cdots, n). \tag{2}$$

式(2)中 $\sum_{j=1}^{n} x_{ij}$ 为部门 i 分配给各部门用于生产消耗的产品总和. 方程组(1)或方程组(2)称为**产品分配平衡方程组**,它的结构为:

总产品 = 中间产品 + 最终产品

从表 3-1 的列来看,第Ⅰ、Ⅲ象限的每一列存在一个等式,即每一个部门作为消耗部门,它在生产过程中消耗各部门的产品,加上它本部门新创造的价值,应等于它的总产品. 即

$$\begin{cases} x_1 = x_{11} + x_{21} + \cdots + x_{n1} + z_1, \\ x_2 = x_{12} + x_{22} + \cdots + x_{n2} + z_2, \\ \cdots\cdots\cdots\cdots\cdots\cdots\cdots\cdots\cdots\cdots \\ x_n = x_{1n} + x_{2n} + \cdots + x_{nn} + z_n. \end{cases} \tag{3}$$

简写为:

$$x_j = \sum_{i=1}^{n} x_{ij} + z_j \qquad (j = 1, 2, \cdots, n). \tag{4}$$

式(4)中 $\sum_{i=1}^{n} x_{ij}$ 为部门 j 在生产过程中消耗各部门的产品总和. 方程组(3)或方程组(4)称为**产值构成平衡方程组**,它的结构为:

总产品价值 = 消耗产品价值 + 新创造价值.

投入产出表 3-1 还存在如下的平衡关系:

(i)由式(2)和式(4),得

$$\sum_{j=1}^{n} x_{kj} + y_k = \sum_{i=1}^{n} x_{ik} + z_k \quad (k=1,2,\cdots,n).$$

等式两边都表示部门 k 的总产品 x_k. 但一般来说,

$$y_k \neq z_k \quad (k=1,2,\cdots,n).$$

即部门 k 的最终产品的价值不等于部门 k 新创造的价值.

(ii)将式(2)和式(4)代入恒等式 $\sum_{i=1}^{n} x_i = \sum_{j=1}^{n} x_j$,得

$$\sum_{i=1}^{n}\left(\sum_{j=1}^{n} x_{ij} + y_i\right) = \sum_{j=1}^{n}\left(\sum_{i=1}^{n} x_{ij} + z_j\right).$$

即

$$\sum_{i=1}^{n}\sum_{j=1}^{n} x_{ij} + \sum_{i=1}^{n} y_i = \sum_{j=1}^{n}\sum_{i=1}^{n} x_{ij} + \sum_{j=1}^{n} z_j.$$

因为 $\sum_{i=1}^{n}\sum_{j=1}^{n} x_{ij} = \sum_{j=1}^{n}\sum_{i=1}^{n} x_{ij}$,从而有

$$\sum_{i=1}^{n} y_i = \sum_{j=1}^{n} z_j.$$

上式表明:各部门最终产品的价值总和等于各部门新创造的价值总和.

2. 直接消耗系数

定义 3.5.1　在一个经济系统中,部门 j 生产单位产品直接消耗部门 i 的产品量,称为部门 j 对部门 i 的**直接消耗系数**,记作 a_{ij},即

$$a_{ij} = \frac{x_{ij}}{x_j} \quad (i,j=1,2,\cdots,n).$$

也就是说,a_{ij}是部门 j 生产一个单位的产品,需要部门 i 直接分配给部门 j 的产品量.

例如,把燃料部门作为第 2 部门,电力部门作为第 3 部门,假设电力部门每年的总产品价值为 $x_3=2$ 亿元,而电力部门每年消耗燃料部门 $x_{23}=1600$ 万元的燃料,那么电力部门对燃料部门的直接消耗系数为:

$$a_{23} = \frac{x_{23}}{x_3} = \frac{0.16}{2} = 0.08.$$

一般来说,各经济部门间的直接消耗系数是技术性的,因而是相对稳定的,所以通常又把直接消耗系数叫作**技术系数**.

各部门间的直接消耗系数构成的 n 阶方阵

$$A=\begin{pmatrix} a_{11} & a_{12} & \cdots & a_{1n} \\ a_{21} & a_{22} & \cdots & a_{2n} \\ \cdots & \cdots & \cdots & \cdots \\ a_{n1} & a_{n2} & \cdots & a_{nn} \end{pmatrix}$$

称为该经济系统的**直接消耗系数矩阵**.

例 1 已知某一经济系统在一个生产周期内的产品分配与消耗如表 3－2.

表 3－2

部门间流量 产出/投入		中间产品 消耗部门 I	II	III	最终产品	总产品
生产部门	I	60	16	80	y_1	200
	II	60	48	20	y_2	160
	III	40	32	60	y_3	200
新创造价值		z_1	z_2	z_3		
总产值		200	160	200		

则该系统的直接消耗系数矩阵为:

$$A=\begin{pmatrix} 0.3 & 0.1 & 0.4 \\ 0.3 & 0.3 & 0.1 \\ 0.2 & 0.2 & 0.3 \end{pmatrix}.$$

直接消耗系数矩阵 A 具有下列性质:

性质 1 $0\leqslant a_{ij}<1 \quad (i,j=1,2,\cdots,n)$.

证 因为 $a_{ij}=\frac{x_{ij}}{x_j}$,其中 $x_{ij}\geqslant 0, x_j>0$,且 $x_{ij}<x_j$,所以

$$0\leqslant a_{ij}<1 \quad (i,j=1,2,\cdots,n).$$

性质 2 $\sum_{i=1}^{n} a_{ij}<1 \quad (j=1,2,\cdots,n)$.

证 由定义 3.5.1 可知 $x_{ij}=a_{ij}x_j \quad (i,j=1,2,\cdots,n)$. 代入产值构成平衡方程组(4),得

$$x_j=\sum_{i=1}^{n} a_{ij}x_j+z_j \quad (j=1,2,\cdots,n),$$

整理得

$$\left(1-\sum_{i=1}^{n}a_{ij}\right)x_j=z_j\quad(j=1,2,\cdots,n).$$

又

$$x_j>0,z_j>0\quad(j=1,2,\cdots,n),$$

则有

$$\left(1-\sum_{i=1}^{n}a_{ij}\right)>0\quad(j=1,2,\cdots,n),$$

即

$$\sum_{i=1}^{n}a_{ij}<1\quad(j=1,2,\cdots,n).$$

性质 3　矩阵 $\boldsymbol{I}-\boldsymbol{A}$ 可逆，且$(\boldsymbol{I}-\boldsymbol{A})^{-1}$为非负矩阵.

证明从略.

利用直接消耗系数矩阵，我们可以把产品分配平衡方程组和产值构成平衡方程组用矩阵形式表示出来.

将 $x_{ij}=a_{ij}x_j\quad(i,j=1,2,\cdots,n)$代入产品分配平衡方程组(1)，得

$$\begin{cases}x_1=a_{11}x_1+a_{12}x_2+\cdots+a_{1n}x_n+y_1,\\x_2=a_{21}x_1+a_{22}x_2+\cdots+a_{2n}x_n+y_2,\\\cdots\cdots\cdots\cdots\cdots\cdots\cdots\cdots\cdots\cdots\cdots\cdots\\x_n=a_{n1}x_1+a_{n2}x_2+\cdots+a_{nn}x_n+y_n.\end{cases}\tag{5}$$

令 $\boldsymbol{x}=\begin{pmatrix}x_1\\x_2\\\vdots\\x_n\end{pmatrix},\boldsymbol{y}=\begin{pmatrix}y_1\\y_2\\\vdots\\y_n\end{pmatrix}$，方程组(5)可以写成矩阵形式：

$$\boldsymbol{x}=\boldsymbol{A}\boldsymbol{x}+\boldsymbol{y},\tag{6}$$

即

$$(\boldsymbol{I}-\boldsymbol{A})\boldsymbol{x}=\boldsymbol{y},\tag{7}$$

其中，$\boldsymbol{x},\boldsymbol{y}$ 分别为总产品列向量和最终产品列向量，$\boldsymbol{I}-\boldsymbol{A}$ 称为里昂惕夫矩阵.

将 $x_{ij}=a_{ij}x_j\quad(i,j=1,2,\cdots,n)$代入产值构成平衡方程组(3)，得

$$\begin{cases}x_1=a_{11}x_1+a_{21}x_1+\cdots+a_{n1}x_1+z_1,\\x_2=a_{12}x_2+a_{22}x_2+\cdots+a_{n2}x_2+z_2,\\\cdots\cdots\cdots\cdots\cdots\cdots\cdots\cdots\cdots\cdots\cdots\cdots\\x_n=a_{1n}x_n+a_{2n}x_n+\cdots+a_{nn}x_n+z_n.\end{cases}\tag{8}$$

令

$$
\boldsymbol{D}=\begin{pmatrix}\sum_{i=1}^{n}a_{i1} & & & \\ & \sum_{i=1}^{n}a_{i2} & & \\ & & \ddots & \\ & & & \sum_{i=1}^{n}a_{in}\end{pmatrix},\boldsymbol{z}=\begin{pmatrix}z_1\\ z_2\\ \vdots\\ z_n\end{pmatrix},
$$

则方程组(8)可以写成矩阵形式:

$$
\boldsymbol{x}=\boldsymbol{D}\boldsymbol{x}+\boldsymbol{z}, \tag{9}
$$

即

$$
(\boldsymbol{I}-\boldsymbol{D})\boldsymbol{x}=\boldsymbol{z}, \tag{10}
$$

其中,z 为新创造价值列向量,$\boldsymbol{D}$ 为中间投入系数矩阵,其对角线上的元素 $\sum_{i=1}^{n}a_{ij}$ 表示部门 j 生产单位产品需要直接消耗各部门(包括本部门)的产品量.

3. 平衡方程组的解

利用投入产出数学模型进行经济分析时,首先要根据经济系统报告期的数据求出直接消耗数矩阵,并假设在未来计划期内直接消耗系数 $a_{ij}(i,j=1,2,\cdots,n)$ 不发生变化,则由方程组(7)和方程组(10)可求得平衡方程组的解.

假设直接消耗系数矩阵 $\boldsymbol{A}$ 已知,在产品分配平衡方程组(7)中,

(1)如果已知总产品 $\boldsymbol{x}$,则可求得最终产品

$$
\boldsymbol{y}=(\boldsymbol{I}-\boldsymbol{A})\boldsymbol{x}.
$$

(2)如果已知最终产品 $\boldsymbol{y}$,则可求得总产品

$$
\boldsymbol{x}=(\boldsymbol{I}-\boldsymbol{A})^{-1}\boldsymbol{y}.
$$

在产值构成平衡方程组(10)中,

(1)如果已知总产值 $\boldsymbol{x}$,则可求得各部门新创造价值

$$
\boldsymbol{z}=(\boldsymbol{I}-\boldsymbol{D})\boldsymbol{x},
$$

即

$$
z_j=\left(1-\sum_{i=1}^{n}a_{ij}\right)x_j\quad(j=1,2,\cdots,n).
$$

(2)如果已知各部门新创造价值 z,则可求得总产值

$$
\boldsymbol{x}=(\boldsymbol{I}-\boldsymbol{D})^{-1}\boldsymbol{z},
$$

即

$$x_j=\frac{1}{1-\sum\limits_{i=1}^{n}a_{ij}}z_j\quad(j=1,2,\cdots,n).$$

另外，利用 $a_{ij}=\dfrac{x_{ij}}{x_j}\quad(i,j=1,2,\cdots,n)$ 已知其中两个量，可以求出第三个量.

例 2　设某一经济系统包括三个部门，分别用 1,2,3 表示. 若在一个生产周期内各部门的直接消耗系数与最终产品如表 3－3，求各部门的总产品及部门间的流量，并求各部门新创造的价值.

表 3－3

直接消耗系数 \ 消耗部门 / 生产部门	1	2	3	最终产品
1	0.25	0.1	0.1	245
2	0.2	0.2	0.1	90
3	0.1	0.1	0.2	175

解　设 $x_i(i=1,2,3)$ 表示部门 i 的总产品，已知

$$\boldsymbol{A}=\begin{pmatrix}0.25&0.1&0.1\\0.2&0.2&0.1\\0.1&0.1&0.2\end{pmatrix},\boldsymbol{y}=\begin{pmatrix}245\\90\\175\end{pmatrix},$$

则可求得

$$\boldsymbol{I}-\boldsymbol{A}=\begin{pmatrix}0.75&-0.1&-0.1\\-0.2&0.8&-0.1\\-0.1&-0.1&0.8\end{pmatrix},$$

$$(\boldsymbol{I}-\boldsymbol{A})^{-1}=\frac{10}{891}\begin{pmatrix}126&18&18\\34&118&19\\20&17&116\end{pmatrix},$$

所以

$$\boldsymbol{x}=(\boldsymbol{I}-\boldsymbol{A})^{-1}\boldsymbol{y}=\frac{10}{891}\begin{pmatrix}126&18&18\\34&118&19\\20&17&116\end{pmatrix}\begin{pmatrix}245\\90\\175\end{pmatrix}=\begin{pmatrix}400\\250\\300\end{pmatrix},$$

即　$x_1=400,x_2=250,x_3=300.$

设 $x_{ij}(i,j=1,2,3)$ 表示部门间流量，根据 $x_{ij}=a_{ij}x_j(i,j=1,2,3)$，得

$x_{11}=0.25\times400=100,x_{12}=0.1\times250=25,x_{13}=0.1\times300=30,$

$x_{21}=0.2\times400=80,x_{22}=0.2\times250=50,x_{23}=0.1\times300=30,$

$x_{31}=0.1\times400=40, x_{32}=0.1\times250=25, x_{33}=0.2\times300=60.$

设 $z_j(j=1,2,3)$ 表示部门 j 新创造的价值，则

$$\boldsymbol{z}=(\boldsymbol{I}-\boldsymbol{D})\boldsymbol{x},$$

其中

$$\boldsymbol{D}=\begin{pmatrix}0.55 & 0 & 0\\ 0 & 0.4 & 0\\ 0 & 0 & 0.4\end{pmatrix}.$$

所以

$$\boldsymbol{z}=(\boldsymbol{I}-\boldsymbol{D})\boldsymbol{x}=\begin{pmatrix}0.45 & 0 & 0\\ 0 & 0.6 & 0\\ 0 & 0 & 0.6\end{pmatrix}\begin{pmatrix}400\\ 250\\ 300\end{pmatrix}=\begin{pmatrix}180\\ 150\\ 180\end{pmatrix},$$

即 $z_1=180, z_2=150, z_3=180.$

现将该经济系统的投入与产出列成表 3－4：

表 3－4

部门间流量 x_{ij} 消耗部门 / 生产部门	1	2	3	最终产品	总产品
1	100	25	30	245	400
2	80	50	30	90	250
3	40	25	60	175	300
新创造的价值	180	150	180		
总产值	400	250	300		

在一个经济系统中，有时生产计划需要进行调整．当某一部门最终产品改变计划时，会引起各部门产品的连锁波动，这就要求各部门的总产品计划作相应的调整．如果最终产品 $\boldsymbol{y}$ 有一个改变量 $\Delta\boldsymbol{y}=(\Delta y_1\quad \Delta y_2\quad \cdots\quad \Delta y_n)^T$，相应的总产品 $\boldsymbol{x}$ 也有一个改变量 $\Delta\boldsymbol{x}=(\Delta x_1\quad \Delta x_2\quad \cdots\quad \Delta x_n)^T$，于是有

$$\begin{aligned}\boldsymbol{x}+\Delta\boldsymbol{x}&=(\boldsymbol{I}-\boldsymbol{A})^{-1}(\boldsymbol{y}+\Delta\boldsymbol{y})=(\boldsymbol{I}-\boldsymbol{A})^{-1}\boldsymbol{y}+(\boldsymbol{I}-\boldsymbol{A})^{-1}\Delta\boldsymbol{y}\\ &=\boldsymbol{x}+(\boldsymbol{I}-\boldsymbol{A})^{-1}\Delta\boldsymbol{y}.\end{aligned}$$

因此有

$$\Delta\boldsymbol{x}=(\boldsymbol{I}-\boldsymbol{A})^{-1}\Delta\boldsymbol{y}. \tag{11}$$

利用此公式可以很方便地计算出当某些部门最终产品改变计划时，各部门总产品的调整量．

例 3 在例 2 中，如果部门 2 的最终产品计划改为 100，各部门的总产品计划应如何调整，才能满足计划要求？

解　已知 $\Delta \boldsymbol{y}=(0\quad 10\quad 0)^T$，由公式(11)，得

$$\begin{pmatrix}\Delta x_1\\ \Delta x_2\\ \Delta x_3\end{pmatrix}=\Delta \boldsymbol{x}=(\boldsymbol{I}-\boldsymbol{A})^{-1}\Delta \boldsymbol{y}=\frac{10}{891}\begin{pmatrix}126 & 18 & 18\\ 34 & 118 & 19\\ 20 & 17 & 116\end{pmatrix}\begin{pmatrix}0\\ 10\\ 0\end{pmatrix}=\begin{pmatrix}2.02\\ 13.24\\ 1.91\end{pmatrix},$$

即 $\Delta x_1=2.02,\Delta x_2=13.24,\Delta x_3=1.91$.

也就是说，如果部门 2 的最终产品计划改为 100，各部门的总产品计划应分别增加2.02，13.24，1.91，才能满足计划要求．

3.5.3　完全消耗系数

在一个经济系统中，任一部门 j 生产产品时，除了直接消耗部门 i 的产品外，还要通过其他部门间接消耗部门 i 的产品．以炼钢对电的消耗为例：在炼钢过程中，除了直接消耗电以外，还要消耗其他部门的产品，如生铁、煤、机械设备等．而炼生铁时，也需要消耗电，这就是炼钢通过消耗生铁对电的一次间接消耗；再者炼生铁时，还需要消耗铁矿，而开采铁矿也需要消耗电，这就是炼钢通过消耗生铁对电的二次间接消耗．如此下去，炼钢对电的消耗就形成了一个消耗的无穷链锁．炼钢对电的直接消耗加上炼钢对电的所有间接消耗，称为炼钢对电的完全消耗．

定义 3.5.2　在一个经济系统中，部门 j 生产单位产品时，对部门 i 完全消耗的产品量，称为部门 j 对部门 i 的**完全消耗系数**，记作 c_{ij}.

也就是说，c_{ij}是部门 j 生产一个单位的产品对部门 i 产品的直接消耗量加上通过各部门对部门 i 产品的间接消耗量．

各部门间的完全消耗系数构成的 n 阶方阵

$$\boldsymbol{C}=\begin{pmatrix}c_{11} & c_{12} & \cdots & c_{1n}\\ c_{21} & c_{22} & \cdots & c_{2n}\\ \cdots & \cdots & \cdots & \cdots\\ c_{n1} & c_{n2} & \cdots & c_{nn}\end{pmatrix},$$

称为该经济系统的**完全消耗系数矩阵**．

由定义 3.4.2 可得

$$c_{ij}=a_{ij}+c_{i1}a_{1j}+c_{i2}a_{2j}+\cdots+c_{in}a_{nj}\quad (i,j=1,2,\cdots,n).$$

将上式用矩阵表示为

$$\boldsymbol{C}=\boldsymbol{A}+\boldsymbol{C}\boldsymbol{A},$$

即

$$\boldsymbol{C}(\boldsymbol{I}-\boldsymbol{A})=\boldsymbol{A}$$

因为 $\boldsymbol{I}-\boldsymbol{A}$ 可逆,所以有

$$\boldsymbol{C}=\boldsymbol{A}(\boldsymbol{I}-\boldsymbol{A})^{-1}=(\boldsymbol{I}-(\boldsymbol{I}-\boldsymbol{A}))(\boldsymbol{I}-\boldsymbol{A})^{-1}=(\boldsymbol{I}-\boldsymbol{A})^{-1}-\boldsymbol{I},$$

即

$$\boldsymbol{C}=(\boldsymbol{I}-\boldsymbol{A})^{-1}-\boldsymbol{I} \tag{1}$$

这就是直接消耗系数矩阵与完全消耗系数矩阵的关系．如果已知直接消耗系数矩阵,利用式(1)就可以求出完全消耗系数矩阵．

例 1 求 3.5.2 的例 2 中的完全消耗系数矩阵．

解 由公式(1)得完全消耗系数矩阵

$$\boldsymbol{C}=(\boldsymbol{I}-\boldsymbol{A})^{-1}-\boldsymbol{I}=\frac{10}{891}\begin{pmatrix}126&18&18\\34&118&19\\20&17&116\end{pmatrix}-\begin{pmatrix}1&0&0\\0&1&0\\0&0&1\end{pmatrix}$$

$$=\frac{1}{891}\begin{pmatrix}369&180&180\\340&289&190\\200&170&269\end{pmatrix}.$$

利用公式(1),我们可以把产品分配平衡方程组 $\boldsymbol{x}=(\boldsymbol{I}-\boldsymbol{A})^{-1}\boldsymbol{y}$ 改写为:

$$\boldsymbol{x}=(\boldsymbol{C}+\boldsymbol{I})\boldsymbol{y}. \tag{2}$$

利用公式(2),如果已知完全消耗系数矩阵和各部门最终产品,可计算出各部门的总产品．

例 2 设某一经济系统包括三个部门,分别用 1,2,3 表示．其完全消耗系数和最终产品计划如表 3-5 所示．问各部门的总产品要达到多少,才能满足计划要求?

表 3-5

完全消耗系数 / 消耗部门 / 生产部门	1	2	3	最终产品
1	0.384	0.367	0.31	90
2	1.2994	0.9774	0.904	70
3	1.158	1.328	0.893	160

解 设 $x_i(i=1,2,3)$ 表示部门 i 的总产品,已知

$$\boldsymbol{C}=\begin{pmatrix}0.384&0.367&0.31\\1.2994&0.9774&0.904\\1.158&1.328&0.893\end{pmatrix},$$

则

$$\boldsymbol{x}=(\boldsymbol{C}+\boldsymbol{I})\boldsymbol{y}=\begin{pmatrix}1.384 & 0.367 & 0.31\\ 1.2994 & 1.9774 & 0.904\\ 1.158 & 1.328 & 1.893\end{pmatrix}\begin{pmatrix}90\\ 70\\ 160\end{pmatrix}\approx\begin{pmatrix}200\\ 400\\ 500\end{pmatrix}.$$

即当 $x_1=200,x_2=400,x_3=500$ 时，才能满足计划要求．

完全消耗系数更深刻、更全面地反映了各部门相互依存、相互制约的关系，它阐明了最终产品量和总产品量之间的经济活动规律，并准确地反映了从最终产品量所引起的对各部门总产品的需求量．这对各部门总产量的预测，是非常有用的．

思考与练习 3.5

1. 已知某经济系统在一个生产周期内产品的生产与分配如表 3－6（货币单位）所示．求：(1) 各部门最终产品 y_1,y_2,y_3；(2) 各部门新创造的价值 z_1,z_2,z_3；(3) 直接消耗系数矩阵．

表 3－6

消耗部门 部门间流量 生产部门	1	2	3	最终产品	总产品
1	100	25	30	y_1	400
2	80	50	30	y_2	250
3	40	25	60	y_3	300

2. 已知某经济系统在一个生产周期内直接消耗系数及最终产品如表 3－7（货币单位）所示．求：(1) 各部门总产品 x_1,x_2,x_3；(2) 列出平衡表，即再求出 $x_{ij}(i,j=1,2,3)$ 及 $z_j(j=1,2,3)$．

表 3－7

消耗部门 直接消耗系数 生产部门	1	2	3	最终产品	总产品
1	0.2	0.1	0.2	75	x_1
2	0.1	0.2	0.2	120	x_2
3	0.1	0.1	0.1	225	x_3

3. 一个包括 3 个部门的经济系统，已知报告期直接消耗系数矩阵为：

$$\boldsymbol{A}=\begin{pmatrix}0.2 & 0.2 & 0.3125\\ 0.14 & 0.15 & 0.25\\ 0.16 & 0.5 & 0.1875\end{pmatrix}.$$

（1）如计划期最终产品为 $\boldsymbol{y}=\begin{pmatrix}60\\55\\120\end{pmatrix}$，求计划期的各部门总产品 $\boldsymbol{x}$.

（2）如计划期最终产品改为 $\boldsymbol{y}=\begin{pmatrix}70\\55\\120\end{pmatrix}$，求计划期各部门的总产品 $\boldsymbol{x}$.

习 题 三

1. 填空题.

（1）齐次线性方程组 $x_1+x_2+\cdots+x_n=0$ 的基础解系中所包含的向量个数为________.

（2）设 $\boldsymbol{A}$ 为 5 阶方阵，且 $r(\boldsymbol{A})=4$，则齐次线性方程组 $\boldsymbol{A}^*\boldsymbol{x}=0$ 的基础解系所含向量个数为________，其中 $\boldsymbol{A}^*$ 为 $\boldsymbol{A}$ 的伴随矩阵.

（3）设 $\boldsymbol{\alpha}_1,\boldsymbol{\alpha}_2,\cdots,\boldsymbol{\alpha}_m$ 为非齐次线性方程组 $\boldsymbol{Ax}=\boldsymbol{b}$ 的解，若 $c_1\boldsymbol{\alpha}_1+c_2\boldsymbol{\alpha}_2+\cdots+c_m\boldsymbol{\alpha}_m$ 也是该方程组的解，则 $c_1+c_2+\cdots+c_m=$________.

（4）设 $\boldsymbol{A}=\begin{pmatrix}1&-2&3k\\-1&2k&-3\\k&-2&3\end{pmatrix}$，则当 $k=$________时可使 $r(\boldsymbol{A})=1$.

（5）设向量组 $\boldsymbol{\alpha}_1=(a,0,c),\boldsymbol{\alpha}_2=(b,c,0),\boldsymbol{\alpha}_3=(0,a,b)$ 线性无关，则 a,b,c 满足关系式________.

2. 选择题.

（1）当 $\lambda=$（ ）时，下面方程组无解.

$$\begin{cases}x_1+2x_2-x_3=4,\\ x_2+2x_3=2,\\ (\lambda-1)x_3=(\lambda-2)(\lambda-3)(\lambda-4).\end{cases}$$

(a) 1　　(b) 2　　(c) 3　　(d) 4

（2）当 $\lambda=$（ ）时，下面方程组有无穷多解.

$$\begin{cases}x_1+2x_2-x_3=\lambda-1,\\ 3x_2-x_3=\lambda-2,\\ \lambda x_2-x_3=(\lambda-3)(\lambda-4)+(\lambda-2).\end{cases}$$

(a) 1　　(b) 2　　(c) 3　　(d) 4

（3）线性方程组 $\boldsymbol{Ax}=\boldsymbol{b}$，若 $r(\boldsymbol{A})=r<n$，则（ ）.

(a) 有无穷多解　　(b) 有唯一解

(c) 无解　　(d) 或无解，或有无穷多解

（4）设向量组 $\boldsymbol{\alpha}_1=(k,2,1),\boldsymbol{\alpha}_2=(2,k,0),\boldsymbol{\alpha}_3=(1,-1,1)$ 线性无关，则（ ）.

(a) $k\neq-2$　　(b) $k\neq3$

(c) $k\neq-2$ 或 $k\neq3$　　(d) $k\neq-2$ 且 $k\neq3$

(5)设向量组 $\boldsymbol{\alpha}_1,\boldsymbol{\alpha}_2,\boldsymbol{\alpha}_3$ 线性无关,则下列向量组(　　)线性无关.

(a)$\boldsymbol{\alpha}_1+\boldsymbol{\alpha}_2,\boldsymbol{\alpha}_2+\boldsymbol{\alpha}_3,\boldsymbol{\alpha}_3+\boldsymbol{\alpha}_1$

(b)$\boldsymbol{\alpha}_1-\boldsymbol{\alpha}_2,\boldsymbol{\alpha}_2-\boldsymbol{\alpha}_3,\boldsymbol{\alpha}_3-\boldsymbol{\alpha}_1$

(c)$\boldsymbol{\alpha}_1,\boldsymbol{\alpha}_1+\boldsymbol{\alpha}_2,\boldsymbol{\alpha}_1+\boldsymbol{\alpha}_2+\boldsymbol{\alpha}_3$

(d)$-\boldsymbol{\alpha}_1+\boldsymbol{\alpha}_2+\boldsymbol{\alpha}_3,\boldsymbol{\alpha}_1-\boldsymbol{\alpha}_2+\boldsymbol{\alpha}_3,\boldsymbol{\alpha}_1+\boldsymbol{\alpha}_2-\boldsymbol{\alpha}_3$

(6)向量组 $\boldsymbol{\alpha}_1,\boldsymbol{\alpha}_2,\cdots,\boldsymbol{\alpha}_s$ 线性无关的必要条件是(　　).

(a)$\boldsymbol{\alpha}_1,\boldsymbol{\alpha}_2,\cdots,\boldsymbol{\alpha}_s$ 均不是零向量

(b)$\boldsymbol{\alpha}_1,\boldsymbol{\alpha}_2,\cdots,\boldsymbol{\alpha}_s$ 中任意两个向量都不成比例

(c)$\boldsymbol{\alpha}_1,\boldsymbol{\alpha}_2,\cdots,\boldsymbol{\alpha}_s$ 中任意一个向量均不能由其余 $s-1$ 个向量线性表示

(d)$\boldsymbol{\alpha}_1,\boldsymbol{\alpha}_2,\cdots,\boldsymbol{\alpha}_s$ 中任一部分组都线性无关

(7)向量组 $\boldsymbol{\alpha}_1,\boldsymbol{\alpha}_2,\cdots,\boldsymbol{\alpha}_s$ 线性相关的充要条件是(　　).

(a)$\boldsymbol{\alpha}_1,\boldsymbol{\alpha}_2,\cdots,\boldsymbol{\alpha}_s$ 中至少有一个零向量

(b)$\boldsymbol{\alpha}_1,\boldsymbol{\alpha}_2,\cdots,\boldsymbol{\alpha}_s$ 中至少有两个向量成比例

(c)$\boldsymbol{\alpha}_1,\boldsymbol{\alpha}_2,\cdots,\boldsymbol{\alpha}_s$ 中至少有一个向量可由其余向量线性表示

(d)$\boldsymbol{\alpha}_s$ 可由 $\boldsymbol{\alpha}_1,\boldsymbol{\alpha}_2,\cdots,\boldsymbol{\alpha}_{s-1}$ 线性表示

(8)n 阶方阵 $\boldsymbol{A}$ 可逆的充分必要条件是(　　).

(a)$|\boldsymbol{A}|\neq 0$　　(b)秩$(\boldsymbol{A})=n$

(c)$\boldsymbol{A}$ 的列秩等于 n　　(d)$\boldsymbol{A}$ 的行向量组线性无关

(9)设 $\boldsymbol{A}$ 为 $m\times n$ 矩阵,且秩$(\boldsymbol{A})=m<n$,则(　　).

(a)$\boldsymbol{A}$ 的行向量组线性无关

(b)$\boldsymbol{A}$ 的列向量组中任意含 m 个向量的部分组线性无关

(c)$\boldsymbol{A}$ 经过初等行变换可化为$(\boldsymbol{I}_m\ \boldsymbol{O})$形式

(d)$\boldsymbol{A}$ 的任意一个 m 阶子式都不为零

(10)设 $\boldsymbol{\alpha}_1,\boldsymbol{\alpha}_2,\boldsymbol{\alpha}_3$ 是四元非齐次线性方程组 $\boldsymbol{Ax}=\boldsymbol{b}$ 的三个解向量,且 $\boldsymbol{r}(\boldsymbol{A})=3$,$\boldsymbol{\alpha}_1=(1\quad 2\quad 3\quad 4)^T,\boldsymbol{\alpha}_2+\boldsymbol{\alpha}_3=(0\quad 1\quad 2\quad 3)^T$,则 $\boldsymbol{Ax}=\boldsymbol{b}$ 的通解为(　　).

(a)$\begin{pmatrix}1\\2\\3\\4\end{pmatrix}+c\begin{pmatrix}1\\1\\1\\1\end{pmatrix}$　　(b)$\begin{pmatrix}1\\2\\3\\4\end{pmatrix}+c\begin{pmatrix}0\\1\\2\\3\end{pmatrix}$

(c)$\begin{pmatrix}1\\2\\3\\4\end{pmatrix}+c\begin{pmatrix}2\\3\\4\\5\end{pmatrix}$　　(d)$\begin{pmatrix}1\\2\\3\\4\end{pmatrix}+c\begin{pmatrix}3\\4\\5\\6\end{pmatrix}$

3. 确定 a,b 的值使下列线性方程组有解,并求其解.

(1) $\begin{cases} x_1+2x_2-2x_3+2x_4=2, \\ x_2-x_3-x_4=1, \\ x_1+x_2-x_3+3x_4=a, \\ x_1-x_2+x_3+5x_4=b. \end{cases}$　　(2) $\begin{cases} ax_1+bx_2+2x_3=1, \\ (b-1)x_2+x_3=0, \\ ax_1+bx_2+(1-b)x_3=3-2b. \end{cases}$

4. 设向量组 $\boldsymbol{\beta}_1,\boldsymbol{\beta}_2,\boldsymbol{\beta}_3$ 由向量组 $\boldsymbol{\alpha}_1,\boldsymbol{\alpha}_2,\boldsymbol{\alpha}_3$ 线性表示的表示式为:

$$\boldsymbol{\beta}_1=\boldsymbol{\alpha}_1-\boldsymbol{\alpha}_2+\boldsymbol{\alpha}_3,\quad \boldsymbol{\beta}_2=\boldsymbol{\alpha}_1+\boldsymbol{\alpha}_2-\boldsymbol{\alpha}_3,\quad \boldsymbol{\beta}_3=-\boldsymbol{\alpha}_1+\boldsymbol{\alpha}_2+\boldsymbol{\alpha}_3,$$

试求向量组 $\boldsymbol{\alpha}_1,\boldsymbol{\alpha}_2,\boldsymbol{\alpha}_3$ 由向量组 $\boldsymbol{\beta}_1,\boldsymbol{\beta}_2,\boldsymbol{\beta}_3$ 线性表示的表示式.

5. 设向量组 $\boldsymbol{\alpha}_1,\boldsymbol{\alpha}_2,\boldsymbol{\alpha}_3$ 线性无关,$\boldsymbol{\beta}_1=\boldsymbol{\alpha}_1-\boldsymbol{\alpha}_2+2\boldsymbol{\alpha}_3$,$\boldsymbol{\beta}_2=\boldsymbol{\alpha}_2-\boldsymbol{\alpha}_3$,$\boldsymbol{\beta}_3=2\boldsymbol{\alpha}_1-\boldsymbol{\alpha}_2+3\boldsymbol{\alpha}_3$,试判别向量组 $\boldsymbol{\beta}_1,\boldsymbol{\beta}_2,\boldsymbol{\beta}_3$ 是线性相关的还是线性无关的?

6. 当 t 取何值时,向量组 $\boldsymbol{\alpha}=(0\quad 4\quad 2-t)$,$\boldsymbol{\beta}=(2\quad 3-t\quad 1)$,$\boldsymbol{\gamma}=(1-t\quad 2\quad 3)$线性相关?并求出 $\boldsymbol{\alpha}$ 用 $\boldsymbol{\beta},\boldsymbol{\gamma}$ 线性表示的表示式($t\in\boldsymbol{R}$).

7. 设向量组 $\boldsymbol{\alpha}_1,\boldsymbol{\alpha}_2,\cdots,\boldsymbol{\alpha}_s$ 线性无关,试证 $\boldsymbol{\alpha}_1,\boldsymbol{\alpha}_1+\boldsymbol{\alpha}_2,\cdots,\boldsymbol{\alpha}_1+\boldsymbol{\alpha}_2+\cdots+\boldsymbol{\alpha}_s$ 线性无关.

8. 证明:向量组 $\boldsymbol{\alpha}_1,\boldsymbol{\alpha}_2,\cdots,\boldsymbol{\alpha}_s(\boldsymbol{\alpha}_1\neq\boldsymbol{o})$线性相关的充分必要条件是至少有一个 $\boldsymbol{\alpha}_i(1<i\leqslant s)$可由向量组 $\boldsymbol{\alpha}_1,\boldsymbol{\alpha}_2,\cdots,\boldsymbol{\alpha}_{i-1}$线性表示.

9. 设向量组 $\boldsymbol{\alpha}_1,\boldsymbol{\alpha}_2,\cdots,\boldsymbol{\alpha}_n,\boldsymbol{\alpha}_{n+1}$线性相关,而其中任意 n 个向量构成的部分组都线性无关,证明:存在 $n+1$ 个全不为零的数 $k_1,k_2,\cdots,k_n,k_{n+1}$,使得

$$k_1\boldsymbol{\alpha}_1+k_2\boldsymbol{\alpha}_2+\cdots+k_n\boldsymbol{\alpha}_n+k_{n+1}\boldsymbol{\alpha}_{n+1}=\boldsymbol{o}.$$

10. 设向量组 $\boldsymbol{\alpha}_1,\boldsymbol{\alpha}_2,\cdots,\boldsymbol{\alpha}_s$ 的秩为 r_1,向量组 $\boldsymbol{\beta}_1,\boldsymbol{\beta}_2,\cdots,\boldsymbol{\beta}_t$ 的秩为 r_2,向量组 $\boldsymbol{\alpha}_1,\boldsymbol{\alpha}_2,\cdots,\boldsymbol{\alpha}_s,\boldsymbol{\beta}_1,\boldsymbol{\beta}_2,\cdots,\boldsymbol{\beta}_t$ 的秩为 r,证明:

$$\max(r_1,r_2)\leqslant r\leqslant r_1+r_2.$$

11. 设向量组 $\boldsymbol{\alpha}_1,\boldsymbol{\alpha}_2,\cdots,\boldsymbol{\alpha}_r$ 与 $\boldsymbol{\alpha}_1,\boldsymbol{\alpha}_2,\cdots,\boldsymbol{\alpha}_r,\boldsymbol{\alpha}_{r+1},\cdots,\boldsymbol{\alpha}_s$ 有相同的秩,证明:$\boldsymbol{\alpha}_1,\boldsymbol{\alpha}_2,\cdots,\boldsymbol{\alpha}_r$ 与 $\boldsymbol{\alpha}_1,\boldsymbol{\alpha}_2,\cdots,\boldsymbol{\alpha}_r,\boldsymbol{\alpha}_{r+1},\cdots,\boldsymbol{\alpha}_s$ 等价.

12. 已知齐次线性方程组(Ⅰ)$\begin{cases} x_1+2x_2+3x_3=0 \\ 2x_1+3x_2+5x_3=0 \\ x_1+x_2+ax_3=0 \end{cases}$和(Ⅱ)$\begin{cases} x_1+bx_2+cx_3=0 \\ 2x_1+b^2x_2+(c+1)x_3=0 \end{cases}$同解,求 a,b,c 的值.

13. 设有四元线性方程组 $\boldsymbol{Ax}=\boldsymbol{b}$,$\boldsymbol{r}(\boldsymbol{A})=3$,又已知 $\boldsymbol{u}_1,\boldsymbol{u}_2,\boldsymbol{u}_3$ 为 $\boldsymbol{Ax}=\boldsymbol{b}$ 的三个解,且 $\boldsymbol{u}_1=(2\quad 0\quad 0\quad 2)^T$,$\boldsymbol{u}_2+\boldsymbol{u}_3=(0\quad 2\quad 2\quad 0)^T$,求 $\boldsymbol{Ax}=\boldsymbol{b}$ 的通解.

14. 设 $\boldsymbol{u}_1,\boldsymbol{u}_2,\cdots,\boldsymbol{u}_t$ 是某一非齐次线性方程组的解,证明 $\boldsymbol{c}_1\boldsymbol{u}_1+\boldsymbol{c}_2\boldsymbol{u}_2+\cdots+\boldsymbol{c}_t\boldsymbol{u}_t$ 也是它的一个解,其中 $\sum_{i=1}^{t}c_i=1$.

第四章 矩阵的特征值

矩阵的特征值是线性代数的重要内容之一，它在经济理论研究以及其他许多学科中都有着广泛的应用．本章主要介绍矩阵的特征值与特征向量的概念、性质和求法，相似矩阵的概念、性质，讨论矩阵与对角矩阵相似的条件．

§4.1 矩阵的特征值与特征向量

这一节，我们将研究形如 $\boldsymbol{A}\boldsymbol{x}=\lambda\boldsymbol{x}$ 的方程，并去寻找满足这种方程的数 λ 和那些在矩阵 $\boldsymbol{A}$ 的作用下变成自身数量倍的向量 $\boldsymbol{x}$.

4.1.1 矩阵的特征值与特征向量的概念

定义 4.1.1 设 $\boldsymbol{A}$ 为 n 阶方阵，若存在数 λ 和非零列向量 $\boldsymbol{\alpha}$，使得

$$\boldsymbol{A}\boldsymbol{\alpha}=\lambda\boldsymbol{\alpha}, \tag{1}$$

则 λ 称为矩阵 $\boldsymbol{A}$ 的一个**特征值**(eigenvalue)，非零列向量 $\boldsymbol{\alpha}$ 称为矩阵 $\boldsymbol{A}$ 的属于(对应于)特征值 λ 的**特征向量**(eigenvector)，简称 $\boldsymbol{A}$ 的特征向量．这里，数 λ、矩阵 $\boldsymbol{A}$ 中元素、向量 $\boldsymbol{\alpha}$ 中的分量可以是复数．

例如，设矩阵 $\boldsymbol{A}=\begin{pmatrix}1&1\\-1&3\end{pmatrix}$，$\boldsymbol{\alpha}=\begin{pmatrix}1\\1\end{pmatrix}$，$\lambda=2$，由于

$$\boldsymbol{A}\boldsymbol{\alpha}=\begin{pmatrix}1&1\\-1&3\end{pmatrix}\begin{pmatrix}1\\1\end{pmatrix}=\begin{pmatrix}2\\2\end{pmatrix}=2\begin{pmatrix}1\\1\end{pmatrix}=2\boldsymbol{\alpha},$$

所以，$\lambda=2$ 是 $\boldsymbol{A}$ 的一个特征值，而 $\boldsymbol{\alpha}=\begin{pmatrix}1\\1\end{pmatrix}$ 是 $\boldsymbol{A}$ 的属于 $\lambda=2$ 的特征向量.

又如，设 n 阶单位矩阵 $\boldsymbol{I}$，则对任意 n 维非零列向量 $\boldsymbol{\alpha}$，都有 $\boldsymbol{I\alpha}=1\boldsymbol{\alpha}$. 于是单位矩阵 $\boldsymbol{I}$ 有特征值 $\lambda=1$，任意非零列向量 $\boldsymbol{\alpha}$ 都是 $\boldsymbol{I}$ 的属于 $\lambda=1$ 的特征向量.

为了求矩阵 $\boldsymbol{A}$ 的特征值及属于每一特征值的特征向量，我们将(1)式改写为

$$(\lambda\boldsymbol{I}-\boldsymbol{A})\boldsymbol{\alpha}=\boldsymbol{o}. \tag{2}$$

由于 $\boldsymbol{\alpha}\neq\boldsymbol{o}$，上式表明 $\boldsymbol{\alpha}$ 是齐次线性方程组

$$(\lambda\boldsymbol{I}-\boldsymbol{A})\boldsymbol{x}=\boldsymbol{o} \tag{3}$$

的非零解. 显然，线性方程组(3)的任一非零解 $\boldsymbol{\alpha}$ 一定满足(1)式，于是得 $\boldsymbol{\alpha}$ 是矩阵 $\boldsymbol{A}$ 的属于特征值 λ 的特征向量的充要条件是 $\boldsymbol{\alpha}$ 是方程组(3)的非零解.

由齐次线性方程组(3)有非零解，得

$$|\lambda\boldsymbol{I}-\boldsymbol{A}|=0. \tag{4}$$

即 λ 是方程(4)的根. 而方程(4)的任一根 λ 及相应方程组(3)的任一非零解 $\boldsymbol{\alpha}$ 必满足式(1). 因此，λ 是矩阵 $\boldsymbol{A}$ 的特征值的充要条件是 λ 是 $|\lambda\boldsymbol{I}-\boldsymbol{A}|=0$ 的根.

为了以后叙述方便，我们称矩阵 $\lambda\boldsymbol{I}-\boldsymbol{A}$ 为 $\boldsymbol{A}$ 的**特征矩阵**，其行列式 $|\lambda\boldsymbol{I}-\boldsymbol{A}|$ 称为 $\boldsymbol{A}$ 的**特征多项式**①，方程 $|\lambda\boldsymbol{I}-\boldsymbol{A}|=0$ 称为 $\boldsymbol{A}$ 的**特征方程**.

由于矩阵 $\boldsymbol{A}$ 的特征值是特征方程 $|\lambda\boldsymbol{I}-\boldsymbol{A}|=0$ 的根，因此，$\boldsymbol{A}$ 的特征值也称为特征根. 若 λ 是 $|\lambda\boldsymbol{I}-\boldsymbol{A}|=0$ 的 k 重根，则 λ 称为 $\boldsymbol{A}$ 的 k 重特征值(根).

根据上面的分析，我们给出求 n 阶矩阵 $\boldsymbol{A}$ 的特征值和特征向量的步骤如下：

(1)计算特征多项式 $f_A(\lambda)=|\lambda\boldsymbol{I}-\boldsymbol{A}|$. 设 $\lambda_1,\lambda_2,\cdots,\lambda_s$ 是 $f_A(\lambda)=0$ 的全部互异根，其重数分别为 $n_1,n_2,\cdots,n_s$，则 $\lambda_1,\lambda_2,\cdots,\lambda_s$ 是矩阵 $\boldsymbol{A}$ 的全部互异特征值.

(2)对于矩阵 $\boldsymbol{A}$ 的每个特征值 λ_i，求出齐次线性方程组 $(\lambda_i\boldsymbol{I}-\boldsymbol{A})\boldsymbol{x}=\boldsymbol{o}$ 的一个基础解系 $\boldsymbol{v}_{i1},\boldsymbol{v}_{i2},\cdots,\boldsymbol{v}_{ir_i}$，其中 $r_i=n-\boldsymbol{r}(\lambda_i\boldsymbol{I}-\boldsymbol{A})$，则 $\boldsymbol{A}$ 的属于特征值 λ_i 的全部特征向量为：

$$c_1\boldsymbol{v}_{i_1}+c_2\boldsymbol{v}_{i_2}+\cdots+c_{r_i}\boldsymbol{v}_{ir_i}.$$

这里 $c_1,c_2,\cdots,c_{r_i}$ 是不全为零的常数.

例 1 求矩阵 $\boldsymbol{A}=\begin{pmatrix}-1&2&2\\3&-1&1\\2&2&-1\end{pmatrix}$ 的特征值和特征向量.

解 矩阵 $\boldsymbol{A}$ 的特征多项式为：

---

① n 阶矩阵 $\boldsymbol{A}$ 的特征多项式 $f_A(\lambda)=|\lambda\boldsymbol{I}-\boldsymbol{A}|$ 是关于 λ 的 n 次多项式，由代数基本定理可知，一个 n 次复系数多项式在复数域内有且只有 n 个根(重根按重数计). 因此，n 阶矩阵 $\boldsymbol{A}$ 的特征方程有 n 个根.

$$|\lambda \boldsymbol{I}-\boldsymbol{A}|=\begin{vmatrix}\lambda+1 & -2 & -2\\ -3 & \lambda+1 & -1\\ -2 & -2 & \lambda+1\end{vmatrix}=(\lambda+3)^2(\lambda-3).$$

令 $|\lambda \boldsymbol{I}-\boldsymbol{A}|=0$，得 $\boldsymbol{A}$ 的全部特征值为 $\lambda_1=-3$(二重)，$\lambda_2=3$.

对于 $\lambda_1=-3$，解齐次线性方程组 $(-3\boldsymbol{I}-\boldsymbol{A})\boldsymbol{x}=\boldsymbol{o}$，即

$$\begin{cases}-2x_1-2x_2-2x_3=0,\\ -3x_1-2x_2-x_3=0,\\ -2x_1-2x_2-2x_3=0,\end{cases}$$

得一个基础解系为 $\begin{pmatrix}1\\-2\\1\end{pmatrix}$，则属于 $\lambda_1=-3$ 的全部特征向量为 $c_1\begin{pmatrix}1\\-2\\1\end{pmatrix}\quad(c_1\neq 0)$.

对于 $\lambda_2=3$，解齐次线性方程组 $(3\boldsymbol{I}-\boldsymbol{A})\boldsymbol{x}=\boldsymbol{o}$，即

$$\begin{cases}4x_1-2x_2-2x_3=0,\\ -3x_1+4x_2-x_3=0,\\ -2x_1-2x_2+4x_3=0,\end{cases}$$

得一个基础解系为 $\begin{pmatrix}1\\1\\1\end{pmatrix}$，则属于 $\lambda_2=3$ 的全部特征向量为 $c_2\begin{pmatrix}1\\1\\1\end{pmatrix}\quad(c_2\neq 0)$.

例 2　求矩阵 $\boldsymbol{A}=\begin{pmatrix}4 & -2 & 2\\ 2 & 0 & 2\\ -1 & 1 & 1\end{pmatrix}$ 的特征值和特征向量.

解　矩阵 $\boldsymbol{A}$ 的特征多项式为:

$$|\lambda \boldsymbol{I}-\boldsymbol{A}|=\begin{vmatrix}\lambda-4 & 2 & -2\\ -2 & \lambda & -2\\ 1 & -1 & \lambda-1\end{vmatrix}=(\lambda-1)(\lambda-2)^2.$$

令 $|\lambda \boldsymbol{I}-\boldsymbol{A}|=0$，得矩阵 $\boldsymbol{A}$ 的全部特征值为 $\lambda_1=1$，$\lambda_2=2$(二重).

对于 $\lambda_1=1$，解齐次线性方程组 $(\boldsymbol{I}-\boldsymbol{A})\boldsymbol{x}=\boldsymbol{o}$，即

$$\begin{cases}-3x_1+2x_2-2x_3=0,\\ -2x_1+x_2-2x_3=0,\\ x_1-x_2=0,\end{cases}$$

得一个基础解系为$\begin{pmatrix}-2\\-2\\1\end{pmatrix}$,则$\boldsymbol{A}$的属于$\lambda_1=1$的全部特征向量为$c\begin{pmatrix}-2\\-2\\1\end{pmatrix}(c\neq 0)$.

对于$\lambda_2=2$,解齐次线性方程组$(2\boldsymbol{I}-\boldsymbol{A})\boldsymbol{x}=\boldsymbol{o}$,即

$$\begin{cases}-2x_1+2x_2-2x_3=0,\\-2x_1+2x_2-2x_3=0,\\x_1-x_2+x_3=0,\end{cases}$$

得到一个基础解系为$\begin{pmatrix}1\\1\\0\end{pmatrix},\begin{pmatrix}-1\\0\\1\end{pmatrix}$,则$\boldsymbol{A}$的属于$\lambda_2=2$的全部特征向量为:

$$c_1\begin{pmatrix}1\\1\\0\end{pmatrix}+c_2\begin{pmatrix}-1\\0\\1\end{pmatrix}\quad(c_1,c_2\text{不全为零}).$$

例 3 求矩阵$\boldsymbol{A}=\begin{pmatrix}a&&\\&a&\\&&a\end{pmatrix}$的特征值与特征向量.

解 $\boldsymbol{A}$的特征多项式为:

$$|\lambda\boldsymbol{I}-\boldsymbol{A}|=\begin{vmatrix}\lambda-a&&\\&\lambda-a&\\&&\lambda-a\end{vmatrix}=(\lambda-a)^3.$$

令$|\lambda\boldsymbol{I}-\boldsymbol{A}|=0$,得$\boldsymbol{A}$的全部特征值为$\lambda=a$(三重).

对于$\lambda=a$,齐次线性方程组$(a\boldsymbol{I}-\boldsymbol{A})\boldsymbol{x}=\boldsymbol{o}$的系数矩阵为零矩阵,所以任意三个线性无关的三维向量组都是方程组的基础解系,取$\boldsymbol{\varepsilon}_1=\begin{pmatrix}1\\0\\0\end{pmatrix},\boldsymbol{\varepsilon}_2=\begin{pmatrix}0\\1\\0\end{pmatrix}$,$\boldsymbol{\varepsilon}_3=\begin{pmatrix}0\\0\\1\end{pmatrix}$为其基础解系,则$\boldsymbol{A}$的属于$\lambda=a$的全部特征向量为:

$$c_1\begin{pmatrix}1\\0\\0\end{pmatrix}+c_2\begin{pmatrix}0\\1\\0\end{pmatrix}+c_3\begin{pmatrix}0\\0\\1\end{pmatrix}\quad(c_1,c_2,c_3\text{不全为零}).$$

例 4 证明:若$\boldsymbol{\alpha}_1,\boldsymbol{\alpha}_2,\cdots,\boldsymbol{\alpha}_m$是矩阵$\boldsymbol{A}$的属于特征值$\lambda$的线性无关的特征向量组,$\boldsymbol{\beta}=k_1\boldsymbol{\alpha}_1+k_2\boldsymbol{\alpha}_2+\cdots+k_m\boldsymbol{\alpha}_m$,其中$k_1,k_2,\cdots,k_m$不全为零,则向量$\boldsymbol{\beta}$也是$\boldsymbol{A}$的

属于 λ 的特征向量.

证　由于 $\boldsymbol{\alpha}_1, \boldsymbol{\alpha}_2, \cdots, \boldsymbol{\alpha}_m$ 线性无关, $k_1, k_2, \cdots, k_m$ 不全为零, 于是 $\boldsymbol{\beta} \neq \boldsymbol{o}$.

又 $\boldsymbol{A}\boldsymbol{\alpha}_i = \lambda\boldsymbol{\alpha}_i (i = 1, 2, \cdots, m)$, 所以

$$\begin{aligned}\boldsymbol{A}\boldsymbol{\beta} &= \boldsymbol{A}(k_1\boldsymbol{\alpha}_1 + k_2\boldsymbol{\alpha}_2 + \cdots + k_m\boldsymbol{\alpha}_m) \\ &= \boldsymbol{A}(k_1\boldsymbol{\alpha}_1) + \boldsymbol{A}(k_2\boldsymbol{\alpha}_2) + \cdots + \boldsymbol{A}(k_m\boldsymbol{\alpha}_m) \\ &= k_1(\boldsymbol{A}\boldsymbol{\alpha}_1) + k_2(\boldsymbol{A}\boldsymbol{\alpha}_2) + \cdots + k_m(\boldsymbol{A}\boldsymbol{\alpha}_m) \\ &= k_1(\lambda\boldsymbol{\alpha}_1) + k_2(\lambda\boldsymbol{\alpha}_2) + \cdots + k_m(\lambda\boldsymbol{\alpha}_m) \\ &= \lambda(k_1\boldsymbol{\alpha}_1 + k_2\boldsymbol{\alpha}_2 + \cdots + k_m\boldsymbol{\alpha}_m) \\ &= \lambda\boldsymbol{\beta},\end{aligned}$$

即 $\boldsymbol{\beta}$ 是 $\boldsymbol{A}$ 的属于 λ 的特征向量.

4.1.2　特征值和特征向量的几何解释

从几何上来看,由第二章的知识我们知道,一个矩阵实际上对应一个线性变换,在这个变换过程中,原向量主要发生旋转和伸缩的变化. 如 $\boldsymbol{A} = \begin{pmatrix} 1 & 1 \\ -1 & 3 \end{pmatrix}$, $\boldsymbol{\alpha} = \begin{pmatrix} 1 \\ 1 \end{pmatrix}$, 这时 $\boldsymbol{A}\boldsymbol{\alpha} = 2\boldsymbol{\alpha}$, 即矩阵 $\boldsymbol{A}$ 把向量 $\boldsymbol{\alpha}$ 变换到原来的 2 倍, 伸长的比例就是特征值 2, 如图 4－1 所示. 特征向量 $\boldsymbol{\alpha}$ 在一个矩阵的作用下作伸缩运动, 伸缩的幅度由特征值确定. 特征向量 $\boldsymbol{\alpha}$ 和变换后的向量 $\boldsymbol{A}\boldsymbol{\alpha}$ 在同一条直线上, 变换后的向量或伸长或缩短, 或反向伸长或缩短, 甚至变成零向量(特征值为零时), 即特征向量所在的直线在线性变换 $\boldsymbol{A}$ 下保持不变; 这就是特征向量的线性不变性.

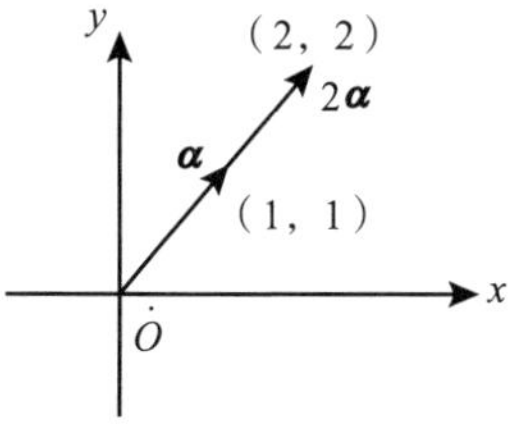

图 4－1

4.1.3　特征值与特征向量的性质

定理 4.1.1　n 阶方阵 $\boldsymbol{A}$ 与它的转置矩阵 $\boldsymbol{A}^T$ 有相同的特征值.

证 因为$(\lambda\boldsymbol{I}-\boldsymbol{A})^T=\lambda\boldsymbol{I}-\boldsymbol{A}^T$,利用行列式的性质,有

$$|\lambda\boldsymbol{I}-\boldsymbol{A}|=|(\lambda\boldsymbol{I}-\boldsymbol{A})^T|=|\lambda\boldsymbol{I}-\boldsymbol{A}^T|.$$

上式说明$\boldsymbol{A}$与$\boldsymbol{A}^T$有相同的特征多项式,所以它们有相同的特征值.

需注意的是,$\boldsymbol{A}$与$\boldsymbol{A}^T$有相同的特征值,但不一定有相同的特征向量. 例如,设$\boldsymbol{A}=\begin{pmatrix}1&2\\1&0\end{pmatrix}$,则$\boldsymbol{A}$与$\boldsymbol{A}^T$有相同的特征值$\lambda_1=2,\lambda_2=-1$. 容易验证,$\boldsymbol{A}$的属于$\lambda_1=2$的一个特征向量为$\boldsymbol{\alpha}=\begin{pmatrix}2\\1\end{pmatrix}$,但$\boldsymbol{\alpha}$不是$\boldsymbol{A}^T$的属于特征值$\lambda_1=2$或$\lambda_2=-1$的特征向量.

定理 4.1.2 设$\boldsymbol{A}=(a_{ij})$是n阶方阵,如果

(1) $\sum\limits_{j=1}^{n}|a_{ij}|<1 \quad (i=1,2,\cdots,n)$,

(2) $\sum\limits_{i=1}^{n}|a_{ij}|<1 \quad (j=1,2,\cdots,n)$

中有一个成立,则矩阵$\boldsymbol{A}$的所有特征值$\lambda_k(k=1,2,\cdots,n)$的模都小于1,即

$$|\lambda_k|^{①}<1 \qquad (k=1,2,\cdots,n).$$

证明从略.

定理 4.1.3 设$\lambda_1,\lambda_2,\cdots,\lambda_m$是$n$阶方阵$\boldsymbol{A}$的互异特征值,$\boldsymbol{\alpha}_1,\boldsymbol{\alpha}_2,\cdots,\boldsymbol{\alpha}_m$为$\boldsymbol{A}$的分别属于$\lambda_1,\lambda_2,\cdots,\lambda_m$的特征向量,则$\boldsymbol{\alpha}_1,\boldsymbol{\alpha}_2,\cdots,\boldsymbol{\alpha}_m$线性无关.

证 对不同的特征值个数m作数学归纳法.

当$m=1$时,$\boldsymbol{A}$的属于特征值λ_1的特征向量$\boldsymbol{\alpha}_1\neq\boldsymbol{o}$,故$\boldsymbol{\alpha}_1$线性无关.

设当$m=s-1$时结论成立,再证当$m=s$时结论也成立. 设有数$k_1,k_2,\cdots,k_s$使

$$k_1\boldsymbol{\alpha}_1+k_2\boldsymbol{\alpha}_2+\cdots+k_s\boldsymbol{\alpha}_s=\boldsymbol{o}. \tag{1}$$

在(1)式两边左乘矩阵$\boldsymbol{A}$,并注意到$\boldsymbol{A}\boldsymbol{\alpha}_i=\lambda_i\boldsymbol{\alpha}_i(i=1,2,\cdots,s)$,有

$$k_1\lambda_1\boldsymbol{\alpha}_1+k_2\lambda_2\boldsymbol{\alpha}_2+\cdots+k_s\lambda_s\boldsymbol{\alpha}_s=\boldsymbol{o}. \tag{2}$$

在(1)式两边同乘λ_s,得

$$k_1\lambda_s\boldsymbol{\alpha}_1+k_2\lambda_s\boldsymbol{\alpha}_2+\cdots+k_s\lambda_s\boldsymbol{\alpha}_s=\boldsymbol{o}. \tag{3}$$

(3)式减去(2)式,得

$$k_1(\lambda_s-\lambda_1)\boldsymbol{\alpha}_1+k_2(\lambda_s-\lambda_2)\boldsymbol{\alpha}_2+\cdots+k_{s-1}(\lambda_s-\lambda_{s-1})\boldsymbol{\alpha}_{s-1}=\boldsymbol{o}.$$

由归纳假设知$\boldsymbol{\alpha}_1,\boldsymbol{\alpha}_2,\cdots,\boldsymbol{\alpha}_{s-1}$线性无关,所以

---

① 这里符号"$|\lambda_k|$"表示复数$|\lambda_k|=a+bi$的模(a,b为实数),即$|\lambda_k|=|a+bi|=\sqrt{a^2+b^2}$. 特别地,如果$\lambda_k$是实数,则$|\lambda_k|$就是$\lambda_k$的绝对值.

$$k_i(\lambda_s-\lambda_i)=0 \quad i=1,2,\cdots,s-1.$$

但 $\lambda_s\neq\lambda_i(i=1,2,\cdots,s-1)$，所以

$$k_1=k_2=\cdots=k_{s-1}=0.$$

代入(1)式，得 $k_s\boldsymbol{\alpha}_s=\boldsymbol{o}$. 由于 $\boldsymbol{\alpha}_s\neq\boldsymbol{o}$，又得 $k_s=0$，因此，$\boldsymbol{\alpha}_1,\boldsymbol{\alpha}_2,\cdots,\boldsymbol{\alpha}_s$ 线性无关. 由数学归纳法可知，对任意正整数 m，结论成立.

推论　设 $\lambda_1,\lambda_2,\cdots,\lambda_m$ 是 n 阶方阵 $\boldsymbol{A}$ 的互异特征值，$\boldsymbol{\eta}_{i1},\boldsymbol{\eta}_{i2},\cdots,\boldsymbol{\eta}_{it_i}$ 为 $\boldsymbol{A}$ 的属于 λ_i 的线性无关的特征向量组，则 $\boldsymbol{\eta}_{11},\boldsymbol{\eta}_{12},\cdots,\boldsymbol{\eta}_{1t_1},\boldsymbol{\eta}_{21},\boldsymbol{\eta}_{22},\cdots,\boldsymbol{\eta}_{2t_2},\cdots,\boldsymbol{\eta}_{m1},\boldsymbol{\eta}_{m2},\cdots,\boldsymbol{\eta}_{mt_m}$ 线性无关.

证明从略.

定理 4.1.4　如果 λ_0 是矩阵 $\boldsymbol{A}$ 的 k 重特征值，则 $\boldsymbol{A}$ 的属于 λ_0 的特征向量组的秩不超过 k.

证明从略.

定理 4.1.5　设 $\lambda_1,\lambda_2,\cdots,\lambda_n$ 是 n 阶方阵 $\boldsymbol{A}$ 的所有特征值，则

$$\mathrm{tr}(\boldsymbol{A})=\lambda_1+\lambda_2+\cdots+\lambda_n;\ |\boldsymbol{A}|=\lambda_1\lambda_2\cdots\lambda_n.$$

证　由于矩阵 $\boldsymbol{A}=(a_{ij})_{n\times n}$ 的特征多项式

$$f_A(\lambda)=|\lambda\boldsymbol{I}-\boldsymbol{A}|=\begin{vmatrix}\lambda-a_{11} & -a_{12} & \cdots & -a_{1n}\\ -a_{21} & \lambda-a_{22} & \cdots & -a_{2n}\\ \cdots & \cdots & \cdots & \cdots\\ -a_{n1} & -a_{n2} & \cdots & \lambda-a_{nn}\end{vmatrix}$$

$$=\lambda^n-(a_{11}+a_{22}+\cdots+a_{nn})\lambda^{n-1}+\cdots+(-1)^kS_k\lambda^{n-k}+\cdots+(-1)^n|\boldsymbol{A}|$$

$$=\lambda^n-\mathrm{tr}(\boldsymbol{A})\lambda^{n-1}+\cdots+(-1)^kS_k\lambda^{n-k}+\cdots+(-1)^n|\boldsymbol{A}|, \quad (4)$$

其中，S_k 是 $\boldsymbol{A}$ 的所有 k 阶主子式之和. 又因为 $\lambda_1,\lambda_2,\cdots,\lambda_n$ 是 $\boldsymbol{A}$ 的特征值，所以有

$$f_A(\lambda)=(\lambda-\lambda_1)(\lambda-\lambda_2)\cdots(\lambda-\lambda_n)$$

$$=\lambda^n-(\lambda_1+\lambda_2+\cdots+\lambda_n)\lambda^{n-1}+\cdots+(-1)^n\lambda_1\lambda_2\cdots\lambda_n. \quad (5)$$

比较(4)式和(5)式，得

$$\mathrm{tr}(\boldsymbol{A})=\lambda_1+\lambda_2+\cdots+\lambda_n;\ |\boldsymbol{A}|=\lambda_1\lambda_2\cdots\lambda_n.$$

推论　n 阶方阵 $\boldsymbol{A}$ 可逆的充分必要条件是 $\boldsymbol{A}$ 的任一特征值都不等于 0.

例 1　设 λ 是 $\boldsymbol{A}$ 的一个特征值，证明

(1) $k\lambda$ 是 $k\boldsymbol{A}$ 的一个特征值（k 是常数）；

(2) λ^2 是 $\boldsymbol{A}^2$ 的一个特征值；

(3) 若 $\boldsymbol{A}$ 是可逆矩阵，则 $\dfrac{1}{\lambda}$ 为 $\boldsymbol{A}^{-1}$ 的一个特征值；$\dfrac{|\boldsymbol{A}|}{\lambda}$ 为 $\boldsymbol{A}^*$ 的一个特征值.

这里 A^* 是 A 的伴随矩阵.

证 设 $\boldsymbol{\alpha}$ 是 A 的属于特征值 λ 的特征向量,则 $A\boldsymbol{\alpha}=\lambda\boldsymbol{\alpha}$. 于是

(1) $(kA)\boldsymbol{\alpha}=k(A\boldsymbol{\alpha})=k(\lambda\boldsymbol{\alpha})=(k\lambda)\boldsymbol{\alpha}$,即 $k\lambda$ 是 kA 的一个特征值.

(2) $A^2\boldsymbol{\alpha}=A(A\boldsymbol{\alpha})=A(\lambda\boldsymbol{\alpha})=\lambda(A\boldsymbol{\alpha})=\lambda(\lambda\boldsymbol{\alpha})=\lambda^2\boldsymbol{\alpha}$,即 λ^2 是 A^2 的一个特征值.

(3) 若 A 可逆,则由定理4.1.5的推论可知 $\lambda\neq 0$. 式 $A\boldsymbol{\alpha}=\lambda\boldsymbol{\alpha}$ 两边左乘 A^{-1},得

$$A^{-1}A\boldsymbol{\alpha}=A^{-1}(\lambda\boldsymbol{\alpha}),$$

即

$$A^{-1}\boldsymbol{\alpha}=\frac{1}{\lambda}\boldsymbol{\alpha}$$

所以,$\frac{1}{\lambda}$是 A^{-1}的一个特征值.

因为 $A^*=|A|A^{-1}$,由(1)的结论可知,$\frac{|A|}{\lambda}$是 A^* 的一个特征值.

一般地,设 A 为 n 阶方阵,$f(x)=a_mx^m+a_{m-1}x^{m-1}+\cdots+a_1x+a_0$ 为 m 次多项式,若 λ 是 A 的特征值,则 $f(\lambda)$ 是 $f(A)$ 的特征值.

例 2 已知三阶方阵 A 的特征值为 $-1,2,3$. 求:(1) $2A$ 的特征值;(2) A^2 的特征值;(3) $A^2-2A+3I$ 的特征值.

解 设 λ 是 A 的任一特征值,则由上例可知,$2\lambda,\lambda^2,\lambda^2-2\lambda+3$ 分别是 $2A$, A^2, $A^2-2A+3I$ 的一个特征值. 于是

(1) $2A$ 的特征值为 $-2,4,6$;

(2) A^2 的特征值为 $1,4,9$;

(3) $A^2-2A+3I$ 的特征值为 $6,3,6$.

例 3 求下列特殊方阵 A 的特征值:

(1) $A^m=O$(m 是正整数);

(2) $A^2=I$.

解 设 λ 为 A 的任一特征值,$\boldsymbol{\alpha}$ 为 A 的属于 λ 的特征向量,即 $A\boldsymbol{\alpha}=\lambda\boldsymbol{\alpha}$. 于是,

$$A^m\boldsymbol{\alpha}=\lambda^m\boldsymbol{\alpha},\text{且 }\boldsymbol{\alpha}\neq\boldsymbol{o}.$$

(1) 因为 $A^m=O$,而 $\boldsymbol{\alpha}\neq\boldsymbol{o}$,所以 $\lambda^m\boldsymbol{\alpha}=O\boldsymbol{\alpha}=\boldsymbol{o}$,得 $\lambda^m=0$,即 $\lambda=0$.

(2) 由 $A^2=I$ 及 $A^2\boldsymbol{\alpha}=\lambda^2\boldsymbol{\alpha}$,得 $\lambda^2\boldsymbol{\alpha}=\boldsymbol{\alpha}$,即

$$(\lambda^2-1)\boldsymbol{\alpha}=\boldsymbol{o}\qquad(\boldsymbol{\alpha}\neq\boldsymbol{o}),$$

所以 $\lambda^2=1$,即 $\lambda=\pm 1$.

本例中的两个特殊的方阵分别称为**幂零矩阵**与**对合矩阵**. 由例3可知,幂零

矩阵的特征值为0，对合矩阵的特征值为 ± 1.

例 4　设 $\boldsymbol{A}=\begin{pmatrix}1 & -3 & 3\\ 3 & a & 3\\ 6 & -6 & b\end{pmatrix}$ 有特征值 $\lambda_1=-2,\lambda_2=4,\lambda_3$，求 a,b 的值及 λ_3.

解　由

$$|\lambda_1\boldsymbol{I}-\boldsymbol{A}|=\begin{vmatrix}-3 & 3 & -3\\ -3 & -2-a & -3\\ -6 & 6 & -2-b\end{vmatrix}=3(5+a)(4-b)=0,$$

$$|\lambda_2\boldsymbol{I}-\boldsymbol{A}|=\begin{vmatrix}3 & 3 & -3\\ -3 & 4-a & -3\\ -6 & 6 & 4-b\end{vmatrix}=3[72-(7-a)(2+b)]=0,$$

得 $a=-5,b=4$.

又由 $\mathrm{tr}(\boldsymbol{A})=1+a+b=1+(-5)+4=0$，得 $\lambda_1+\lambda_2+\lambda_3=0$，所以 $\lambda_3=-2$.

例 5　已知 $\boldsymbol{A}=\begin{pmatrix}2 & -1 & 2\\ 5 & a & 3\\ -1 & b & -2\end{pmatrix}$ 的一个特征向量为 $\boldsymbol{x}=\begin{pmatrix}1\\ 1\\ -1\end{pmatrix}$，求 a、b 及特征向量属于的特征值 λ.

解　由 $\boldsymbol{Ax}=\lambda\boldsymbol{x}$，即

$$\begin{pmatrix}2 & -1 & 2\\ 5 & a & 3\\ -1 & b & -2\end{pmatrix}\begin{pmatrix}1\\ 1\\ -1\end{pmatrix}=\lambda\begin{pmatrix}1\\ 1\\ -1\end{pmatrix},$$

得

$$\begin{cases}2-1-2=\lambda,\\ 5+a-3=\lambda,\\ -1+b+2=-\lambda.\end{cases}$$

解得 $a=-3,b=0,\lambda=-1$.

思考与练习 4.1

1. 2 是 $\begin{pmatrix}3 & 2\\ 3 & 8\end{pmatrix}$ 的特征值吗？为什么？

2. 设 $\boldsymbol{A}=\begin{pmatrix}6 & -3 & 1\\ 3 & 0 & 5\\ 2 & 2 & 6\end{pmatrix}$，5 是 $\boldsymbol{A}$ 的特征值吗？

3. $\begin{pmatrix}1\\4\end{pmatrix}$是$\begin{pmatrix}-3 & 1\\-3 & 8\end{pmatrix}$的特征向量吗？如果是，求对应的特征值．

4. $\begin{pmatrix}4\\-3\\1\end{pmatrix}$是$\begin{pmatrix}3 & 7 & 9\\-4 & -5 & 1\\2 & 4 & 4\end{pmatrix}$的特征向量吗？如果是，求对应的特征值．

5. 不用计算，求$A=\begin{pmatrix}1 & 2 & 3\\1 & 2 & 3\\1 & 2 & 3\end{pmatrix}$的一个特征值，验证你的结果．

6. 判断下列命题的真伪，并说明理由．
   (1) 一个特征向量可以属于不同的特征值；
   (2) 一个 k 重特征值必有 k 个线性无关的特征向量；
   (3) 一个特征值必有无限多个特征向量；
   (4) 若 $\boldsymbol{\alpha}_1$、$\boldsymbol{\alpha}_2$ 是矩阵 $\boldsymbol{A}$ 对应于特征值 λ 的特征向量，则 $k_1\boldsymbol{\alpha}_1+k_2\boldsymbol{\alpha}_2$（$k_1$、$k_2$ 为任意常数）也是 λ 的特征向量．

7. 求下列矩阵的特征值与特征向量．

   (1) $\begin{pmatrix}7 & -2\\-6 & 6\end{pmatrix}$；　(2) $\begin{pmatrix}0 & 0 & 1\\0 & 1 & 0\\1 & 0 & 0\end{pmatrix}$；

   (3) $\begin{pmatrix}5 & 6 & -3\\-1 & 0 & 1\\1 & 2 & 1\end{pmatrix}$；　(4) $\begin{pmatrix}-1 & 1 & 0\\-4 & 3 & 0\\1 & 0 & 2\end{pmatrix}$．

8. 已知 n 阶方阵 $\boldsymbol{A}$ 的一个特征值为 λ_0．求：
   (1) $\boldsymbol{I}+\boldsymbol{A}$ 的一个特征值；
   (2) $\boldsymbol{A}^T$ 的一个特征值；
   (3) 若 $\boldsymbol{A}$ 可逆，求 $\boldsymbol{A}^{-1}$ 的一个特征值；
   (4) 若 $\boldsymbol{A}$ 可逆，且 $|\boldsymbol{A}|=k$，求 $\boldsymbol{A}^*$ 的一个特征值（$\boldsymbol{A}^*$ 是 $\boldsymbol{A}$ 的伴随矩阵）．

9. 若 n 阶方阵 $\boldsymbol{A}$ 满足 $\boldsymbol{A}^2=\boldsymbol{A}$，则称 $\boldsymbol{A}$ 是幂等矩阵．证明幂等矩阵的特征值只能是 0 或 1．

10. 已知三阶方阵 $\boldsymbol{A}$ 的特征值分别为 $-1,1,2$，矩阵 $\boldsymbol{B}=\boldsymbol{A}^3-5\boldsymbol{A}^2+3\boldsymbol{A}+\boldsymbol{I}$，求 $|\boldsymbol{B}|$．

11. 设 $\boldsymbol{A}$ 为 2×2 矩阵，且 $\mathrm{tr}(\boldsymbol{A})=8$，$|\boldsymbol{A}|=8$，求 $\boldsymbol{A}$ 的特征值．

§4.2　相似矩阵与矩阵的对角化

对于第二章 2.2.2 小节中的例 10，如果我们想要预测 n 年后从事教师职业和其他职业的人数，就要计算 $\boldsymbol{A}^n x$，那么如何在 n 较大时能快速计算 $\boldsymbol{A}^n$ 呢？我们在本节中将利用相似矩阵来解决这个问题．

4.2.1　相似矩阵的概念与性质

定义 4.2.1　设 $\boldsymbol{A},\boldsymbol{B}$ 为 n 阶方阵，若存在 n 阶可逆矩阵 $\boldsymbol{P}$，使得

$$\boldsymbol{P}^{-1}\boldsymbol{A}\boldsymbol{P}=\boldsymbol{B},$$

则称矩阵 $\boldsymbol{A}$ 与 $\boldsymbol{B}$ **相似**，或说 $\boldsymbol{A}$ 与 $\boldsymbol{B}$ 是**相似矩阵**(similar matrices)，记作 $\boldsymbol{A}\sim\boldsymbol{B}$.

例如，设 $\boldsymbol{A}=\begin{pmatrix}2&1\\-1&0\end{pmatrix}$，$\boldsymbol{B}=\begin{pmatrix}1&1\\0&1\end{pmatrix}$. 取 $\boldsymbol{P}=\begin{pmatrix}1&-1\\-1&2\end{pmatrix}$，则 $\boldsymbol{P}^{-1}=\begin{pmatrix}2&1\\1&1\end{pmatrix}$，且

$$\boldsymbol{P}^{-1}\boldsymbol{A}\boldsymbol{P}=\begin{pmatrix}2&1\\1&1\end{pmatrix}\begin{pmatrix}2&1\\-1&0\end{pmatrix}\begin{pmatrix}1&-1\\-1&2\end{pmatrix}=\begin{pmatrix}1&1\\0&1\end{pmatrix}=\boldsymbol{B},$$

故 $\boldsymbol{A}\sim\boldsymbol{B}$.

矩阵的相似关系有以下性质：

(1)　对于任意方阵 $\boldsymbol{A}$，都有 $\boldsymbol{A}\sim\boldsymbol{A}$(自反性).

(2)　若 $\boldsymbol{A}\sim\boldsymbol{B}$，则 $\boldsymbol{B}\sim\boldsymbol{A}$(对称性).

(3)　若 $\boldsymbol{A}\sim\boldsymbol{B}$，$\boldsymbol{B}\sim\boldsymbol{C}$，则 $\boldsymbol{A}\sim\boldsymbol{C}$(传递性).

证　(1)取 $\boldsymbol{P}=\boldsymbol{I}$，则 $\boldsymbol{I}^{-1}\boldsymbol{A}\boldsymbol{I}=\boldsymbol{A}$，故 $\boldsymbol{A}\sim\boldsymbol{A}$.

(2)因为 $\boldsymbol{A}\sim\boldsymbol{B}$，所以存在可逆矩阵 $\boldsymbol{P}$，使得 $\boldsymbol{P}^{-1}\boldsymbol{A}\boldsymbol{P}=\boldsymbol{B}$，由此可得：$\boldsymbol{A}=\boldsymbol{P}\boldsymbol{B}\boldsymbol{P}^{-1}=(\boldsymbol{P}^{-1})^{-1}\boldsymbol{B}\boldsymbol{P}^{-1}$，即 $\boldsymbol{B}\sim\boldsymbol{A}$.

(3)由 $\boldsymbol{A}\sim\boldsymbol{B}$，$\boldsymbol{B}\sim\boldsymbol{C}$，得

$$\boldsymbol{P}_1^{-1}\boldsymbol{A}\boldsymbol{P}_1=\boldsymbol{B},\boldsymbol{P}_2^{-1}\boldsymbol{B}\boldsymbol{P}_2=\boldsymbol{C}.$$

其中，$\boldsymbol{P}_1,\boldsymbol{P}_2$ 都是可逆矩阵. 从而有

$$\boldsymbol{C}=\boldsymbol{P}_2^{-1}\boldsymbol{B}\boldsymbol{P}_2=\boldsymbol{P}_2^{-1}(\boldsymbol{P}_1^{-1}\boldsymbol{A}\boldsymbol{P}_1)\boldsymbol{P}_2=(\boldsymbol{P}_1\boldsymbol{P}_2)^{-1}\boldsymbol{A}(\boldsymbol{P}_1\boldsymbol{P}_2).$$

令 $\boldsymbol{Q}=\boldsymbol{P}_1\boldsymbol{P}_2$，则 $\boldsymbol{Q}$ 是可逆的，且 $\boldsymbol{Q}^{-1}\boldsymbol{A}\boldsymbol{Q}=\boldsymbol{C}$，故 $\boldsymbol{A}\sim\boldsymbol{C}$.

相似矩阵有以下重要性质：

定理 4.2.1　若 n 阶方阵 $\boldsymbol{A}$ 与 $\boldsymbol{B}$ 相似，则 $\boldsymbol{A}$ 与 $\boldsymbol{B}$ 有相同的特征值.

证　因为 $\boldsymbol{A}$ 与 $\boldsymbol{B}$ 相似，故存在可逆矩阵 $\boldsymbol{P}$，使得 $\boldsymbol{P}^{-1}\boldsymbol{A}\boldsymbol{P}=\boldsymbol{B}$，于是

$$\begin{aligned}|\lambda\boldsymbol{I}-\boldsymbol{B}|&=|\lambda\boldsymbol{I}-\boldsymbol{P}^{-1}\boldsymbol{A}\boldsymbol{P}|\\&=|\boldsymbol{P}^{-1}(\lambda\boldsymbol{I}-\boldsymbol{A})\boldsymbol{P}|=|\boldsymbol{P}^{-1}|\,|\lambda\boldsymbol{I}-\boldsymbol{A}|\,|\boldsymbol{P}|=|\lambda\boldsymbol{I}-\boldsymbol{A}|,\end{aligned}$$

即矩阵 $\boldsymbol{A}$ 与 $\boldsymbol{B}$ 有相同的特征多项式，从而它们有相同的特征值.

需要指出的是，由矩阵 $\boldsymbol{A}$ 与 $\boldsymbol{B}$ 有相同的特征值，我们得不出 $\boldsymbol{A}$ 与 $\boldsymbol{B}$ 相似. 例如

$$\boldsymbol{A}=\begin{pmatrix}1&1\\0&1\end{pmatrix},\boldsymbol{I}=\begin{pmatrix}1&0\\0&1\end{pmatrix}.$$

显然,$\boldsymbol{A}$ 与 $\boldsymbol{I}$ 有相同的特征值 $\lambda_1=\lambda_2=1$,但它们不相似. 因为对任意的二阶可逆矩阵 $\boldsymbol{P}$,都有

$$\boldsymbol{P}^{-1}\boldsymbol{I}\boldsymbol{P}=\boldsymbol{I}\neq\boldsymbol{A},$$

所以,$\boldsymbol{A}$ 与 $\boldsymbol{I}$ 不相似.

推论 若 $\boldsymbol{A}\sim\boldsymbol{B}$,则 $\mathrm{tr}(\boldsymbol{A})=\mathrm{tr}(\boldsymbol{B})$.

相似矩阵还有以下简单性质,请读者自证:

(1)若 $\boldsymbol{A}\sim\boldsymbol{B}$,则 $|\boldsymbol{A}|=|\boldsymbol{B}|$.

(2)若 $\boldsymbol{A}\sim\boldsymbol{B}$,则 $r(\boldsymbol{A})=r(\boldsymbol{B})$.

(3)若 $\boldsymbol{A}\sim\boldsymbol{B}$,则 $\boldsymbol{A}$ 可逆的充分必要条件是 $\boldsymbol{B}$ 可逆,且当 $\boldsymbol{A}$ 与 $\boldsymbol{B}$ 都可逆时,有 $\boldsymbol{A}^{-1}\sim\boldsymbol{B}^{-1}$.

(4)若 $\boldsymbol{A}\sim\boldsymbol{B}$,则 $\boldsymbol{A}^m\sim\boldsymbol{B}^m$($m$ 为正整数).

例 1 设 $\boldsymbol{A}=\begin{pmatrix}2&0&0\\0&0&1\\0&1&x\end{pmatrix}$,$\boldsymbol{B}=\begin{pmatrix}2&0&0\\0&3&4\\0&-2&y\end{pmatrix}$,且 $\boldsymbol{A}\sim\boldsymbol{B}$,求 x,y 的值.

解 因为 $\boldsymbol{A}\sim\boldsymbol{B}$,所以 $\boldsymbol{A},\boldsymbol{B}$ 有相同的行列式和迹. 由 $\mathrm{tr}(\boldsymbol{A})=\mathrm{tr}(\boldsymbol{B})$,得

$$2+x=5+y. \tag{1}$$

由 $|\boldsymbol{A}|=|\boldsymbol{B}|$,得

$$-2=2(3y+8). \tag{2}$$

由式(1)和式(2),得 $x=0,y=-3$.

4.2.2 矩阵可对角化的条件

由上面的讨论可知,相似矩阵有许多共同的性质,如果一个矩阵 $\boldsymbol{A}$ 能与一个简单矩阵(如对角形矩阵)相似,那么只要研究这个简单矩阵就能得到 $\boldsymbol{A}$ 的同类性质了.

如果 n 阶方阵 $\boldsymbol{A}$ 能与一个对角形矩阵相似,则称矩阵 $\boldsymbol{A}$ **可对角化**. 下面将讨论 n 阶方阵 $\boldsymbol{A}$ 可对角化的条件.

定理 4.2.2 n 阶方阵 $\boldsymbol{A}$ 相似于对角形矩阵的充分必要条件是 $\boldsymbol{A}$ 有 n 个线性无关的特征向量.

证 必要性:

设 $\boldsymbol{A}$ 与对角形矩阵 $\boldsymbol{\Lambda}=\begin{pmatrix}\lambda_1&&&\\&\lambda_2&&\\&&\ddots&\\&&&\lambda_n\end{pmatrix}$ 相似,则存在可逆矩阵 $\boldsymbol{P}$,使 $\boldsymbol{P}^{-1}\boldsymbol{A}\boldsymbol{P}=\boldsymbol{\Lambda}$,

即 $\boldsymbol{AP}=\boldsymbol{P\Lambda}$. 将 $\boldsymbol{P}$ 按列分块表示,设 $\boldsymbol{P}=(\boldsymbol{\alpha}_1\ \ \boldsymbol{\alpha}_2\ \ \cdots\ \ \boldsymbol{\alpha}_n)$,则有

$$\boldsymbol{A}(\boldsymbol{\alpha}_1\ \ \boldsymbol{\alpha}_2\ \ \cdots\ \ \boldsymbol{\alpha}_n)=(\boldsymbol{\alpha}_1\ \ \boldsymbol{\alpha}_2\ \ \cdots\ \ \boldsymbol{\alpha}_n)\begin{pmatrix}\lambda_1&&&\\&\lambda_2&&\\&&\ddots&\\&&&\lambda_n\end{pmatrix},$$

即

$$(\boldsymbol{A\alpha}_1\ \ \boldsymbol{A\alpha}_2\ \ \cdots\ \ \boldsymbol{A\alpha}_n)=(\lambda_1\boldsymbol{\alpha}_1\ \ \lambda_2\boldsymbol{\alpha}_2\ \ \cdots\ \ \lambda_n\boldsymbol{\alpha}_n).$$

可得

$$\boldsymbol{A\alpha}_i=\lambda_i\boldsymbol{\alpha}_i(i=1,2,\cdots,n).$$

因为矩阵 $\boldsymbol{P}$ 可逆,所以 $\boldsymbol{\alpha}_i\neq\boldsymbol{o}(i=1,2,\cdots,n)$,且 $\boldsymbol{\alpha}_1,\boldsymbol{\alpha}_2,\cdots,\boldsymbol{\alpha}_n$ 线性无关,故矩阵 $\boldsymbol{A}$ 有 n 个特征向量 $\boldsymbol{\alpha}_1,\boldsymbol{\alpha}_2,\cdots,\boldsymbol{\alpha}_n$ 线性无关.

充分性:设 n 阶方阵 $\boldsymbol{A}$ 有 n 个特征向量 $\boldsymbol{\alpha}_1,\boldsymbol{\alpha}_2,\cdots,\boldsymbol{\alpha}_n$ 线性无关,它们所属于的特征值依次为 $\lambda_1,\lambda_2,\cdots,\lambda_n$,则有 $\boldsymbol{A\alpha}_i=\lambda_i\boldsymbol{\alpha}_i(i=1,2,\cdots,n)$.

令 $\boldsymbol{P}=(\boldsymbol{\alpha}_1\ \ \boldsymbol{\alpha}_2\ \ \cdots\ \ \boldsymbol{\alpha}_n)$,则矩阵 $\boldsymbol{P}$ 可逆,且

$$\begin{aligned}\boldsymbol{AP}&=\boldsymbol{A}(\boldsymbol{\alpha}_1\ \ \boldsymbol{\alpha}_2\ \ \cdots\ \ \boldsymbol{\alpha}_n)=(\boldsymbol{A\alpha}_1\ \ \boldsymbol{A\alpha}_2\ \ \cdots\ \ \boldsymbol{A\alpha}_n)\\&=(\lambda_1\boldsymbol{\alpha}_1\ \ \lambda_2\boldsymbol{\alpha}_2\ \ \cdots\ \ \lambda_n\boldsymbol{\alpha}_n)=(\boldsymbol{\alpha}_1\ \ \boldsymbol{\alpha}_2\ \ \cdots\ \ \boldsymbol{\alpha}_n)\begin{pmatrix}\lambda_1&&&\\&\lambda_2&&\\&&\ddots&\\&&&\lambda_n\end{pmatrix}\\&=\boldsymbol{P}\begin{pmatrix}\lambda_1&&&\\&\lambda_2&&\\&&\ddots&\\&&&\lambda_n\end{pmatrix},\end{aligned}$$

记 $\boldsymbol{\Lambda}=\begin{pmatrix}\lambda_1&&&\\&\lambda_2&&\\&&\ddots&\\&&&\lambda_n\end{pmatrix}$,则由上式可得

$$\boldsymbol{P}^{-1}\boldsymbol{AP}=\boldsymbol{\Lambda},$$

即 $\boldsymbol{A}$ 与对角形矩阵 $\boldsymbol{\Lambda}$ 相似.

推论 1　若 n 阶方阵 $\boldsymbol{A}$ 有 n 个互异的特征值 $\lambda_1,\lambda_2,\cdots,\lambda_n$,则 $\boldsymbol{A}$ 与对角形矩阵 $\boldsymbol{\Lambda}=\begin{pmatrix}\lambda_1&&&\\&\lambda_2&&\\&&\ddots&\\&&&\lambda_n\end{pmatrix}$ 相似.

证 由定理4.1.3及定理4.2.2即证.

推论2 n 阶矩阵 $\boldsymbol{A}$ 可以对角化的充分必要条件是对于 $\boldsymbol{A}$ 的每一个 n_i 重特征值 λ_i,有秩$(\lambda_i\boldsymbol{I}-\boldsymbol{A})=n-n_i$.

证 设 $\boldsymbol{A}$ 的互异特征值为 $\lambda_1,\lambda_2,\cdots,\lambda_s$,其重数分别为 $n_1,n_2,\cdots,n_s$.

充分性:

对于 λ_i,由于秩$(\lambda_i\boldsymbol{I}-\boldsymbol{A})=n-n_i$,所以方程组$(\lambda_i\boldsymbol{I}-\boldsymbol{A})\boldsymbol{x}=\boldsymbol{o}$ 的基础解系含有 n_i 个解向量$(i=1,2,\cdots,s)$. 又 $\sum\limits_{i=1}^{s} n_i=n$,所以由定理4.1.3的推论可知,矩阵 $\boldsymbol{A}$ 有 n 个特征向量线性无关. 故 $\boldsymbol{A}$ 可对角化.

必要性:由定理4.1.4可知,秩$(\lambda_i\boldsymbol{I}-\boldsymbol{A})\geqslant n-n_i$,假设对于 $\boldsymbol{A}$ 的某个 n_i 重特征值 λ_i 有秩$(\lambda_i\boldsymbol{I}-\boldsymbol{A})>n-n_i$,则 $\boldsymbol{A}$ 的特征向量组的秩小于 n. 于是 $\boldsymbol{A}$ 的任意含 n 个特征向量的向量组必线性相关,即 $\boldsymbol{A}$ 不能对角化,矛盾.

推论2也可叙述为:n 阶矩阵 $\boldsymbol{A}$ 可对角化的充分必要条件是对于 $\boldsymbol{A}$ 的每个 n_i 重特征值 λ_i,方程组$(\lambda_i\boldsymbol{I}-\boldsymbol{A})\boldsymbol{x}=\boldsymbol{o}$ 的基础解系含有 n_i 个解向量.

由定理4.2.2及推论可得判定矩阵 $\boldsymbol{A}$ 可否对角化,以及当矩阵 $\boldsymbol{A}$ 可对角化时求可逆矩阵 $\boldsymbol{P}$,使 $\boldsymbol{P}^{-1}\boldsymbol{AP}$ 为对角形矩阵的方法. 其步骤如下:

(1)求 n 阶方阵 $\boldsymbol{A}$ 的全部特征值. 设 $\boldsymbol{A}$ 的全部互异特征值为 $\lambda_1,\lambda_2,\cdots,\lambda_s$,其重数分别为 $n_1,n_2,\cdots,n_s$;

(2)对 $\boldsymbol{A}$ 的每个特征值 λ_i,求出齐次线性方程组$(\lambda_i\boldsymbol{I}-\boldsymbol{A})\boldsymbol{x}=\boldsymbol{o}$ 的一个基础解系 $\boldsymbol{\eta}_{i1},\boldsymbol{\eta}_{i2},\cdots,\boldsymbol{\eta}_{im_i}(i=1,2,\cdots,s)$.

若 $n_i=m_i(i=1,2,\cdots,s)$,则 $\boldsymbol{A}$ 可以对角化;否则 $\boldsymbol{A}$ 不可以对角化. 当 $\boldsymbol{A}$ 可对角化时,令 $\boldsymbol{P}=(\boldsymbol{\eta}_{11}\quad\boldsymbol{\eta}_{12}\quad\cdots\quad\boldsymbol{\eta}_{1n_1}\quad\boldsymbol{\eta}_{21}\quad\cdots\quad\boldsymbol{\eta}_{2n_2}\quad\cdots\quad\boldsymbol{\eta}_{s1}\quad\cdots\quad\boldsymbol{\eta}_{sn_s})$,则

$$\boldsymbol{P}^{-1}\boldsymbol{AP}=\begin{pmatrix}\lambda_1 & & & & & & & & \\ & \ddots & & & & & & & \\ & & \lambda_1 & & & & & & \\ & & & \lambda_2 & & & & & \\ & & & & \ddots & & & & \\ & & & & & \lambda_2 & & & \\ & & & & & & \ddots & & \\ & & & & & & & \lambda_s & \\ & & & & & & & & \ddots \\ & & & & & & & & & \lambda_s\end{pmatrix}.$$

例 1　设 $\boldsymbol{A}=\begin{pmatrix}-1&2&2\\3&-1&1\\2&2&-1\end{pmatrix}$，试判断 $\boldsymbol{A}$ 可否对角化？

解　在 4.1.1 的例 1 中，已求出 $\boldsymbol{A}$ 的特征值 $\lambda_1=-3$（二重），$\lambda_2=3$，方程组 $(\lambda_1\boldsymbol{I}-\boldsymbol{A})\boldsymbol{x}=\boldsymbol{o}$ 的一个基础解系为 $\begin{pmatrix}1\\-2\\1\end{pmatrix}$. 因其所含向量的个数小于特征值 $\lambda_1=-3$ 的重数，所以 $\boldsymbol{A}$ 不能对角化.

例 2　设 $\boldsymbol{A}=\begin{pmatrix}4&-2&2\\2&0&2\\-1&1&1\end{pmatrix}$，试判断 $\boldsymbol{A}$ 可否对角化？若能对角化，写出可逆矩阵 $\boldsymbol{P}$ 及相应对角阵 $\boldsymbol{\Lambda}$，使得 $\boldsymbol{P}^{-1}\boldsymbol{AP}=\boldsymbol{\Lambda}$.

解　由 4.1.1 的例 2 知，$\boldsymbol{A}$ 的特征值为 $\lambda_1=1$，$\lambda_2=2$（二重），方程组 $(\lambda_1\boldsymbol{I}-\boldsymbol{A})\boldsymbol{x}=\boldsymbol{o}$ 的一个基础解系为 $\begin{pmatrix}-2\\-2\\1\end{pmatrix}$，方程组 $(\lambda_2\boldsymbol{I}-\boldsymbol{A})\boldsymbol{x}=\boldsymbol{o}$ 的一个基础解系为 $\begin{pmatrix}1\\1\\0\end{pmatrix}$，$\begin{pmatrix}-1\\0\\1\end{pmatrix}$.

由定理 4.2.2 推论 2 可知，$\boldsymbol{A}$ 可以对角化. 令 $\boldsymbol{P}=\begin{pmatrix}-2&1&-1\\-2&1&0\\1&0&1\end{pmatrix}$，则

$$\boldsymbol{P}^{-1}\boldsymbol{AP}=\begin{pmatrix}1&&\\&2&\\&&2\end{pmatrix}=\boldsymbol{\Lambda}.$$

例 3　设 $\boldsymbol{A}=\begin{pmatrix}3&1\\1&3\end{pmatrix}$，(1) 判断 $\boldsymbol{A}$ 可否对角化？若可以，写出可逆矩阵 $\boldsymbol{P}$ 及对角矩阵 $\boldsymbol{\Lambda}$，使得 $\boldsymbol{P}^{-1}\boldsymbol{AP}=\boldsymbol{\Lambda}$；$\boldsymbol{A}$ 可与哪些对角阵相似？(2) 求 $\boldsymbol{A}^{10}$.

解　(1) 由 $|\lambda\boldsymbol{I}-\boldsymbol{A}|=\begin{vmatrix}\lambda-3&-1\\-1&\lambda-3\end{vmatrix}=(\lambda-4)(\lambda-2)=0$ 得 $\boldsymbol{A}$ 的特征值为 $\lambda_1=2$，$\lambda_2=4$. 由定理 4.2.2 的推论 1 可知，$\boldsymbol{A}$ 可以对角化.

对于 $\lambda_1=2$，求得齐次线性方程组 $(2\boldsymbol{I}-\boldsymbol{A})\boldsymbol{x}=\boldsymbol{o}$ 的一个基础解系为 $\begin{pmatrix}-1\\1\end{pmatrix}$，对于 $\lambda_2=4$，求得齐次线性方程组 $(4\boldsymbol{I}-\boldsymbol{A})\boldsymbol{x}=\boldsymbol{o}$ 的一个基础解系为 $\begin{pmatrix}1\\1\end{pmatrix}$.

令 $\boldsymbol{P}=\begin{pmatrix}-1&1\\1&1\end{pmatrix}$，则 $\boldsymbol{P}^{-1}\boldsymbol{AP}=\begin{pmatrix}2&\\&4\end{pmatrix}=\boldsymbol{\Lambda}$. $\boldsymbol{A}$ 还可与矩阵 $\begin{pmatrix}4&\\&2\end{pmatrix}$ 相似.

(2)计算得 $P^{-1}=\begin{pmatrix}-\frac{1}{2} & \frac{1}{2}\\ \frac{1}{2} & \frac{1}{2}\end{pmatrix}$. 由 $P^{-1}AP=\Lambda$ 得 $A=P\Lambda P^{-1}$,所以

$$A^{10}=P\Lambda^{10}P^{-1}=\begin{pmatrix}-1 & 1\\ 1 & 1\end{pmatrix}\begin{pmatrix}2^{10} & 0\\ 0 & 4^{10}\end{pmatrix}\begin{pmatrix}-\frac{1}{2} & \frac{1}{2}\\ \frac{1}{2} & \frac{1}{2}\end{pmatrix}$$

$$=\begin{pmatrix}2^9(1+2^{10}) & 2^9(-1+2^{10})\\ 2^9(-1+2^{10}) & 2^9(1+2^{10})\end{pmatrix}.$$

例 4 设 $A=\begin{pmatrix}0 & 0 & 1\\ 1 & 1 & a\\ 1 & 0 & 0\end{pmatrix}$,问:$a$ 为何值时矩阵 A 可对角化?

解 由于 $|\lambda I-A|=\begin{vmatrix}\lambda & 0 & -1\\ -1 & \lambda-1 & -a\\ -1 & 0 & \lambda\end{vmatrix}=(\lambda-1)^2(\lambda+1)$,所以 A 的特征值为 $\lambda_1=1$(二重),$\lambda_2=-1$.

要矩阵 A 可对角化,矩阵 $\lambda_1 I-A$ 的秩应等于 1,由

$$\lambda_1 I-A=\begin{pmatrix}1 & 0 & -1\\ -1 & 0 & -a\\ -1 & 0 & 1\end{pmatrix}$$

可知,要使秩$(\lambda_1 I-A)=1$,则 $a+1=0$,即 $a=-1$.

因此,当 $a=-1$ 时,矩阵 A 可对角化.

例 5 在 2.2.2 小节例 10 中,试预测 10 年以后这 15 万人中有多少人在从事教师职业.

解 用 $x^{(i)}$ 表示第 i 年后做教师职业和其他的人数,则 $x^{(0)}=\begin{pmatrix}1.5\\ 13.5\end{pmatrix}$,用矩阵 $A=\begin{pmatrix}0.90 & 0.01\\ 0.10 & 0.99\end{pmatrix}$表示教师职业和其他职业间的转移,其中 $a_{11}=0.90$ 表示每年有 90% 的人原来是教师现在还是教师;$a_{21}=0.10$ 表示每年有 10% 的人从教师职业转为其他职业. 显然

$$x^{(1)}=Ax^{(0)}=\begin{pmatrix}0.90 & 0.01\\ 0.10 & 0.99\end{pmatrix}\begin{pmatrix}1.5\\ 13.5\end{pmatrix}=\begin{pmatrix}1.485\\ 13.515\end{pmatrix},$$

即一年后,从事教师职业和其他职业的人数分别为 1.485 万人及 13.515 万人. 又

$$x^{(2)}=Ax^{(1)}=A^2x^{(0)},\cdots,x^{(n)}=Ax^{(n-1)}=A^nx^{(0)},$$

所以 $x^{(10)}=A^{10}x^{(0)}$，为计算 A^{10}，先需要把 A 对角化．由

$$|\lambda I-A|=\begin{vmatrix}\lambda-0.9 & -0.01\\ -0.1 & \lambda-0.99\end{vmatrix}=(\lambda-0.9)(\lambda-0.99)-0.001$$

$$=\lambda^2-1.89\lambda+0.891-0.001=\lambda^2-1.89\lambda+0.890=0$$

可得，A 的特征值为 $\lambda_1=1,\lambda_2=0.89$．故 A 可对角化．

$\lambda_1=1$ 代入 $(\lambda I-A)x=o$，得属于它的一特征向量为 $p_1=\begin{pmatrix}1\\10\end{pmatrix}$．

$\lambda_2=0.89$ 代入 $(\lambda I-A)x=o$，得属于它的一特征向量为 $p_2=\begin{pmatrix}1\\-1\end{pmatrix}$．

令 $P=(p_1\quad p_2)=\begin{pmatrix}1 & 1\\10 & -1\end{pmatrix}$，有

$$P^{-1}AP=\Lambda=\begin{pmatrix}1 & 0\\0 & 0.89\end{pmatrix},A=P\Lambda P^{-1},A^{10}=P\Lambda^{10}P^{-1},$$

而

$$P^{-1}=-\frac{1}{11}\begin{pmatrix}-1 & -1\\-10 & 1\end{pmatrix}=\frac{1}{11}\begin{pmatrix}1 & 1\\10 & -1\end{pmatrix},$$

$$x^{(10)}=P\Lambda^{10}P^{-1}x^{(0)}=\frac{1}{11}\begin{pmatrix}1 & 1\\10 & -1\end{pmatrix}\begin{pmatrix}1 & 0\\0 & 0.89^{10}\end{pmatrix}\begin{pmatrix}1 & 1\\10 & -1\end{pmatrix}\begin{pmatrix}1.5\\13.5\end{pmatrix}$$

$$=\frac{1}{11}\begin{pmatrix}1 & 1\\10 & -1\end{pmatrix}\begin{pmatrix}1 & 0\\0 & 0.311817\end{pmatrix}\begin{pmatrix}1 & 1\\10 & -1\end{pmatrix}\begin{pmatrix}1.5\\13.5\end{pmatrix}=\begin{pmatrix}1.5425\\13.4575\end{pmatrix}.$$

所以，10 年后有 1.54 万人当教师，13.46 万人从事其他职业．

思考与练习 4.2

1. 将下列矩阵分解为乘积 $P\Lambda P^{-1}$，其中 Λ 为对角矩阵．

(1) $\begin{pmatrix}0 & 1\\1 & 0\end{pmatrix}$　　(2) $\begin{pmatrix}5 & 6\\-2 & -2\end{pmatrix}$

(3) $\begin{pmatrix}2 & -8\\1 & -4\end{pmatrix}$　　(4) $\begin{pmatrix}2 & 2 & 1\\0 & 1 & 2\\0 & 0 & -1\end{pmatrix}$

2. 设 $A=\begin{pmatrix}-3 & 12\\-2 & 7\end{pmatrix}$，且 $v_1=\begin{pmatrix}3\\1\end{pmatrix}$ 和 $v_2=\begin{pmatrix}2\\1\end{pmatrix}$ 是矩阵 A 的特征向量，求矩阵 P 使得 $P^{-1}AP$ 为对角形矩阵．

3. 判断下列命题的真伪,并说明理由.

(1)对于 n 阶方阵 $\boldsymbol{A}$ 与 $\boldsymbol{B}$,若 $\mathrm{tr}(\boldsymbol{A})=\mathrm{tr}(\boldsymbol{B})$,则 $\boldsymbol{A}\sim\boldsymbol{B}$;

(2)n 阶矩阵 $\boldsymbol{A}$ 可对角化的充分必要条件是 $\boldsymbol{A}$ 有 n 个特征值;

(3)若矩阵 $\boldsymbol{A}$ 与 $\boldsymbol{B}$ 有相同的特征值,则 $\boldsymbol{A}\sim\boldsymbol{B}$.

4. 设矩阵 $\boldsymbol{A}$ 与 $\boldsymbol{B}$ 相似于矩阵 $\boldsymbol{C}$,证明 $\boldsymbol{A}$ 与 $\boldsymbol{B}$ 相似.

5. 设 $\boldsymbol{A}\sim\boldsymbol{B}$,证明:当 $\boldsymbol{A}$ 可逆时,$\boldsymbol{B}$ 也可逆,且 $\boldsymbol{A}^{-1}\sim\boldsymbol{B}^{-1}$.

6. 设 $\boldsymbol{A}\sim\boldsymbol{B}$,$k$ 为任意实数,m 为正整数,证明:(1)$k\boldsymbol{A}\sim k\boldsymbol{B}$;(2)$\boldsymbol{A}^m\sim\boldsymbol{B}^m$.

7. 设 $\boldsymbol{A}=\begin{pmatrix}1&0&0\\0&0&1\\0&1&x\end{pmatrix}$ 与 $\boldsymbol{B}=\begin{pmatrix}1&0&0\\0&y&0\\0&0&-1\end{pmatrix}$ 相似,求参数 x 与 y 的值.

8. 下列矩阵是否与对角形矩阵相似?若相似,求出可逆矩阵 $\boldsymbol{P}$ 及对角阵 $\boldsymbol{\Lambda}$.

(1)$\begin{pmatrix}1&2\\3&2\end{pmatrix}$;　　(2)$\begin{pmatrix}1&2&2\\1&2&-1\\-1&1&4\end{pmatrix}$;

(3)$\begin{pmatrix}1&-3&3\\3&-5&3\\6&-6&4\end{pmatrix}$;　　(4)$\begin{pmatrix}-3&1&-1\\-7&5&-1\\-6&6&-2\end{pmatrix}$.

9. 设 $\boldsymbol{A}=\begin{pmatrix}4&-3\\2&-1\end{pmatrix}$,求 $\boldsymbol{A}^8$.

§4.3 实对称矩阵的对角化

由上一节我们知道,一个 n 阶矩阵 $\boldsymbol{A}$ 不一定可对角化,但实对称矩阵却一定可对角化. 在经济计量学等许多领域中经常会出现实对称矩阵,实对称矩阵这一性质对于简化问题有重要作用. 为了讨论实对称矩阵特征值和特征向量的性质,我们先介绍向量内积的概念.

4.3.1 向量的内积

1. 向量内积的概念与性质

定义 4.3.1 设 n 维向量 $\boldsymbol{\alpha}=(a_1\quad a_2\quad\cdots\quad a_n)$,$\boldsymbol{\beta}=(b_1\quad b_2\quad\cdots\quad b_n)$,称实数

$$a_1b_1+a_2b_2+\cdots+a_nb_n=\sum_{i=1}^{n}a_ib_i$$

为向量$\boldsymbol{\alpha}$和$\boldsymbol{\beta}$的**内积**(inner product),记作$(\boldsymbol{\alpha},\boldsymbol{\beta})$.

显然,两个n维行向量$\boldsymbol{\alpha}=(a_1\quad a_2\quad\cdots\quad a_n)$,$\boldsymbol{\beta}=(b_1\quad b_2\quad\cdots\quad b_n)$的内积为$(\boldsymbol{\alpha},\boldsymbol{\beta})=\boldsymbol{\alpha}\boldsymbol{\beta}^T$. 两个$n$维列向量$\boldsymbol{\alpha}=(a_1\quad a_2\quad\cdots\quad a_n)^T$,$\boldsymbol{\beta}=(b_1\quad b_2\quad\cdots\quad b_n)^T$的内积为$(\boldsymbol{\alpha},\boldsymbol{\beta})=\boldsymbol{\alpha}^T\boldsymbol{\beta}$.

例如,向量$\boldsymbol{\alpha}=(-1\quad -3\quad -2\quad 7)$,$\boldsymbol{\beta}=(4\quad -2\quad 1\quad 0)$的内积为:

$$(\boldsymbol{\alpha},\boldsymbol{\beta})=(-1)\times 4+(-3)\times(-2)+(-2)\times 1+7\times 0=0.$$

由定义4.3.1,容易证明,向量的内积运算具有如下性质:

(1) $(\boldsymbol{\alpha},\boldsymbol{\beta})=(\boldsymbol{\beta},\boldsymbol{\alpha})$;

(2) $(k\boldsymbol{\alpha},\boldsymbol{\beta})=k(\boldsymbol{\alpha},\boldsymbol{\beta})$;

(3) $(\boldsymbol{\alpha}+\boldsymbol{\beta},\boldsymbol{\gamma})=(\boldsymbol{\alpha},\boldsymbol{\gamma})+(\boldsymbol{\beta},\boldsymbol{\gamma})$;

(4) $(\boldsymbol{\alpha},\boldsymbol{\alpha})\geqslant 0$,且$(\boldsymbol{\alpha},\boldsymbol{\alpha})=0$的充分必要条件是$\boldsymbol{\alpha}=\boldsymbol{o}$.

其中,$\boldsymbol{\alpha},\boldsymbol{\beta},\boldsymbol{\gamma}$是任意$n$维向量,$k$是实数.

2. 向量的长度与性质

定义4.3.2　设n维向量$\boldsymbol{\alpha}=(a_1\quad a_2\quad\cdots\quad a_n)$,称实数

$$\sqrt{(\boldsymbol{\alpha},\boldsymbol{\alpha})}=\sqrt{a_1^2+a_2^2+\cdots+a_n^2}$$

为向量$\boldsymbol{\alpha}$的**长度**(length),也称为向量$\boldsymbol{\alpha}$的范数或模,记为$\|\boldsymbol{\alpha}\|$. 即

$$\|\boldsymbol{\alpha}\|=\sqrt{\sum_{i=1}^{n}a_i^2}.$$

例如,向量$\boldsymbol{\alpha}=(-3\quad 4)$的长度为$\|\boldsymbol{\alpha}\|=\sqrt{(\boldsymbol{\alpha},\boldsymbol{\alpha})}=\sqrt{(-3)^2+4^2}=5$.

从几何上看,如果我们将$\boldsymbol{\alpha}$与平面上的点$(-3,4)$相对应,那么$\|\boldsymbol{\alpha}\|$的值5和平面上原点到点$(-3,4)$的线段长度相等,即二维空间中向量$\boldsymbol{\alpha}$的长度$\|\boldsymbol{\alpha}\|$和通常意义下的长度概念是一致的.

向量长度具有以下性质:

(1) $\|\boldsymbol{\alpha}\|\geqslant 0$,当且仅当$\boldsymbol{\alpha}=\boldsymbol{o}$时,$\|\boldsymbol{\alpha}\|=0$.

(2) $\|k\boldsymbol{\alpha}\|=|k|\,\|\boldsymbol{\alpha}\|$　(k为实数).

(3) $|(\boldsymbol{\alpha},\boldsymbol{\beta})|\leqslant\|\boldsymbol{\alpha}\|\,\|\boldsymbol{\beta}\|$　(柯西①—施瓦兹②不等式).

---

① 柯西(A. L. Cauchy,1789~1857),法国数学家. 柯西的研究涉及数学的许多领域,他对力学、物理学和天文学也有研究,他的主要著作有《分析教程》、《无穷小数计算的讲义概要》、《几何分析原理讲义》,并有算术、数学、物理等方面的论文800余篇.

② 施瓦兹(H. A. Schwarz,1843~1921),德国数学家.

对于向量$\boldsymbol{\alpha}=(a_1 \quad a_2 \quad \cdots \quad a_n)$，$\boldsymbol{\beta}=(b_1 \quad b_2 \quad \cdots \quad b_n)$，上面的不等式可写为：

$$\left|\sum_{i=1}^{n} a_i b_i\right| \leqslant \sqrt{\sum_{i=1}^{n} a_i^2} \cdot \sqrt{\sum_{i=1}^{n} b_i^2}.$$

(4) $\|\boldsymbol{\alpha}+\boldsymbol{\beta}\| \leqslant \|\boldsymbol{\alpha}\|+\|\boldsymbol{\beta}\|$ （三角不等式）.

长度为1的向量称为**单位向量**．显然，对于任一非零向量$\boldsymbol{\alpha}$，向量

$$\frac{1}{\|\boldsymbol{\alpha}\|}\boldsymbol{\alpha}$$

是一个单位向量．

对于非零向量$\boldsymbol{\alpha}$，用$\boldsymbol{\alpha}$的长度的倒数乘以向量$\boldsymbol{\alpha}$，就得到一个单位向量，我们把这一过程称为把向量$\boldsymbol{\alpha}$单位化．

3. 正交向量组

由柯西—施瓦兹不等式可知，当$\boldsymbol{\alpha}\neq\boldsymbol{o}$，$\boldsymbol{\beta}\neq\boldsymbol{o}$时，有

$$-1 \leqslant \frac{(\boldsymbol{\alpha},\boldsymbol{\beta})}{\|\boldsymbol{\alpha}\|\ \|\boldsymbol{\beta}\|} \leqslant 1.$$

于是，定义向量$\boldsymbol{\alpha}$与$\boldsymbol{\beta}$的夹角θ的余弦为：

$$\cos\theta=\frac{(\boldsymbol{\alpha},\boldsymbol{\beta})}{\|\boldsymbol{\alpha}\|\ \|\boldsymbol{\beta}\|}.$$

因此，夹角$\theta=\arccos\dfrac{(\boldsymbol{\alpha},\boldsymbol{\beta})}{\|\boldsymbol{\alpha}\|\ \|\boldsymbol{\beta}\|}$，$0\leqslant\theta\leqslant\pi$.

当$\boldsymbol{\alpha}=\boldsymbol{o}$或$\boldsymbol{\beta}=\boldsymbol{o}$时，规定其夹角为$\dfrac{\pi}{2}$.

例1 求向量$\boldsymbol{\alpha}=(1 \quad 0 \quad -1 \quad 0 \quad 2)$，$\boldsymbol{\beta}=(0 \quad 1 \quad 2 \quad 4 \quad 1)$的夹角$\theta$.

解 因为$(\boldsymbol{\alpha},\boldsymbol{\beta})=1\times0+0\times1+(-1)\times2+0\times4+2\times1=0$，所以$\cos\theta=\dfrac{(\boldsymbol{\alpha},\boldsymbol{\beta})}{\|\boldsymbol{\alpha}\|\ \|\boldsymbol{\beta}\|}=0$，故$\theta=\dfrac{\pi}{2}$.

当两个向量$\boldsymbol{\alpha}$与$\boldsymbol{\beta}$的夹角是$\dfrac{\pi}{2}$时，很自然地称$\boldsymbol{\alpha}$与$\boldsymbol{\beta}$正交或垂直，此时$(\boldsymbol{\alpha},\boldsymbol{\beta})=0$. 一般地，我们有以下定义．

定义4.3.3 设$\boldsymbol{\alpha}$，$\boldsymbol{\beta}$是任意两个向量，若$(\boldsymbol{\alpha},\boldsymbol{\beta})=0$，则称$\boldsymbol{\alpha}$与$\boldsymbol{\beta}$**正交或垂直**，记作$\boldsymbol{\alpha}\perp\boldsymbol{\beta}$.

显然，零向量与任意向量正交．又n维初始单位向量组

$$\boldsymbol{\varepsilon}_1=(1 \quad 0 \quad \cdots \quad 0),$$

$$\boldsymbol{\varepsilon}_2=(0\quad 1\quad \cdots\quad 0),$$

$$\cdots\cdots$$

$$\boldsymbol{\varepsilon}_n=(0\quad 0\quad \cdots\quad 1)$$

中任意两个向量 $\boldsymbol{\varepsilon}_i$ 与 $\boldsymbol{\varepsilon}_j(i\neq j)$ 都正交，称其两两正交．

例 2 设向量 $\boldsymbol{\alpha}$ 与 $\boldsymbol{\beta}$ 正交，证明 $\|\boldsymbol{\alpha}+\boldsymbol{\beta}\|^2=\|\boldsymbol{\alpha}\|^2+\|\boldsymbol{\beta}\|^2$.

事实上，由于

$$\|\boldsymbol{\alpha}+\boldsymbol{\beta}\|^2=(\boldsymbol{\alpha}+\boldsymbol{\beta},\boldsymbol{\alpha}+\boldsymbol{\beta})=(\boldsymbol{\alpha},\boldsymbol{\alpha})+(\boldsymbol{\beta},\boldsymbol{\beta})+2(\boldsymbol{\alpha},\boldsymbol{\beta}),$$

而 $(\boldsymbol{\alpha},\boldsymbol{\beta})=0$，所以 $\|\boldsymbol{\alpha}+\boldsymbol{\beta}\|^2=\|\boldsymbol{\alpha}\|^2+\|\boldsymbol{\beta}\|^2$.

定义 4.3.4 如果 n 维向量组 $\boldsymbol{\alpha}_1,\boldsymbol{\alpha}_2,\cdots,\boldsymbol{\alpha}_s$ 中任意两个向量都正交，且 $\boldsymbol{\alpha}_j\neq\boldsymbol{o}(j=1,2,\cdots,s)$，则称 $\boldsymbol{\alpha}_1,\boldsymbol{\alpha}_2,\cdots,\boldsymbol{\alpha}_s$ 是**正交向量组**．由一个非零向量组成的向量组也是正交向量组．如果正交向量组中每一个向量都是单位向量，则称其为**单位正交向量组或标准正交向量组**．

例如，n 维初始单位向量组 $\boldsymbol{\varepsilon}_1,\boldsymbol{\varepsilon}_2,\cdots,\boldsymbol{\varepsilon}_n$ 是标准正交向量组．又如，向量组 $\boldsymbol{\alpha}_1=(0\quad 1\quad 0)$，$\boldsymbol{\alpha}_2=\left(\frac{1}{\sqrt{2}}\quad 0\quad \frac{1}{\sqrt{2}}\right)$，$\boldsymbol{\alpha}_3=\left(\frac{1}{\sqrt{2}}\quad 0\quad -\frac{1}{\sqrt{2}}\right)$ 是标准正交向量组．

由内积的性质易得：若 $\boldsymbol{\alpha}_1,\boldsymbol{\alpha}_2,\cdots,\boldsymbol{\alpha}_s$ 是正交向量组，则将每一个向量单位化后得向量组 $\boldsymbol{\beta}_1,\boldsymbol{\beta}_2,\cdots,\boldsymbol{\beta}_s$ 是标准正交向量组，其中 $\boldsymbol{\beta}_i=\frac{1}{\|\boldsymbol{\alpha}_i\|}\boldsymbol{\alpha}_i(i=1,2,\cdots,s)$.

正交向量组有下面一个重要性质．

定理 4.3.1 正交向量组是线性无关的向量组．

证 设 $\boldsymbol{\alpha}_1,\boldsymbol{\alpha}_2,\cdots,\boldsymbol{\alpha}_s$ 是正交向量组．令

$$k_1\boldsymbol{\alpha}_1+k_2\boldsymbol{\alpha}_2+\cdots+k_s\boldsymbol{\alpha}_s=\boldsymbol{o}$$

用 $\boldsymbol{\alpha}_i$ 与上式两边作内积，并注意到 $(\boldsymbol{\alpha}_i,\boldsymbol{\alpha}_j)=0(i\neq j)$，得

$$k_i(\boldsymbol{\alpha}_i,\boldsymbol{\alpha}_i)=0$$

由于 $\boldsymbol{\alpha}_i\neq\boldsymbol{o}$，从而 $(\boldsymbol{\alpha}_i,\boldsymbol{\alpha}_i)>0$，所以 $k_i=0(i=1,2,\cdots,s)$．即 $\boldsymbol{\alpha}_1,\boldsymbol{\alpha}_2,\cdots,\boldsymbol{\alpha}_s$ 线性无关．

定理 4.3.1 的逆命题不成立，即线性无关的向量组未必是正交向量组．然而，对于任一线性无关的向量组，我们可以求出一个与它等价的正交向量组．

定理 4.3.2 设 $\boldsymbol{\alpha}_1,\boldsymbol{\alpha}_2,\cdots,\boldsymbol{\alpha}_m$ 是 n 维线性无关向量组，则存在一个正交向量组 $\boldsymbol{\beta}_1,\boldsymbol{\beta}_2,\cdots,\boldsymbol{\beta}_m$，使得 $\boldsymbol{\beta}_1,\boldsymbol{\beta}_2,\cdots,\boldsymbol{\beta}_m$ 与 $\boldsymbol{\alpha}_1,\boldsymbol{\alpha}_2,\cdots,\boldsymbol{\alpha}_m$ 等价．

证 令 $\boldsymbol{\beta}_1=\boldsymbol{\alpha}_1$， (1)

$$\boldsymbol{\beta}_2=\boldsymbol{\alpha}_2-\frac{(\boldsymbol{\alpha}_2,\boldsymbol{\beta}_1)}{(\boldsymbol{\beta}_1,\boldsymbol{\beta}_1)}\boldsymbol{\beta}_1, \tag{2}$$

$$\boldsymbol{\beta}_3=\boldsymbol{\alpha}_3-\frac{(\boldsymbol{\alpha}_3,\boldsymbol{\beta}_1)}{(\boldsymbol{\beta}_1,\boldsymbol{\beta}_1)}\boldsymbol{\beta}_1-\frac{(\boldsymbol{\alpha}_3,\boldsymbol{\beta}_2)}{(\boldsymbol{\beta}_2,\boldsymbol{\beta}_2)}\boldsymbol{\beta}_2, \tag{3}$$

…………………………

$$\boldsymbol{\beta}_m=\boldsymbol{\alpha}_m-\frac{(\boldsymbol{\alpha}_m,\boldsymbol{\beta}_1)}{(\boldsymbol{\beta}_1,\boldsymbol{\beta}_1)}\boldsymbol{\beta}_1-\frac{(\boldsymbol{\alpha}_m,\boldsymbol{\beta}_2)}{(\boldsymbol{\beta}_2,\boldsymbol{\beta}_2)}\boldsymbol{\beta}_2-\cdots-\frac{(\boldsymbol{\alpha}_m,\boldsymbol{\beta}_{m-1})}{(\boldsymbol{\beta}_{m-1},\boldsymbol{\beta}_{m-1})}\boldsymbol{\beta}_{m-1}. \tag{m}$$

由上面各式易见,向量组 $\boldsymbol{\alpha}_1,\boldsymbol{\alpha}_2,\cdots,\boldsymbol{\alpha}_m$ 可以由 $\boldsymbol{\beta}_1,\boldsymbol{\beta}_2,\cdots,\boldsymbol{\beta}_m$ 线性表示. 另一方面,由(1)式可知,$\boldsymbol{\beta}_1$ 可由 $\boldsymbol{\alpha}_1$ 线性表示;将(1)式代入(2)式,得 $\boldsymbol{\beta}_2$ 可由 $\boldsymbol{\alpha}_1,\boldsymbol{\alpha}_2$ 线性表示;把上面所得各线性表示式代入(3)式可得,$\boldsymbol{\beta}_3$ 可由 $\boldsymbol{\alpha}_1,\boldsymbol{\alpha}_2,\boldsymbol{\alpha}_3$ 线性表示;如此这样做下去,可得 $\boldsymbol{\beta}_k(4\leqslant k\leqslant m)$ 可由 $\boldsymbol{\alpha}_1,\boldsymbol{\alpha}_2,\cdots,\boldsymbol{\alpha}_k$ 线性表示,故向量组 $\boldsymbol{\beta}_1,\boldsymbol{\beta}_2,\cdots,\boldsymbol{\beta}_m$ 与 $\boldsymbol{\alpha}_1,\boldsymbol{\alpha}_2,\cdots,\boldsymbol{\alpha}_m$ 等价.

因为 $\boldsymbol{\alpha}_1,\boldsymbol{\alpha}_2,\cdots,\boldsymbol{\alpha}_m$ 线性无关,所以 $\boldsymbol{\beta}_1,\boldsymbol{\beta}_2,\cdots,\boldsymbol{\beta}_m$ 也线性无关,从而 $\boldsymbol{\beta}_k\neq\boldsymbol{o}(k=1,2,\cdots,m)$. 直接验证可知,向量组 $\boldsymbol{\beta}_1,\boldsymbol{\beta}_2,\cdots,\boldsymbol{\beta}_m$ 两两正交,因此,$\boldsymbol{\beta}_1,\boldsymbol{\beta}_2,\cdots,\boldsymbol{\beta}_m$ 为正交向量组.

定理 4.3.2 告诉我们,对给定的线性无关向量组 $\boldsymbol{\alpha}_1,\boldsymbol{\alpha}_2,\cdots,\boldsymbol{\alpha}_m$,按照(1)式到($m$)式就得到一正交向量组 $\boldsymbol{\beta}_1,\boldsymbol{\beta}_2,\cdots,\boldsymbol{\beta}_m$. 这个方法称为**施密特**[①]**正交化方法**. 对于正交向量组 $\boldsymbol{\beta}_1,\boldsymbol{\beta}_2,\cdots,\boldsymbol{\beta}_m$,再令 $\boldsymbol{\eta}_i=\frac{1}{\|\boldsymbol{\beta}_i\|}\boldsymbol{\beta}_i(i=1,2,\cdots,m)$ 便得到标准正交向量组 $\boldsymbol{\eta}_1,\boldsymbol{\eta}_2,\cdots,\boldsymbol{\eta}_m$.

例 3 设线性无关向量组 $\boldsymbol{\alpha}_1=(1\ \ 1\ \ 1\ \ 1)$,$\boldsymbol{\alpha}_2=(3\ \ 3\ \ -1\ \ -1)$,$\boldsymbol{\alpha}_3=(-2\ \ 0\ \ 6\ \ 8)$,用施密特正交化方法求与其等价的正交向量组.

解 令 $\boldsymbol{\beta}_1=\boldsymbol{\alpha}_1=(1\ \ 1\ \ 1\ \ 1)$,

$$\begin{aligned}\boldsymbol{\beta}_2&=\boldsymbol{\alpha}_2-\frac{(\boldsymbol{\alpha}_2,\boldsymbol{\beta}_1)}{(\boldsymbol{\beta}_1,\boldsymbol{\beta}_1)}\boldsymbol{\beta}_1\\&=(3\ \ 3\ \ -1\ \ -1)-\frac{4}{4}(1\ \ 1\ \ 1\ \ 1)\\&=(2\ \ 2\ \ -2\ \ -2),\end{aligned}$$

$$\begin{aligned}\boldsymbol{\beta}_3&=\boldsymbol{\alpha}_3-\frac{(\boldsymbol{\alpha}_3,\boldsymbol{\beta}_1)}{(\boldsymbol{\beta}_1,\boldsymbol{\beta}_1)}\boldsymbol{\beta}_1-\frac{(\boldsymbol{\alpha}_3,\boldsymbol{\beta}_2)}{(\boldsymbol{\beta}_2,\boldsymbol{\beta}_2)}\boldsymbol{\beta}_2\\&=(-2\ \ 0\ \ 6\ \ 8)-\frac{12}{4}(1\ \ 1\ \ 1\ \ 1)+\frac{32}{16}(2\ \ 2\ \ -2\ \ -2)\\&=(-1\ \ 1\ \ -1\ \ 1),\end{aligned}$$

① 施密特(E. Schmidt,1876~1959),德国数学家. 施密特是现代泛函分析理论的创始人之一,他的主要贡献是建立积分方程和希尔伯特空间理论,化简和扩展了希尔伯特积分方程中的许多结果.

则所求正交向量组为$\boldsymbol{\beta}_1=(1\quad 1\quad 1\quad 1)$,$\boldsymbol{\beta}_2=(2\quad 2\quad -2\quad -2)$,$\boldsymbol{\beta}_3=(-1\quad 1\quad -1\quad 1)$.

例 4　将向量组$\boldsymbol{\alpha}_1=(1\quad 1\quad 0)$,$\boldsymbol{\alpha}_2=(1\quad -2\quad 0)$,$\boldsymbol{\alpha}_3=(1\quad 0\quad 1)$正交标准化.

解　令$\boldsymbol{\beta}_1=\boldsymbol{\alpha}_1=(1\quad 1\quad 0)$,

$$\boldsymbol{\beta}_2=\boldsymbol{\alpha}_2-\frac{(\boldsymbol{\alpha}_2,\boldsymbol{\beta}_1)}{(\boldsymbol{\beta}_1,\boldsymbol{\beta}_1)}\boldsymbol{\beta}_1$$

$$=(1\quad -2\quad 0)-\frac{-1}{2}(1\quad 1\quad 0)=\left(\frac{3}{2}\quad -\frac{3}{2}\quad 0\right),$$

$$\boldsymbol{\beta}_3=\boldsymbol{\alpha}_3-\frac{(\boldsymbol{\alpha}_3,\boldsymbol{\beta}_1)}{(\boldsymbol{\beta}_1,\boldsymbol{\beta}_1)}\boldsymbol{\beta}_1-\frac{(\boldsymbol{\alpha}_3,\boldsymbol{\beta}_2)}{(\boldsymbol{\beta}_2\quad \boldsymbol{\beta}_2)}\boldsymbol{\beta}_2$$

$$=(1\quad 0\quad 1)-\frac{1}{2}(1\quad 1\quad 0)+\frac{\frac{3}{2}}{\frac{9}{2}}\left(\frac{3}{2}\quad -\frac{3}{2}\quad 0\right)$$

$$=(0\quad 0\quad 1),$$

则得正交向量组$\boldsymbol{\beta}_1,\boldsymbol{\beta}_2,\boldsymbol{\beta}_3$,将其单位化,得

$$\boldsymbol{\eta}_1=\frac{1}{\|\boldsymbol{\beta}_1\|}\boldsymbol{\beta}_1=\frac{1}{\sqrt{2}}(1\quad 1\quad 0)=\left(\frac{1}{\sqrt{2}}\quad \frac{1}{\sqrt{2}}\quad 0\right),$$

$$\boldsymbol{\eta}_2=\frac{1}{\|\boldsymbol{\beta}_2\|}\boldsymbol{\beta}_2=\frac{1}{\frac{3\sqrt{2}}{2}}\left(\frac{3}{2}\quad -\frac{3}{2}\quad 0\right)=\left(\frac{1}{\sqrt{2}}\quad -\frac{1}{\sqrt{2}}\quad 0\right),$$

$$\boldsymbol{\eta}_3=\frac{1}{\|\boldsymbol{\beta}_3\|}\boldsymbol{\beta}_3=(0\quad 0\quad 1).$$

即$\boldsymbol{\eta}_1,\boldsymbol{\eta}_2,\boldsymbol{\eta}_3$是一个标准正交向量组.

4. 正交矩阵

定义 4.3.5　若 n 阶实方阵 $\boldsymbol{A}$ 满足 $\boldsymbol{A}\boldsymbol{A}^T=\boldsymbol{I}$,则称 $\boldsymbol{A}$ 为**正交矩阵**(orthogonal matrix).

例如,$\begin{pmatrix}1 & 0\\ 0 & 1\end{pmatrix}$,$\begin{pmatrix}\cos\theta & -\sin\theta\\ \sin\theta & \cos\theta\end{pmatrix}$,$\begin{pmatrix}1 & 0 & 0\\ 0 & \frac{1}{\sqrt{2}} & -\frac{1}{\sqrt{2}}\\ 0 & \frac{1}{\sqrt{2}} & \frac{1}{\sqrt{2}}\end{pmatrix}$都是正交矩阵.

正交矩阵具有下列性质：

(1)若 A 是正交矩阵,则 $|A|=1$ 或 -1.

(2)若 A 是正交矩阵,则 $A^{-1}=A^T$.

(3)若 A 为正交矩阵,则 A^T(或 A^{-1})也是正交矩阵.

(4)若 A、B 为同阶正交矩阵,则 AB 也是正交矩阵.

(5)若 A 是 n 阶正交矩阵,α,β 是 n 维列向量,则$(A\alpha,A\beta)=(\alpha,\beta)$.

性质(1) ~ 性质(4)的证明是显然的. 对于性质(5),因为$(A\alpha,A\beta)=(A\alpha)^TA\beta=\alpha^TA^TA\beta$,而 $A^TA=I$,所以$(A\alpha,A\beta)=\alpha^TI\beta=\alpha^T\beta=(\alpha,\beta)$.

特别地,若 $\alpha=\beta$,则 $\|A\alpha\|^2=\|\alpha\|^2$. 因此,$\|A\alpha\|=\|\alpha\|$,即向量 α 乘以一个正交矩阵后仍保持长度不变.

关于标准正交向量组与正交矩阵有下面定理.

定理 4.3.3 n 阶实方阵 A 是正交矩阵的充分必要条件是其列(行)向量组是标准正交向量组.

证 设 $\alpha_1,\alpha_2,\cdots,\alpha_n$ 是 A 的列向量组,即 $A=(\alpha_1\quad\alpha_2\quad\cdots\quad\alpha_n)$,则

$$A^TA=\begin{pmatrix}\alpha_1^T\\ \alpha_2^T\\ \cdots\\ \alpha_n^T\end{pmatrix}(\alpha_1\quad\alpha_2\quad\cdots\quad\alpha_n)=\begin{pmatrix}\alpha_1^T\alpha_1 & \alpha_1^T\alpha_2 & \cdots & \alpha_1^T\alpha_n\\ \alpha_2^T\alpha_1 & \alpha_2^T\alpha_2 & \cdots & \alpha_2^T\alpha_n\\ \cdots & \cdots & \cdots & \cdots\\ \alpha_n^T\alpha_1 & \alpha_n^T\alpha_2 & \cdots & \alpha_n^T\alpha_n\end{pmatrix}$$

$$=\begin{pmatrix}(\alpha_1,\alpha_1) & (\alpha_1,\alpha_2) & \cdots & (\alpha_1,\alpha_n)\\ (\alpha_2,\alpha_1) & (\alpha_2,\alpha_2) & \cdots & (\alpha_2,\alpha_n)\\ \cdots & \cdots & \cdots & \cdots\\ (\alpha_n,\alpha_1) & (\alpha_n,\alpha_2) & \cdots & (\alpha_n,\alpha_n)\end{pmatrix}. \qquad (*)$$

充分性:若 $\alpha_1,\alpha_2,\cdots,\alpha_n$ 是标准正交向量组,则

$$(\alpha_i,\alpha_j)=\begin{cases}1, & i=j;\\ 0, & i\neq j.\end{cases}$$

代入到(*)式中,得 $A^TA=I$,所以 A 是正交矩阵.

必要性:若 A 是正交矩阵,即 $A^TA=I$. 由(*)式,得

$$(\alpha_i,\alpha_j)=\begin{cases}1, & i=j;\\ 0, & i\neq j.\end{cases}$$

即 $\alpha_1,\alpha_2,\cdots,\alpha_n$ 是标准正交向量组.

类似可证,A 为正交矩阵的充分必要条件是其行向量组是标准正交向量组.

4.3.2　实对称矩阵的对角化

实对称矩阵的特征值、特征向量具有许多特殊的性质.

定理 4.3.4　n 阶实对称矩阵 $\boldsymbol{A}$ 有 n 个实特征值,且其特征向量是实向量.

证明从略.

定理 4.3.5　实对称矩阵 $\boldsymbol{A}$ 的属于不同特征值的特征向量必正交.

证　设 λ_1,λ_2 是 n 阶实对称矩阵 $\boldsymbol{A}$ 的两个特征值,且 $\lambda_1 \neq \lambda_2$,$\boldsymbol{x}_1,\boldsymbol{x}_2$ 分别是属于 λ_1,λ_2 的特征向量,于是

$$\boldsymbol{A}\boldsymbol{x}_1=\lambda_1\boldsymbol{x}_1,\boldsymbol{A}\boldsymbol{x}_2=\lambda_2\boldsymbol{x}_2 \quad (\boldsymbol{x}_1\neq\boldsymbol{o},\boldsymbol{x}_2\neq\boldsymbol{o}).$$

因为

$$(\boldsymbol{A}\boldsymbol{x}_1,\boldsymbol{x}_2)=(\lambda_1\boldsymbol{x}_1,\boldsymbol{x}_2)=\lambda_1(\boldsymbol{x}_1,\boldsymbol{x}_2), \tag{1}$$

又

$$(\boldsymbol{A}\boldsymbol{x}_1,\boldsymbol{x}_2)=(\boldsymbol{A}\boldsymbol{x}_1)^T\boldsymbol{x}_2=\boldsymbol{x}_1{}^T\boldsymbol{A}^T\boldsymbol{x}_2=\boldsymbol{x}_1{}^T\boldsymbol{A}\boldsymbol{x}_2=\lambda_2\boldsymbol{x}_1{}^T\boldsymbol{x}_2=\lambda_2(\boldsymbol{x}_1,\boldsymbol{x}_2) \tag{2}$$

比较(1)式、(2)式两式,得

$$\lambda_1(\boldsymbol{x}_1,\boldsymbol{x}_2)=\lambda_2(\boldsymbol{x}_1,\boldsymbol{x}_2),$$
$$(\lambda_1-\lambda_2)(\boldsymbol{x}_1,\boldsymbol{x}_2)=0.$$

由于 $\lambda_1\neq\lambda_2$,所以$(\boldsymbol{x}_1,\boldsymbol{x}_2)=0$,即 $\boldsymbol{x}_1$ 与 $\boldsymbol{x}_2$ 正交.

定理 4.3.6　n 阶实对称矩阵 $\boldsymbol{A}$ 的每一个 n_i 重特征值 λ_i,特征矩阵 $\lambda_i\boldsymbol{I}-\boldsymbol{A}$ 的秩为 $n-n_i$.

证明从略.

根据定理 4.3.6 及定理 4.2.2 的推论 2 可知,任一 n 阶实对称矩阵 $\boldsymbol{A}$ 一定相似于对角形矩阵.

定义 4.3.6　设 $\boldsymbol{A},\boldsymbol{B}$ 为两个 n 阶方阵,如果存在一个正交矩阵 $\boldsymbol{P}$,使得

$$\boldsymbol{P}^{-1}\boldsymbol{A}\boldsymbol{P}=\boldsymbol{B},$$

则称矩阵 $\boldsymbol{A}$ 与 $\boldsymbol{B}$ **正交相似**.

注意到 $\boldsymbol{P}$ 是正交矩阵,有 $\boldsymbol{P}^{-1}=\boldsymbol{P}^T$,于是上式可改为 $\boldsymbol{P}^T\boldsymbol{A}\boldsymbol{P}=\boldsymbol{B}$. 又$(\boldsymbol{P}^T\boldsymbol{A}\boldsymbol{P})^T=\boldsymbol{P}^T\boldsymbol{A}^T\boldsymbol{P}=\boldsymbol{B}^T$,因此,若 $\boldsymbol{A}$ 是对称矩阵,则 $\boldsymbol{B}$ 也是对称矩阵.

定理 4.3.7　实对称矩阵与对角形矩阵正交相似.

证　设 $\boldsymbol{A}$ 为 n 阶实对称矩阵,$\lambda_1,\lambda_2,\cdots,\lambda_m$ 为 $\boldsymbol{A}$ 的全部互异特征值,其中 $\lambda_i(i=1,2,\cdots,m)$的重数为 n_i,则 $\sum\limits_{i=1}^{m} n_i=n$.

对于 $\boldsymbol{A}$ 的 n_i 重特征值 λ_i,由定理 4.3.6 可求得齐次线性方程组$(\lambda_i\boldsymbol{I}-\boldsymbol{A})\boldsymbol{x}=$

$\boldsymbol{o}$ 的基础解系即 $\boldsymbol{A}$ 的属于 λ_i 的特征向量组的极大线性无关组 $\boldsymbol{\alpha}_{i1},\boldsymbol{\alpha}_{i2},\cdots,\boldsymbol{\alpha}_{in_i}(i=1,2,\cdots,m)$.

利用施密特正交化方法,将向量组 $\boldsymbol{\alpha}_{i1},\boldsymbol{\alpha}_{i2},\cdots,\boldsymbol{\alpha}_{in_i}$ 正交化,得到等价的正交向量组 $\boldsymbol{\beta}_{i1},\boldsymbol{\beta}_{i2},\cdots,\boldsymbol{\beta}_{in_i}(i=1,2,\cdots,m)$,再单位化,得标准正交向量组 $\boldsymbol{\eta}_{i1},\boldsymbol{\eta}_{i2},\cdots,\boldsymbol{\eta}_{in_i}(i=1,2,\cdots,m)$,由 4.1.1 中的例 4 可知,标准正交向量组 $\boldsymbol{\eta}_{i1},\boldsymbol{\eta}_{i2},\cdots,\boldsymbol{\eta}_{in_i}$ 是 $\boldsymbol{A}$ 的属于 λ_i 的特征向量组. 再根据定理 4.1.3 的推论及定理 4.3.5 可知,$\boldsymbol{\eta}_{11},\boldsymbol{\eta}_{12},\cdots,\boldsymbol{\eta}_{1n_1},\boldsymbol{\eta}_{21},\cdots,\boldsymbol{\eta}_{2n_2},\cdots,\boldsymbol{\eta}_{m1},\cdots,\boldsymbol{\eta}_{mn_m}$ 是 $\boldsymbol{A}$ 的含 n 个向量的标准正交特征向量组.

令 $\boldsymbol{Q}=(\boldsymbol{\eta}_{11}\quad \boldsymbol{\eta}_{12}\quad \cdots\quad \boldsymbol{\eta}_{1n_1}\quad \boldsymbol{\eta}_{21}\quad \cdots\quad \boldsymbol{\eta}_{2n_2}\quad \cdots\quad \boldsymbol{\eta}_{m1}\quad \cdots\quad \boldsymbol{\eta}_{mn_m})$,则矩阵 $\boldsymbol{Q}$ 为正交矩阵,且 $\boldsymbol{Q}^{-1}\boldsymbol{A}\boldsymbol{Q}=\boldsymbol{\Lambda}$,其中 $\boldsymbol{\Lambda}=\operatorname{diag}(\overbrace{\lambda_1,\cdots,\lambda_1}^{n_1\text{ 个}},\overbrace{\lambda_2,\cdots,\lambda_2}^{n_2\text{ 个}},\cdots,\overbrace{\lambda_m,\cdots,\lambda_m}^{n_m\text{ 个}})$.

例 1 设矩阵 $\boldsymbol{A}=\begin{pmatrix}4&2&2\\2&4&2\\2&2&4\end{pmatrix}$,求正交矩阵 $\boldsymbol{P}$,使 $\boldsymbol{P}^{-1}\boldsymbol{A}\boldsymbol{P}$ 为对角形矩阵,并写出对角形矩阵 $\boldsymbol{\Lambda}$.

解 由 $|\lambda\boldsymbol{I}-\boldsymbol{A}|=\begin{vmatrix}\lambda-4&-2&-2\\-2&\lambda-4&-2\\-2&-2&\lambda-4\end{vmatrix}=(\lambda-8)(\lambda-2)^2$,得 $\boldsymbol{A}$ 的特征值 $\lambda_1=8,\lambda_2=2$(二重).

将 $\lambda_1=8$ 代入方程组 $(\lambda_1\boldsymbol{I}-\boldsymbol{A})\boldsymbol{x}=\boldsymbol{o}$,求得属于 $\lambda_1=8$ 的一个特征向量为 $\begin{pmatrix}1\\1\\1\end{pmatrix}$,单位化,得 $\boldsymbol{\alpha}_1=\begin{pmatrix}\frac{1}{\sqrt{3}}\\\frac{1}{\sqrt{3}}\\\frac{1}{\sqrt{3}}\end{pmatrix}$.

将 $\lambda_2=2$ 代入方程组 $(\lambda_2\boldsymbol{I}-\boldsymbol{A})\boldsymbol{x}=\boldsymbol{o}$,求得属于 $\lambda_2=2$ 的一个线性无关特征向量组为 $\begin{pmatrix}-1\\1\\0\end{pmatrix},\begin{pmatrix}-1\\0\\1\end{pmatrix}$. 利用施密特正交化方法将其正交化,得 $\begin{pmatrix}-1\\1\\0\end{pmatrix},\begin{pmatrix}-\frac{1}{2}\\-\frac{1}{2}\\1\end{pmatrix}$;再单

位化，得属于 $\lambda_2=2$ 的标准正交特征向量组为：

$$\boldsymbol{\alpha}_2=\begin{pmatrix}-\frac{1}{\sqrt{2}}\\ \frac{1}{\sqrt{2}}\\ 0\end{pmatrix},\boldsymbol{\alpha}_3=\begin{pmatrix}-\frac{1}{\sqrt{6}}\\ -\frac{1}{\sqrt{6}}\\ \frac{2}{\sqrt{6}}\end{pmatrix}.$$

令

$$\boldsymbol{P}=(\boldsymbol{\alpha}_1\ \boldsymbol{\alpha}_2\ \boldsymbol{\alpha}_3)=\begin{pmatrix}\frac{1}{\sqrt{3}} & -\frac{1}{\sqrt{2}} & -\frac{1}{\sqrt{6}}\\ \frac{1}{\sqrt{3}} & \frac{1}{\sqrt{2}} & -\frac{1}{\sqrt{6}}\\ \frac{1}{\sqrt{3}} & 0 & \frac{2}{\sqrt{6}}\end{pmatrix},$$

则 $\boldsymbol{P}^{-1}\boldsymbol{A}\boldsymbol{P}=\boldsymbol{\Lambda}=\begin{pmatrix}8&0&0\\0&2&0\\0&0&2\end{pmatrix}$.

例 2 设 $\boldsymbol{A}=\begin{pmatrix}1&-2&0\\-2&2&-2\\0&-2&3\end{pmatrix}$，求正交矩阵 $\boldsymbol{P}$，使 $\boldsymbol{A}$ 正交相似于对角矩阵 $\boldsymbol{\Lambda}$.

解 由 $|\lambda\boldsymbol{I}-\boldsymbol{A}|=\begin{vmatrix}\lambda-1&2&0\\2&\lambda-2&2\\0&2&\lambda-3\end{vmatrix}=(\lambda+1)(\lambda-2)(\lambda-5)$，得 $\boldsymbol{A}$ 的特征值为 $\lambda_1=-1,\lambda_2=2,\lambda_3=5$.

当 $\lambda_1=-1$ 时，解方程组 $(-\boldsymbol{I}-\boldsymbol{A})\boldsymbol{x}=\boldsymbol{o}$，得基础解系为 $\boldsymbol{x}_1=\begin{pmatrix}2\\2\\1\end{pmatrix}$；

当 $\lambda_2=2$ 时，解方程组 $(2\boldsymbol{I}-\boldsymbol{A})\boldsymbol{x}=\boldsymbol{o}$，得基础解系为 $\boldsymbol{x}_2=\begin{pmatrix}2\\-1\\-2\end{pmatrix}$；

当 $\lambda_3=5$ 时，解方程组 $(5\boldsymbol{I}-\boldsymbol{A})\boldsymbol{x}=\boldsymbol{o}$，得基础解系为 $\boldsymbol{x}_3=\begin{pmatrix}1\\-2\\2\end{pmatrix}$.

由定理 4.3.5 可知,x_1,x_2,x_3 是 A 的正交特征向量组. 单位化,得

$$\boldsymbol{\alpha}_1=\frac{1}{\|\boldsymbol{x}_1\|}\boldsymbol{x}_1=\begin{pmatrix}\frac{2}{3}\\\frac{2}{3}\\\frac{1}{3}\end{pmatrix},\boldsymbol{\alpha}_2=\frac{1}{\|\boldsymbol{x}_2\|}\boldsymbol{x}_2=\begin{pmatrix}\frac{2}{3}\\-\frac{1}{3}\\-\frac{2}{3}\end{pmatrix},\boldsymbol{\alpha}_3=\frac{1}{\|\boldsymbol{x}_3\|}\boldsymbol{x}_3=\begin{pmatrix}\frac{1}{3}\\-\frac{2}{3}\\\frac{2}{3}\end{pmatrix}.$$

令

$$\boldsymbol{P}=(\boldsymbol{\alpha}_1\ \boldsymbol{\alpha}_2\ \boldsymbol{\alpha}_3)=\begin{pmatrix}\frac{2}{3}&\frac{2}{3}&\frac{1}{3}\\\frac{2}{3}&-\frac{1}{3}&-\frac{2}{3}\\\frac{1}{3}&-\frac{2}{3}&\frac{2}{3}\end{pmatrix},$$

则

$$\boldsymbol{P}^{-1}\boldsymbol{A}\boldsymbol{P}=\boldsymbol{\Lambda}=\begin{pmatrix}-1&0&0\\0&2&0\\0&0&5\end{pmatrix}.$$

思考与练习 4.3

1. 将下列向量单位化.

(1) $\begin{pmatrix}-3\\4\end{pmatrix}$;　　(2) $\begin{pmatrix}\frac{8}{3}\\2\end{pmatrix}$;

(3) $\begin{pmatrix}-6\\4\\-3\end{pmatrix}$;　　(4) $\begin{pmatrix}\frac{7}{4}\\\frac{1}{2}\\1\end{pmatrix}$.

2. 判定下列各向量组是否正交.

(1) $\begin{pmatrix}8\\-5\end{pmatrix},\begin{pmatrix}-2\\-3\end{pmatrix}$;　　(2) $\begin{pmatrix}12\\3\\-5\end{pmatrix},\begin{pmatrix}2\\-3\\3\end{pmatrix}$.

3. 判断下列命题的真伪,并说明理由.

(1) 若向量 $\boldsymbol{\alpha}$ 与任意同维向量正交,则 $\boldsymbol{\alpha}$ 是零向量;

(2)由任何 n 个向量构成的向量组都可以构造出含 n 个向量的正交向量组；

(3)一个 n 阶的对称矩阵有 n 个不同实特征值；

(4)每个线性无关向量组都可以标准正交化.

4. 计算向量 $\boldsymbol{\alpha}$ 与 $\boldsymbol{\beta}$ 的内积，并将它们化为单位向量.

(1)$\boldsymbol{\alpha}=(1\quad -2\quad -2)$，$\boldsymbol{\beta}=(2\quad 2\quad -1)$；

(2)$\boldsymbol{\alpha}=(1\quad -1\quad 0\quad 2)$，$\boldsymbol{\beta}=(0\quad 1\quad 2\quad -1)$.

5. 设 $\boldsymbol{\alpha}=(-1\quad 1)$，$\boldsymbol{\beta}=(4\quad -2)$，求$\left((\boldsymbol{\alpha},\boldsymbol{\alpha})\boldsymbol{\beta}-\frac{1}{3}(\boldsymbol{\alpha},\boldsymbol{\beta})\boldsymbol{\alpha},6\boldsymbol{\alpha}\right)$.

6. 求与 $\boldsymbol{\alpha}=(1\quad -1\quad 1)$，$\boldsymbol{\beta}=(-1\quad 1\quad 1)$都正交的向量.

7. 利用施密特正交化方法，将下列线性无关向量组化为标准正交向量组：

(1)$\boldsymbol{\alpha}_1=(0\quad 1\quad 1)$，$\boldsymbol{\alpha}_2=(1\quad 0\quad 1)$，$\boldsymbol{\alpha}_3=(1\quad 1\quad 0)$；

(2)$\boldsymbol{\alpha}_1=(0\quad 2\quad 1\quad 0)$，$\boldsymbol{\alpha}_2=(1\quad -1\quad 0\quad 0)$，$\boldsymbol{\alpha}_3=(1\quad 2\quad 0\quad -1)$，$\boldsymbol{\alpha}_4=(1\quad 0\quad 0\quad 1)$.

8. 判定以下方阵是否为正交矩阵：

(1)$\begin{pmatrix} \frac{1}{\sqrt{2}} & 0 & \frac{1}{\sqrt{2}} \\ -\frac{1}{\sqrt{2}} & 0 & \frac{1}{\sqrt{2}} \\ 0 & 1 & 0 \end{pmatrix}$；　(2)$\begin{pmatrix} 1 & -\frac{1}{2} & \frac{1}{3} \\ -\frac{1}{2} & 1 & \frac{1}{2} \\ \frac{1}{3} & \frac{1}{2} & -1 \end{pmatrix}$.

9. 求下列矩阵的正交矩阵 $\boldsymbol{P}$，使 $\boldsymbol{P}^{-1}\boldsymbol{A}\boldsymbol{P}$ 为对角形矩阵.

(1)$\boldsymbol{A}=\begin{pmatrix} 1 & 1 & 1 \\ 1 & 1 & 1 \\ 1 & 1 & 1 \end{pmatrix}$；　(2)$\boldsymbol{A}=\begin{pmatrix} 2 & 0 & 0 \\ 0 & 3 & 2 \\ 0 & 2 & 3 \end{pmatrix}$.

习　题　四

1. 填空题.

(1)若矩阵$\boldsymbol{A}=\begin{pmatrix} 1 & -1 & 0 \\ 2 & x & 0 \\ 4 & 2 & 1 \end{pmatrix}$的特征值为1,2,3，则 $x=$________.

(2)若4阶矩阵 $\boldsymbol{A}$ 与 $\boldsymbol{B}$ 相似，且 A 的特征值为$\frac{1}{2},\frac{1}{3},\frac{1}{4},\frac{1}{5}$，则$|\boldsymbol{B}^{-1}-\boldsymbol{I}|=$________.

(3)设矩阵 $\boldsymbol{A}$ 是4阶方阵，各元素均为1，则其非零特征值为________.

(4)设矩阵 $\boldsymbol{A}$ 与 $\boldsymbol{B}$ 相似，$\boldsymbol{B}=\begin{pmatrix} 0 & 0 & 1 \\ 0 & 1 & 0 \\ 1 & 0 & 0 \end{pmatrix}$，则 $r(\boldsymbol{A}-2\boldsymbol{I})+r(\boldsymbol{A}-\boldsymbol{I})=$________.

(5)设 $\boldsymbol{A}$ 与 $\boldsymbol{B}$ 均为 n 阶正交矩阵，且$|\boldsymbol{A}|+|\boldsymbol{B}|=0$，则$|\boldsymbol{A}+\boldsymbol{B}|=$________.

2. 选择题.

(1)设 λ_1,λ_2 都是 n 阶方阵 $\boldsymbol{A}$ 的特征值，且 $\lambda_1\neq\lambda_2$，$\boldsymbol{x}_1$ 与 $\boldsymbol{x}_2$ 分别是属于 λ_1,λ_2 的特征向量.

当(　)时，$k_1\boldsymbol{x}_1+k_2\boldsymbol{x}_2$ 是 $\boldsymbol{A}$ 的特征向量．

(a) $k_1=0$ 且 $k_2=0$　　(b) $k_1\neq 0$ 且 $k_2\neq 0$

(c) $k_1\cdot k_2=0$　　(d) $k_1\neq 0$ 而 $k_2=0$

(2)若 $\lambda=0$ 是矩阵 $\boldsymbol{A}=\begin{pmatrix}1&0&1\\0&2&0\\1&0&a\end{pmatrix}$ 的特征值，则 $a=$(　)．

(a) 0　　(b) 1　　(c) 2　　(d) -3

(3)下列命题正确的是(　　)．

(a)一个特征值只对应一个特征向量

(b)一个特征向量只属于一个特征值

(c)一个 n 阶方阵必有 n 个特征值

(d)一个 n 阶方阵必有 n 个线性无关的特征向量

(4) n 阶方阵 $\boldsymbol{A}$ 与对角形矩阵相似的充要条件是(　　)．

(a) $\boldsymbol{A}$ 有 n 个互不相同的特征值

(b) $\boldsymbol{A}$ 有 n 个线性无关的特征向量

(c) $\boldsymbol{A}$ 为对称矩阵

(d) $\boldsymbol{A}$ 没有重特征值

(5)若 $\boldsymbol{A}$ 为 n 阶实对称正交矩阵，则(　　)．

(a) $\boldsymbol{A}=\boldsymbol{I}$　　(b) $\boldsymbol{A}^2=\boldsymbol{I}$

(c) $\boldsymbol{A}$ 相似于 $\boldsymbol{I}$　　(d) $|\boldsymbol{A}|^2=1$

(6)设 $\boldsymbol{A}$ 是 n 阶方阵，$\boldsymbol{C}$ 是正交矩阵，且 $\boldsymbol{B}=\boldsymbol{C}^T\boldsymbol{A}\boldsymbol{C}$，则下述结论不成立的是(　　)．

(a) $\boldsymbol{A}$ 与 $\boldsymbol{B}$ 相似

(b) $\boldsymbol{A}$ 与 $\boldsymbol{B}$ 等价

(c) $\boldsymbol{A}$ 与 $\boldsymbol{B}$ 有相同的特征值

(d) $\boldsymbol{A}$ 与 $\boldsymbol{B}$ 有相同的特征向量

(7)如果(　　)，则 $\boldsymbol{A}$ 与 $\boldsymbol{B}$ 相似．

(a) $|\boldsymbol{A}|=|\boldsymbol{B}|$

(b) $r(\boldsymbol{A})=r(\boldsymbol{B})$

(c) $\boldsymbol{A}$ 与 $\boldsymbol{B}$ 有相同的特征多项式

(d) $\boldsymbol{A}$ 与 $\boldsymbol{B}$ 有相同的特征值且特征值各不相同

(8) $\boldsymbol{A}=\begin{pmatrix}1&0\\0&1\end{pmatrix}$ 与 $\boldsymbol{B}=\begin{pmatrix}1&0\\0&-1\end{pmatrix}$(　　)．

(a)等价　　(b)相似

(c)正交相似　　(d)以上都不对

(9) $\boldsymbol{A}=\begin{pmatrix}3&1\\0&3\end{pmatrix}$ 与 $\boldsymbol{B}=\begin{pmatrix}3&0\\0&3\end{pmatrix}$(　　)．

(a)相似　　(b)正交相似

(c)等价　　(d)以上都不对

(10)设 $\boldsymbol{A}$ 与 $\boldsymbol{B}$ 相似,下列说法不正确的是(　　).

(a)$\boldsymbol{B}$ 与 $\boldsymbol{A}$ 相似　　(b)$\boldsymbol{A}^k$ 与 $\boldsymbol{B}^k$ 相似

(c)$\boldsymbol{A}^{-1}$与 $\boldsymbol{B}^{-1}$相似　　(d)$\mathrm{tr}(\boldsymbol{A})=\mathrm{tr}(\boldsymbol{B})$

3. 设 $\boldsymbol{A}\neq\boldsymbol{O},\boldsymbol{A}^m=\boldsymbol{O}$($m$ 为正整数),求 $|\boldsymbol{A}+\boldsymbol{I}|$.

4. 已知矩阵 $\boldsymbol{A}=\begin{pmatrix}3&2&-1\\a&-2&2\\3&b&-1\end{pmatrix}$有一个特征向量为$\begin{pmatrix}1\\-2\\3\end{pmatrix}$,试求参数 a,b 的值及特征向量所属的特征值 λ.

5. 设 $\boldsymbol{A}=\begin{pmatrix}1&-1&1\\x&4&y\\-3&-3&5\end{pmatrix}$,已知 $\boldsymbol{A}$ 有三个特征向量线性无关,$\lambda_1=2$(二重),λ_3 是 $\boldsymbol{A}$ 的特征值.求参数 x,y 的值及 λ_3 的值.

6. 设 n 阶方阵 $\boldsymbol{A}=(a_{ij})_{n\times n}$的每一行元素之和都为 a. 证明:a 是 $\boldsymbol{A}$ 的特征值,并求 $\boldsymbol{A}$ 的属于特征值 a 的特征向量.

7. 设 $\boldsymbol{A}\sim\boldsymbol{B}$,其中

$$\boldsymbol{A}=\begin{pmatrix}-2&0&0\\2&x&2\\3&1&1\end{pmatrix},\qquad \boldsymbol{B}=\begin{pmatrix}-1&0&0\\0&2&0\\0&0&y\end{pmatrix},$$

求:(1)参数 x 与 y 的值;

(2)可逆矩阵 $\boldsymbol{P}$,使得 $\boldsymbol{P}^{-1}\boldsymbol{AP}=\boldsymbol{B}$.

8. 已知 $\boldsymbol{A}=\begin{pmatrix}1&2\\2&1\end{pmatrix}$,$k$ 是任意正整数,求 $\boldsymbol{A}^k$.

9. 设 $\boldsymbol{A},\boldsymbol{B}$ 和 $\boldsymbol{A}+\boldsymbol{B}$ 都是 n 阶正交矩阵,证明:$(\boldsymbol{A}+\boldsymbol{B})^{-1}=\boldsymbol{A}^{-1}+\boldsymbol{B}^{-1}$.

10. 设 $\boldsymbol{A},\boldsymbol{B}$ 是两个 n 阶正交矩阵,且 $|\boldsymbol{AB}|=-1$,证明:$|\boldsymbol{A}+\boldsymbol{B}|=0$.

11. 证明:如果一个上三角形矩阵

$$\boldsymbol{A}=\begin{pmatrix}a_{11}&a_{12}&\cdots&a_{1n}\\0&a_{22}&\cdots&a_{2n}\\\cdots&\cdots&\cdots&\cdots\\0&0&\cdots&a_{nn}\end{pmatrix}$$

是正交矩阵,则 $\boldsymbol{A}$ 是对角形矩阵,且 $a_{ii}=1$ 或 $-1(i=1,2,\cdots,n)$.

第五章
二 次 型

二次型起源于解析几何中化二次曲线与二次曲面的方程为标准形的研究，它的理论已广泛应用于自然科学、工程技术和经济管理的许多领域之中.

本章主要讨论二次型的标准化以及二次型的分类问题. 同时，将揭示出以上两个问题，可转化为对对称矩阵的研究.

§5.1 二次型的概念

5.1.1 二次型及其矩阵

定义 5.1.1 n 个变量 $x_1, x_2, \cdots, x_n$ 的二次齐次多项式

$$\begin{aligned} f(x_1,x_2,\cdots,x_n) = a_{11}x_1^2 &+ 2a_{12}x_1x_2 + 2a_{13}x_1x_3 + \cdots + 2a_{1n}x_1x_n \\ &+ a_{22}x_2^2 + 2a_{23}x_2x_3 + \cdots + 2a_{2n}x_2x_n \\ &+ \cdots\cdots\cdots\cdots \\ &+ a_{nn}x_n^2 \end{aligned} \tag{1}$$

称为关于变量 $x_1, x_2, \cdots, x_n$ 的一个 n 元**二次型**(quadratic form)，简称二次型. 当 $a_{ij}(i,j=1,2,\cdots,n)$ 为实数时，称 $f(x_1,x_2,\cdots,x_n)$ 为实二次型；当 $a_{ij}(i,j=1,2,\cdots,n)$ 为复数时，称 $f(x_1,x_2,\cdots,x_n)$ 为复二次型. 本章仅讨论实二次型.

例 1 (1) $f(x,y) = 2x^2 + 4xy - 3y^2$ 是一个二元二次型.

(2) $f(x_1,x_2,x_3) = 2x_1^2 - x_2^2 + x_3^2 - x_1x_2 + 5x_1x_3 - x_2x_3$ 是一个三元二次型.

(3) $f(x_1,x_2,x_3) = x_1^2 - x_1x_2 + x_3^2 + 4x_1 + 5$ 不是二次型，因为它含有一次项 x_1

及常数项 5.

当二次型的变元较多时，其表达方式一般比较复杂，自然希望能借助熟悉的工具——矩阵来表示它．令 $a_{ij}=a_{ji}(i,j=1,2,\cdots,n)$，把（1）式中的项 $2a_{ij}x_ix_j(i<j)$ 写成

$$2a_{ij}x_ix_j=a_{ij}x_ix_j+a_{ji}x_jx_i,$$

则(1)式可改写成以下形式：

$$\begin{aligned}
f(x_1,x_2,\cdots,x_n)&=a_{11}x_1^2+a_{12}x_1x_2+\cdots+a_{1n}x_1x_n\\
&\quad+a_{21}x_2x_1+a_{22}x_2^2+\cdots+a_{2n}x_2x_n\\
&\quad\cdots\cdots\cdots\cdots\cdots\cdots\cdots\cdots\\
&\quad+a_{n1}x_nx_1+a_{n2}x_nx_2+\cdots+a_{nn}x_nx^2\\
&=x_1(a_{11}x_1+a_{12}x_2+\cdots+a_{1n}x_n)\\
&\quad+x_2(a_{21}x_1+a_{22}x_2+\cdots+a_{2n}x_n)\\
&\quad\cdots\cdots\cdots\cdots\cdots\cdots\cdots\cdots\\
&\quad+x_n(a_{n1}x_1+a_{n2}x_2+\cdots+a_{nn}x_n)\\
&=(x_1\quad x_2\quad\cdots\quad x_n)\begin{pmatrix}a_{11}x_1+a_{12}x_2+\cdots+a_{1n}x_n\\ a_{21}x_1+a_{22}x_2+\cdots+a_{2n}x_n\\ \cdots\cdots\cdots\cdots\cdots\cdots\\ a_{n1}x_1+a_{n2}x_2+\cdots+a_{nn}x_n\end{pmatrix}\\
&=(x_1\quad x_2\quad\cdots\quad x_n)\begin{pmatrix}a_{11}&a_{12}&\cdots&a_{1n}\\ a_{21}&a_{22}&\cdots&a_{2n}\\ \cdots&\cdots&\cdots&\cdots\\ a_{n1}&a_{n2}&\cdots&a_{nn}\end{pmatrix}\begin{pmatrix}x_1\\ x_2\\ \vdots\\ x_n\end{pmatrix}\\
&=\boldsymbol{x}^T\boldsymbol{A}\boldsymbol{x}.
\end{aligned}$$

其中，$\boldsymbol{x}=\begin{pmatrix}x_1\\ x_2\\ \vdots\\ x_n\end{pmatrix}$，$\boldsymbol{A}=\begin{pmatrix}a_{11}&a_{12}&\cdots&a_{1n}\\ a_{21}&a_{22}&\cdots&a_{2n}\\ \cdots&\cdots&\cdots&\cdots\\ a_{n1}&a_{n2}&\cdots&a_{nn}\end{pmatrix}$.

称 $f(x_1,x_2,\cdots,x_n)=\boldsymbol{x}^T\boldsymbol{A}\boldsymbol{x}$ 为二次型的矩阵形式，其中实对称矩阵 $\boldsymbol{A}$ 称为该二次型的矩阵，二次型 f 称为实对称矩阵 $\boldsymbol{A}$ 的二次型，并称 $\boldsymbol{A}$ 的秩为二次型的秩．

应该注意，二次型的矩阵一定是对称矩阵，而且是由给定二次型所唯一确定的．反之，对任意的一个实对称矩阵 $\boldsymbol{A}$，可由 $\boldsymbol{x}^T\boldsymbol{A}\boldsymbol{x}$ 唯一地确定一个以 $\boldsymbol{A}$ 为矩阵的 n 元二次型．因此，n 元二次型与 n 阶实对称矩阵之间具有一一对应关系．

例 2 写出下列二次型的矩阵 $\boldsymbol{A}$.

(1) $f(x_1,x_2,x_3)=x_1{}^2+2x_1x_2+2x_1x_3+2x_2{}^2+4x_2x_3+x_3{}^2$;

(2) $f(x_1,x_2,x_3)=x_1x_2+x_1x_3+x_2x_3$.

解 二次型矩阵 $\boldsymbol{A}$ 是一个对称矩阵，其主对角线上元素 a_{ii} 是二次型中完全平方项 x_i^2 的系数；非主对角线上元素 $a_{ij}=a_{ji}(i\neq j)$ 为二次型中 $x_ix_j(i<j)$ 系数的一半．于是有

$$(1)\boldsymbol{A}=\begin{pmatrix}1&1&1\\1&2&2\\1&2&1\end{pmatrix},\quad (2)\boldsymbol{A}=\begin{pmatrix}0&\frac{1}{2}&\frac{1}{2}\\\frac{1}{2}&0&\frac{1}{2}\\\frac{1}{2}&\frac{1}{2}&0\end{pmatrix}.$$

例 3 已知实对称矩阵 $\boldsymbol{A}=\begin{pmatrix}1&-1&-3\\-1&0&-2\\-3&-2&3\end{pmatrix}$，写出 $\boldsymbol{A}$ 对应的二次型．

解 矩阵 $\boldsymbol{A}$ 对应的二次型为

$$f(x_1,x_2,x_3)=\boldsymbol{x}^T\boldsymbol{A}\boldsymbol{x}=(x_1\quad x_2\quad x_3)\begin{pmatrix}1&-1&-3\\-1&0&-2\\-3&-2&3\end{pmatrix}\begin{pmatrix}x_1\\x_2\\x_3\end{pmatrix}$$

$$=x_1{}^2-2x_1x_2-6x_1x_3-4x_2x_3+3x_3{}^2.$$

例 4 求二次型 $f(x_1,x_2,x_3)=3x_1{}^2+x_3{}^2$ 的秩．

解 二次型的矩阵为

$$\boldsymbol{A}=\begin{pmatrix}3&0&0\\0&0&0\\0&0&1\end{pmatrix},$$

因为 $\boldsymbol{r}(\boldsymbol{A})=2$，所以二次型 $f(x_1,x_2,x_3)$ 的秩为 2.

在大多情况下，没有交叉项的二次型更便于研究和使用，这时二次型的矩阵是对角矩阵．事实上，我们总可以通过适当的变量代换来化简二次型消去交叉项．

5.1.2 线性替换

二次型的化简是通过变量的线性替换进行的．

定义 5.1.2 关系式

$$\begin{cases} x_1 = c_{11}y_1 + c_{12}y_2 + \cdots + c_{1n}y_n, \\ x_2 = c_{21}y_1 + c_{22}y_2 + \cdots + c_{2n}y_n, \\ \cdots\cdots\cdots\cdots\cdots\cdots\cdots\cdots\cdots\cdots \\ x_n = c_{n1}y_1 + c_{n2}y_2 + \cdots + c_{nn}y_n, \end{cases} \tag{1}$$

称为由变量 $x_1, x_2, \cdots, x_n$ 到变量 $y_1, y_2, \cdots, y_n$ 的一个**线性替换**(linear transformation),其矩阵形式为 $\boldsymbol{x} = \boldsymbol{C}\boldsymbol{y}$,其中

$$\boldsymbol{C} = \begin{pmatrix} c_{11} & c_{12} & \cdots & c_{1n} \\ c_{21} & c_{22} & \cdots & c_{nn} \\ \cdots & \cdots & \cdots & \cdots \\ c_{n1} & c_{n2} & \cdots & c_{nn} \end{pmatrix}, \quad \boldsymbol{x} = \begin{pmatrix} x_1 \\ x_2 \\ \vdots \\ x_n \end{pmatrix}, \quad \boldsymbol{y} = \begin{pmatrix} y_1 \\ y_1 \\ \vdots \\ y_n \end{pmatrix}.$$

矩阵 $\boldsymbol{C}$ 称为线性替换矩阵．当 $|\boldsymbol{C}| \neq 0$ 时,称(1)式为**非退化的线性替换**或**可逆线性替换**．若 $\boldsymbol{C}$ 是正交矩阵,则称(1)式为**正交替换**．

如果 $\boldsymbol{x} = \boldsymbol{C}_1\boldsymbol{y}$ 是由变量 $x_1, x_2, \cdots, x_n$ 到变量 $y_1, y_2, \cdots, y_n$ 的线性替换,而 $\boldsymbol{y} = \boldsymbol{C}_2\boldsymbol{z}$ 是由变量 $y_1, y_2, \cdots, y_n$ 到变量 $z_1, z_2, \cdots, z_n$ 的线性替换,将后者代入前者,得到由变量 $x_1, x_2, \cdots, x_n$ 到 $z_1, z_2, \cdots, z_n$ 的线性替换为 $\boldsymbol{x} = (\boldsymbol{C}_1\boldsymbol{C}_2)\boldsymbol{z}$,称其为 $\boldsymbol{x} = \boldsymbol{C}_1\boldsymbol{y}$ 与 $\boldsymbol{y} = \boldsymbol{C}_2\boldsymbol{z}$ 的乘积,它的矩阵为 $\boldsymbol{C}_1\boldsymbol{C}_2$,即线性替换乘积的矩阵等于各线性替换矩阵的乘积,而且当 $\boldsymbol{x} = \boldsymbol{C}_1\boldsymbol{y}$ 与 $\boldsymbol{y} = \boldsymbol{C}_2\boldsymbol{z}$ 为非退化线性替换时,其乘积 $\boldsymbol{x} = (\boldsymbol{C}_1\boldsymbol{C}_2)\boldsymbol{z}$ 也是非退化线性替换．

例 1 设

$$\boldsymbol{C}_1 = \begin{pmatrix} 2 & 1 & 3 \\ 1 & 0 & 2 \\ 1 & 1 & 1 \end{pmatrix}, \quad \boldsymbol{C}_2 = \begin{pmatrix} 1 & 1 & 2 \\ 2 & 1 & 0 \\ 0 & 1 & 1 \end{pmatrix},$$

求线性替换 $\boldsymbol{x} = \boldsymbol{C}_1\boldsymbol{y}$ 与 $\boldsymbol{y} = \boldsymbol{C}_2\boldsymbol{z}$ 的乘积．

解 因为

$$\boldsymbol{C}_1\boldsymbol{C}_2 = \begin{pmatrix} 2 & 1 & 3 \\ 1 & 0 & 2 \\ 1 & 1 & 1 \end{pmatrix}\begin{pmatrix} 1 & 1 & 2 \\ 2 & 1 & 0 \\ 0 & 1 & 1 \end{pmatrix} = \begin{pmatrix} 4 & 6 & 7 \\ 1 & 3 & 4 \\ 3 & 3 & 3 \end{pmatrix},$$

所以,$\boldsymbol{x} = \boldsymbol{C}_1\boldsymbol{y}$ 与 $\boldsymbol{y} = \boldsymbol{C}_2\boldsymbol{z}$ 的乘积为 $\boldsymbol{x} = (\boldsymbol{C}_1\boldsymbol{C}_2)\boldsymbol{z}$,即

$$\begin{cases} x_1 = 4z_1 + 6z_2 + 7z_3, \\ x_2 = z_1 + 3z_2 + 4z_3, \\ x_3 = 3z_1 + 3z_2 + 3z_3. \end{cases}$$

对二次型 $f(x_1, x_2, \cdots, x_n) = \boldsymbol{x}^T\boldsymbol{A}\boldsymbol{x}$(其中 $\boldsymbol{A}^T = \boldsymbol{A}$)进行线性替换 $\boldsymbol{x} = \boldsymbol{C}\boldsymbol{y}$,则

$$
\begin{aligned}
f(x_1,x_2,\cdots,x_n) &= \boldsymbol{x}^T\boldsymbol{A}\boldsymbol{x}\\
&= (\boldsymbol{C}\boldsymbol{y})^T\boldsymbol{A}(\boldsymbol{C}\boldsymbol{y})\\
&= \boldsymbol{y}^T(\boldsymbol{C}^T\boldsymbol{A}\boldsymbol{C})\boldsymbol{y}\\
&= \boldsymbol{y}^T\boldsymbol{B}\boldsymbol{y}.
\end{aligned}
$$

其中,$\boldsymbol{B}=\boldsymbol{C}^T\boldsymbol{A}\boldsymbol{C}$. 因 $\boldsymbol{B}^T=(\boldsymbol{C}^T\boldsymbol{A}\boldsymbol{C})^T=\boldsymbol{C}^T\boldsymbol{A}^T\boldsymbol{C}=\boldsymbol{C}^T\boldsymbol{A}\boldsymbol{C}=\boldsymbol{B}$,所以,$\boldsymbol{y}^T\boldsymbol{B}\boldsymbol{y}$ 是以 $\boldsymbol{B}$ 为矩阵的二次型. 于是我们有下面定理.

定理 5.1.1 二次型 $f(\boldsymbol{x})=\boldsymbol{x}^T\boldsymbol{A}\boldsymbol{x}$ 经过线性替换 $\boldsymbol{x}=\boldsymbol{C}\boldsymbol{y}$ 后,得到以 $\boldsymbol{B}=\boldsymbol{C}^T\boldsymbol{A}\boldsymbol{C}$ 为矩阵的二次型 $\boldsymbol{y}^T\boldsymbol{B}\boldsymbol{y}$.

5.1.3 矩阵的合同

定义 5.1.3 设 $\boldsymbol{A}$、$\boldsymbol{B}$ 是两个 n 阶方阵,如果存在 n 阶可逆矩阵 $\boldsymbol{C}$,使得

$$\boldsymbol{C}^T\boldsymbol{A}\boldsymbol{C}=\boldsymbol{B},$$

则称矩阵 $\boldsymbol{A}$ 与 $\boldsymbol{B}$ 合同,记作 $\boldsymbol{A}\simeq\boldsymbol{B}$.

由定理 5.1.1 易见,二次型 $f(x_1,x_2,\cdots,x_n)=\boldsymbol{x}^T\boldsymbol{A}\boldsymbol{x}$ 的矩阵 $\boldsymbol{A}$ 与经过非退化线性替换 $\boldsymbol{x}=\boldsymbol{C}\boldsymbol{y}$ 得到的二次型的矩阵 $\boldsymbol{B}=\boldsymbol{C}^T\boldsymbol{A}\boldsymbol{C}$ 合同.

矩阵间的合同关系与矩阵间的等价关系和相似关系一样,也有以下三条基本性质:

(1) 反身性:$\boldsymbol{A}\simeq\boldsymbol{A}$.

事实上,令 $\boldsymbol{C}=\boldsymbol{I}$,则 $\boldsymbol{I}^T\boldsymbol{A}\boldsymbol{I}=\boldsymbol{A}$.

(2) 对称性:若 $\boldsymbol{A}\simeq\boldsymbol{B}$,则 $\boldsymbol{B}\simeq\boldsymbol{A}$.

因为 $\boldsymbol{A}\simeq\boldsymbol{B}$,所以存在可逆矩阵 $\boldsymbol{C}$,使得 $\boldsymbol{C}^T\boldsymbol{A}\boldsymbol{C}=\boldsymbol{B}$,从而 $\boldsymbol{A}=(\boldsymbol{C}^{-1})^T\boldsymbol{B}\boldsymbol{C}^{-1}$,即 $\boldsymbol{B}\simeq\boldsymbol{A}$.

(3) 传递性:若 $\boldsymbol{A}\simeq\boldsymbol{B}$,$\boldsymbol{B}\simeq\boldsymbol{C}$,则 $\boldsymbol{A}\simeq\boldsymbol{C}$.

由 $\boldsymbol{A}\simeq\boldsymbol{B}$ 可知,存在可逆矩阵 $\boldsymbol{C}_1$,使得 $\boldsymbol{C}_1{}^T\boldsymbol{A}\boldsymbol{C}_1=\boldsymbol{B}$. 又 $\boldsymbol{B}\simeq\boldsymbol{C}$,所以存在可逆矩阵 $\boldsymbol{C}_2$,使得 $\boldsymbol{C}_2{}^T\boldsymbol{B}\boldsymbol{C}_2=\boldsymbol{C}$. 故

$$\boldsymbol{C}=\boldsymbol{C}_2{}^T\boldsymbol{B}\boldsymbol{C}_2=\boldsymbol{C}_2{}^T(\boldsymbol{C}_1{}^T\boldsymbol{A}\boldsymbol{C}_1)\boldsymbol{C}_2=(\boldsymbol{C}_1\boldsymbol{C}_2)^T\boldsymbol{A}(\boldsymbol{C}_1\boldsymbol{C}_2).$$

而 $\boldsymbol{C}_1$,$\boldsymbol{C}_2$ 都可逆,所以 $\boldsymbol{C}_1\boldsymbol{C}_2$ 可逆,因此 $\boldsymbol{A}\simeq\boldsymbol{C}$.

合同矩阵还具有以下重要性质:

(1) 若 $\boldsymbol{A}\simeq\boldsymbol{B}$,则 $r(\boldsymbol{A})=r(\boldsymbol{B})$.

(2) 若 $\boldsymbol{A}\simeq\boldsymbol{B}$,则 $\boldsymbol{A}^T=\boldsymbol{A}$ 的充要条件是 $\boldsymbol{B}^T=\boldsymbol{B}$.

(3) 若 $\boldsymbol{A}\simeq\boldsymbol{B}$,则当 $\boldsymbol{A}$,$\boldsymbol{B}$ 可逆时,有 $\boldsymbol{A}^{-1}\simeq\boldsymbol{B}^{-1}$.

(4) 若 $\boldsymbol{A}\simeq\boldsymbol{B}$,则 $\boldsymbol{A}^T\simeq\boldsymbol{B}^T$.

请读者自证以上 4 条性质.

思考与练习 5.1

1. 下列多元函数是否为二次型？若是,求其秩.

(1)$f(x,y)=x^2+3y^2-2xy$;

(2)$f(x_1,x_2,x_3,x_4)=x_1^2+3x_2^2+x_3^2$;

(3)$f(x_1,x_2,x_3)=2x_1x_2+3x_2x_3+x_1x_3$;

(4)$f(x_1,x_2,x_3)=x_1^2+2x_1x_2+3x_2^2+x_1x_3+5$.

2. 写出下列二次型的矩阵.

(1)$f(x_1,x_2,x_3)=x_1^2-2x_1x_2+6x_1x_3-2x_2^2+8x_2x_3+3x_3^2$;

(2)$f(x_1,x_2,x_3,x_4)=x_1x_2-x_1x_3+2x_2x_3+x_4^2$.

3. 写出下列对称矩阵 $\boldsymbol{A}$ 对应的二次型.

(1)$\boldsymbol{A}=\begin{pmatrix} a & b \\ b & d \end{pmatrix}$;　　(2)$\boldsymbol{A}=\begin{pmatrix} -1 & 1 & -3 \\ 1 & -\sqrt{2} & 0 \\ -3 & 0 & 4 \end{pmatrix}$.

4. 写出下列线性替换的矩阵形式,并指出是否为非退化的线性替换？是否为正交替换？

(1)$\begin{cases} x_1=y_1+y_2+y_3 \\ x_2=y_1+y_2 \\ x_3=y_3 \end{cases}$;　　(2)$\begin{cases} x_1=y_1+y_2+2y_3 \\ x_2=2y_1+y_2 \\ x_3=y_2+y_3 \end{cases}$;

(3)$\begin{cases} x_1=\dfrac{1}{\sqrt{3}}y_1-\dfrac{1}{\sqrt{2}}y_2-\dfrac{1}{\sqrt{6}}y_3 \\ x_2=\dfrac{1}{\sqrt{3}}y_1+\dfrac{1}{\sqrt{2}}y_2-\dfrac{1}{\sqrt{6}}y_3 \\ x_3=\dfrac{1}{\sqrt{3}}y_1+\dfrac{2}{\sqrt{6}}y_3 \end{cases}$.

5. 设二次型 $f(x_1,x_2,x_3)=x_1^2+2x_1x_2-2x_1x_3+x_2^2+4x_2x_3-x_3^2$,可逆矩阵 $\boldsymbol{C}=\begin{pmatrix} 1 & -1 & 1 \\ -1 & 0 & 3 \\ -2 & 0 & 1 \end{pmatrix}$. 求二次型 $f(x_1,x_2,x_3)$ 经过线性替换 $\boldsymbol{x}=\boldsymbol{C}\boldsymbol{y}$ 所得到的二次型.

6. 判断下列命题的真伪,并说明理由.

(1)一个 n 元实二次型唯一确定一个 n 阶实对称矩阵,反之亦然;

(2)一个二次型没有交叉项的充要条件是二次型的矩阵是对角形矩阵;

(3)两个合同的矩阵也一定是等价的;

(4)两个相似的矩阵一定是合同的;

(5)两个合同的矩阵必是相似的;

(6)合同矩阵的特征值相等.

7. 试证明合同矩阵具有以下性质.

(1)若 $\boldsymbol{A}$ 与 $\boldsymbol{B}$ 合同,则 $r(\boldsymbol{A})=r(\boldsymbol{B})$;

(2)若 $\boldsymbol{A}$ 与 $\boldsymbol{B}$ 合同,则 $\boldsymbol{A}^T=\boldsymbol{A}$ 的充要条件是 $\boldsymbol{B}^T=\boldsymbol{B}$;

(3)若 $\boldsymbol{A}$ 与 $\boldsymbol{B}$ 合同,则当 $\boldsymbol{A}$ 可逆时,$\boldsymbol{B}$ 也可逆,且 $\boldsymbol{A}^{-1}$ 与 $\boldsymbol{B}^{-1}$ 合同;

(4)若 $\boldsymbol{A}$ 与 $\boldsymbol{B}$ 合同,则 $\boldsymbol{A}^T$ 与 $\boldsymbol{B}^T$ 合同.

§5.2 二次型的标准形

5.2.1 二次型的标准形

定义 5.2.1 若二次型 $f(x_1,x_2,\cdots,x_n)=\boldsymbol{x}^T\boldsymbol{A}\boldsymbol{x}(\boldsymbol{A}^T=\boldsymbol{A})$ 经过非退化线性替换 $\boldsymbol{x}=\boldsymbol{C}\boldsymbol{y}$,化为一个只含平方项的二次型

$$d_1y_1^2+d_2y_2^2+\cdots+d_ny_n^2, \tag{1}$$

则称(1)式为二次型 $\boldsymbol{x}^T\boldsymbol{A}\boldsymbol{x}$ 的**标准形**(normalized form).

显然,二次型标准形的矩阵是对角形矩阵.

对于对称矩阵 $\boldsymbol{A}$,若存在可逆矩阵 $\boldsymbol{C}$,使 $\boldsymbol{C}^T\boldsymbol{A}\boldsymbol{C}$ 为对角形矩阵,则矩阵 $\boldsymbol{A}$ 对应的二次型 $f(x_1,x_2,\cdots,x_n)=\boldsymbol{x}^T\boldsymbol{A}\boldsymbol{x}$ 经非退化线性替换 $\boldsymbol{x}=\boldsymbol{C}\boldsymbol{y}$ 就可化为标准形.因此,二次型 $f(x_1,x_2,\cdots,x_n)=\boldsymbol{x}^T\boldsymbol{A}\boldsymbol{x}$ 化为标准形的问题等价于该二次型的矩阵 $\boldsymbol{A}$ 合同于一个对角形矩阵的问题.

二次型理论主要内容之一,就是讨论如何通过非退化线性替换,将二次型化为标准形.或者说,对于对称矩阵 $\boldsymbol{A}$,寻找可逆矩阵 $\boldsymbol{C}$,使得 $\boldsymbol{C}^T\boldsymbol{A}\boldsymbol{C}$ 为对角形矩阵.下面介绍化二次型为标准形的方法.

1. 配方法化二次型为标准形

配方法(也称拉格朗日法),就是运用配平方的方法来逐次消去二次型中的交叉项,只剩下平方项,从而将二次型化为标准形.下面通过例子说明这种方法.

例 1 将二次型 $f(x_1,x_2,x_3)=x_1^2+4x_1x_2-4x_1x_3+2x_2^2-4x_2x_3-x_3^2$ 化成标准形,并写出所作的非退化线性替换.

解 先将含有 x_1 的各项归并在一起,并配成完全平方项,再对其余的变量进行同样的过程,直到所有变量都配成平方项:

$$
\begin{aligned}
f(x_1,x_2,x_3) &= x_1^2+4x_1x_2-4x_1x_3+2x_2^2-4x_2x_3-x_3^2\\
&= x_1^2+4x_1(x_2-x_3)+[2(x_2-x_3)]^2-[2(x_2-x_3)]^2+2x_2^2-4x_2x_3-x_3^2\\
&= (x_1+2x_2-2x_3)^2-2(x_2^2-2x_2x_3+x_3^2)-3x_3^2\\
&= (x_1+2x_2-2x_3)^2-2(x_2-x_3)^2-3x_3^2.
\end{aligned}
$$

令

$$
\begin{cases}
y_1 = x_1+2x_2-2x_3,\\
y_2 = \qquad\ \ x_2-\ x_3,\\
y_3 = \qquad\qquad\ \ x_3.
\end{cases}
\tag{2}
$$

则得二次型的标准形为：

$$y_1^2-2y_2^2-3y_3^2.$$

由(2)式得所作非退化的线性替换为：

$$
\begin{cases}
x_1 = y_1-2y_2,\\
x_2 = \qquad\ y_2+y_3,\\
x_3 = \qquad\qquad\ y_3.
\end{cases}
$$

其中，线性替换矩阵是 $C=\begin{pmatrix}1 & -2 & 0\\ 0 & 1 & 1\\ 0 & 0 & 1\end{pmatrix}$.

例 2 求非退化线性替换，将二次型 $f(x_1,x_2,x_3)=2x_1x_2-4x_1x_3+10x_2x_3$ 化为标准形.

解 二次型中不含有平方项，由于含有 x_1x_2 的乘积项，故先作非退化线性替换

$$
\begin{cases}
x_1 = y_1-y_2,\\
x_2 = y_1+y_2,\\
x_3 = \qquad\quad y_3,
\end{cases}
$$

其线性替换矩阵为

$$C_1=\begin{pmatrix}1 & -1 & 0\\ 1 & 1 & 0\\ 0 & 0 & 1\end{pmatrix}.$$

化二次型为含有平方项的二次型，再对其配方，得

$$
\begin{aligned}
2y_1^2-2y_2^2+6y_1y_3+14y_2y_3 &= 2\left(y_1^2+3y_1y_3+\frac{9}{4}y_3^2\right)-2y_2^2+14y_2y_3-\frac{9}{2}y_3^2\\
&= 2\left(y_1+\frac{3}{2}y_3\right)^2-2\left(y_2-\frac{7}{2}y_3\right)^2+20y_3^2.
\end{aligned}
$$

令

$$\begin{cases} z_1 = y_1 + \dfrac{3}{2}y_3, \\ z_2 = y_2 - \dfrac{7}{2}y_3, \\ z_3 = y_3. \end{cases}$$

即

$$\begin{cases} y_1 = z_1 - \dfrac{3}{2}z_3, \\ y_2 = z_2 + \dfrac{7}{2}z_3, \\ y_3 = z_3. \end{cases}$$

其中,线性替换矩阵为可逆矩阵 $\boldsymbol{C}_2 = \begin{pmatrix} 1 & 0 & -\dfrac{3}{2} \\ 0 & 1 & \dfrac{7}{2} \\ 0 & 0 & 1 \end{pmatrix}$.

得二次型的标准形为:

$$2{z_1}^2 - 2{z_2}^2 + 20{z_3}^2.$$

由于

$$\boldsymbol{C} = \boldsymbol{C}_1\boldsymbol{C}_2 = \begin{pmatrix} 1 & -1 & 0 \\ 1 & 1 & 0 \\ 0 & 0 & 1 \end{pmatrix}\begin{pmatrix} 1 & 0 & -\dfrac{3}{2} \\ 0 & 1 & \dfrac{7}{2} \\ 0 & 0 & 1 \end{pmatrix} = \begin{pmatrix} 1 & -1 & -5 \\ 1 & 1 & 2 \\ 0 & 0 & 1 \end{pmatrix}, \ |\boldsymbol{C}| = 2 \neq 0,$$

可知所求非退化线性替换为:

$$\begin{cases} x_1 = z_1 - z_2 - 5z_3, \\ x_2 = z_1 + z_2 + 2z_3, \\ x_3 = z_3. \end{cases}$$

一般地,任何二次型都可用配方法化为标准形.

定理 5.2.1 任意一个实二次型,都可以经过非退化的线性替换化为标准形.

证明从略.

由定理 5.2.1,易得以下定理.

定理 5.2.2 任意一个对称矩阵都与一个对角形矩阵合同.

例 3 设 $A=\begin{pmatrix}0&1&-2\\1&0&-1\\-2&-1&0\end{pmatrix}$,求非奇异矩阵 C,使 C^TAC 为对角形矩阵.

解 A 对应的二次型为:

$$f(x_1,x_2,x_3)=2x_1x_2-4x_1x_3-2x_2x_3.$$

令非退化线性替换为:

$$\begin{cases}x_1=y_1-y_2,\\x_2=y_1+y_2,\\x_3=\qquad\quad y_3.\end{cases}$$

其中线性替换矩阵为:

$$C_1=\begin{pmatrix}1&-1&0\\1&1&0\\0&0&1\end{pmatrix}.$$

则原二次型化为:

$$2{y_1}^2-2{y_2}^2-6y_1y_3+2y_2y_3.$$

再配方,得

$$\begin{aligned}2{y_1}^2-2{y_2}^2-6y_1y_3+2y_2y_3&=2\left({y_1}^2-3y_1y_3+\frac{9}{4}{y_3}^2\right)-\frac{9}{2}{y_3}^2-2{y_2}^2+2y_2y_3\\&=2\left(y_1-\frac{3}{2}y_3\right)^2-2\left({y_2}^2-y_2y_3+\frac{1}{4}{y_3}^2\right)-4{y_3}^2\\&=2\left(y_1-\frac{3}{2}y_3\right)^2-2\left(y_2-\frac{1}{2}y_3\right)^2-4{y_3}^2.\end{aligned}$$

令

$$\begin{cases}z_1=y_1-\qquad\frac{3}{2}y_3,\\z_2=\qquad y_2-\frac{1}{2}y_3,\\z_3=\qquad\qquad y_3.\end{cases}$$

即

$$\begin{cases}y_1=z_1+\qquad\frac{3}{2}z_3,\\y_2=\qquad z_2+\frac{1}{2}z_3,\\y_3=\qquad\qquad z_3.\end{cases}$$

其中,线性替换矩阵为:

$$C_2=\begin{pmatrix}1&0&\frac{3}{2}\\0&1&\frac{1}{2}\\0&0&1\end{pmatrix}.$$

得二次型的标准形为:

$$2{z_1}^2-2{z_2}^2-4{z_3}^2.$$

此时,所作非退化线性替换矩阵为:

$$C=C_1C_2=\begin{pmatrix}1&-1&0\\1&1&0\\0&0&1\end{pmatrix}\begin{pmatrix}1&0&\frac{3}{2}\\0&1&\frac{1}{2}\\0&0&1\end{pmatrix}=\begin{pmatrix}1&-1&1\\1&1&2\\0&0&1\end{pmatrix}.$$

于是 $C^TAC=\begin{pmatrix}2&0&0\\0&-2&0\\0&0&-4\end{pmatrix}$.

2. 初等变换法化二次型为标准形

用配方法化二次型为标准形虽然比较直观,但当变量较多时将十分麻烦. 下面介绍矩阵的初等变换法化二次型为标准形.

设有非退化线性替换 $x=Cy$,它把二次型 x^TAx 化为标准形 $y^T\Lambda y$,则 $C^TAC=\Lambda$. 而任一可逆矩阵均可表示为若干初等矩阵的乘积,故存在初等矩阵 $P_1,P_2,\cdots,P_s$,使 $C=P_1P_2\cdots P_s$,于是

$$C^TAC={P_s}^T\cdots{P_2}^T{P_1}^TAP_1P_2\cdots P_s=\Lambda,$$
$$C=IP_1P_2\cdots P_s.$$

由上两式可见,若构造 $2n\times n$ 矩阵$\begin{pmatrix}A\\I\end{pmatrix}$,并施以相应于右乘 $P_1,P_2,\cdots,P_s$ 的初等列变换,同时对 A 施以相应于左乘 $P_1^T,P_2^T,\cdots,P_s^T$ 的初等行变换,当矩阵 A 化为对角形矩阵时,单位矩阵 I 就变为所要求的非退化线性替换矩阵 C.

用初等变换法再解例 1 如下:

二次型 $f(x_1,x_2,x_3)=x_1^2+4x_1x_2-4x_1x_3+2x_2^2-4x_2x_3-x_3^2$ 的矩阵为:

$$A=\begin{pmatrix}1&2&-2\\2&2&-2\\-2&-2&-1\end{pmatrix}.$$

构造 6×3 矩阵 $\begin{pmatrix}\boldsymbol{A}\\ \boldsymbol{I}\end{pmatrix}$，并对矩阵的行列施以相同的初等行、列变换：

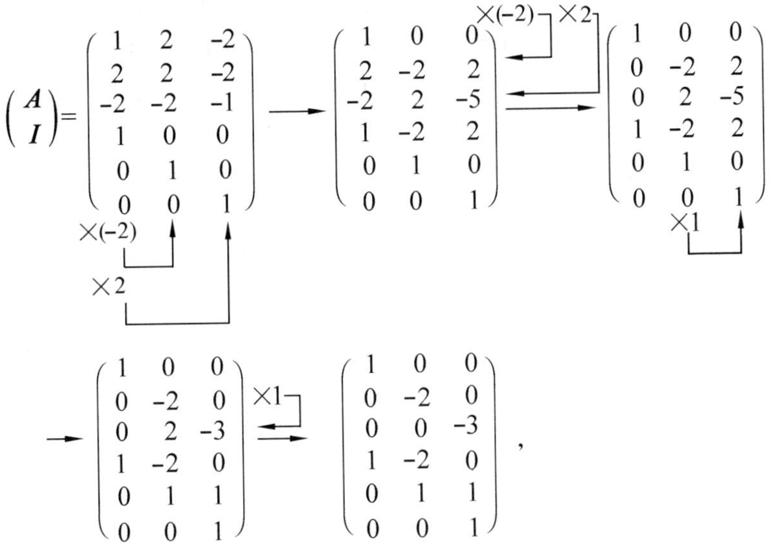

$$\begin{pmatrix}\boldsymbol{A}\\ \boldsymbol{I}\end{pmatrix}=\begin{pmatrix}1&2&-2\\2&2&-2\\-2&-2&-1\\1&0&0\\0&1&0\\0&0&1\end{pmatrix}\longrightarrow\begin{pmatrix}1&0&0\\2&-2&2\\-2&2&-5\\1&-2&2\\0&1&0\\0&0&1\end{pmatrix}\longrightarrow\begin{pmatrix}1&0&0\\0&-2&2\\0&2&-5\\1&-2&2\\0&1&0\\0&0&1\end{pmatrix}$$

（第一步：第 1 列 $\times(-2)$ 加到第 2 列，第 1 列 $\times2$ 加到第 3 列；第二步：第 1 行 $\times(-2)$ 加到第 2 行，第 1 行 $\times2$ 加到第 3 行；第三步：第 2 列 $\times1$ 加到第 3 列；第四步：第 2 行 $\times1$ 加到第 3 行）

$$\longrightarrow\begin{pmatrix}1&0&0\\0&-2&0\\0&2&-3\\1&-2&0\\0&1&1\\0&0&1\end{pmatrix}\longrightarrow\begin{pmatrix}1&0&0\\0&-2&0\\0&0&-3\\1&-2&0\\0&1&1\\0&0&1\end{pmatrix},$$

则可逆矩阵 $\boldsymbol{C}=\begin{pmatrix}1&-2&0\\0&1&1\\0&0&1\end{pmatrix}$，使 $\boldsymbol{C}^T\boldsymbol{A}\boldsymbol{C}=\begin{pmatrix}1&0&0\\0&-2&0\\0&0&-3\end{pmatrix}$，即二次型经非退化线性替换

$$\begin{cases}x_1=y_1-2y_2,\\x_2=\qquad y_2+y_3,\\x_3=\qquad\qquad y_3,\end{cases}$$

化为标准形 $y_1^2-2y_2^2-3y_3^2$.

例 4　用初等变换法化二次型 $f(x_1,x_2,x_3)=2x_1x_2-4x_1x_3-2x_2x_3$ 为标准形.

解　二次型矩阵为 $\boldsymbol{A}=\begin{pmatrix}0&1&-2\\1&0&-1\\-2&-1&0\end{pmatrix}$，构造 6×3 矩阵 $\begin{pmatrix}\boldsymbol{A}\\ \boldsymbol{I}\end{pmatrix}$，并施以相同的矩阵的初等行、列变换：

$$\begin{pmatrix} A \\ I \end{pmatrix} = \begin{pmatrix} 0 & 1 & -2 \\ 1 & 0 & -1 \\ -2 & -1 & 0 \\ 1 & 0 & 0 \\ 0 & 1 & 0 \\ 0 & 0 & 1 \end{pmatrix} \to \begin{pmatrix} 1 & 1 & -2 \\ 1 & 0 & -1 \\ -3 & -1 & 0 \\ 1 & 0 & 0 \\ 1 & 1 & 0 \\ 0 & 0 & 1 \end{pmatrix} \to \begin{pmatrix} 2 & 1 & -3 \\ 1 & 0 & -1 \\ -3 & -1 & 0 \\ 1 & 0 & 0 \\ 1 & 1 & 0 \\ 0 & 0 & 1 \end{pmatrix}$$

$$\to \begin{pmatrix} 2 & 0 & 0 \\ 1 & -\frac{1}{2} & \frac{1}{2} \\ -3 & \frac{1}{2} & -\frac{9}{2} \\ 1 & -\frac{1}{2} & \frac{3}{2} \\ 1 & \frac{1}{2} & \frac{3}{2} \\ 0 & 0 & 1 \end{pmatrix} \to \begin{pmatrix} 2 & 0 & 0 \\ 0 & -\frac{1}{2} & \frac{1}{2} \\ 0 & \frac{1}{2} & -\frac{9}{2} \\ 1 & -\frac{1}{2} & \frac{3}{2} \\ 1 & \frac{1}{2} & \frac{3}{2} \\ 0 & 0 & 1 \end{pmatrix} \to \begin{pmatrix} 2 & 0 & 0 \\ 0 & -\frac{1}{2} & 0 \\ 0 & \frac{1}{2} & -4 \\ 1 & -\frac{1}{2} & 1 \\ 1 & \frac{1}{2} & 2 \\ 0 & 0 & 1 \end{pmatrix} \to \begin{pmatrix} 2 & 0 & 0 \\ 0 & -\frac{1}{2} & 0 \\ 0 & 0 & -4 \\ 1 & -\frac{1}{2} & 1 \\ 1 & \frac{1}{2} & 2 \\ 0 & 0 & 1 \end{pmatrix},$$

则可逆矩阵 $C = \begin{pmatrix} 1 & -\frac{1}{2} & 1 \\ 1 & \frac{1}{2} & 2 \\ 0 & 0 & 1 \end{pmatrix}$，使 $C^TAC = \begin{pmatrix} 2 & 0 & 0 \\ 0 & -\frac{1}{2} & 0 \\ 0 & 0 & -4 \end{pmatrix}$，即二次型经非退化线性替换

$$\begin{cases} x_1 = y_1 - \frac{1}{2}y_2 + y_3, \\ x_2 = y_1 + \frac{1}{2}y_2 + 2y_3, \\ x_3 = y_3, \end{cases}$$

化为标准形 $2y_1^2 - \frac{1}{2}y_2^2 - 4y_3^2$.

3. 正交替换法化二次型为标准形

对于给定二次型 $f = x^TAx$，求正交替换 $x = Cy$（C 是正交矩阵），使二次型 f 化为标准形，等价于对于对称矩阵 A 求正交矩阵 C，使 C^TAC 为对角形矩阵. 由定理 4.3.7 可知，对于实对称矩阵 A，存在正交矩阵 C，使 $C^{-1}AC = C^TAC$ 为对角形矩

阵，于是我们有下面定理．

定理 5.2.3 （**主轴定理**）任一 n 元实二次型都可以经过一个正交替换化为标准形．

证　设二次型 $f(x_1,x_2,\cdots,x_n)=\boldsymbol{x}^T\boldsymbol{A}\boldsymbol{x}$，其中 $\boldsymbol{A}$ 为 n 阶实对称矩阵．由定理 4.3.7 可知，一定存在正交矩阵 $\boldsymbol{P}$，使得

$$\boldsymbol{P}^T\boldsymbol{A}\boldsymbol{P}=\boldsymbol{\Lambda}=\begin{pmatrix}\lambda_1 & & & \\ & \lambda_2 & & \\ & & \ddots & \\ & & & \lambda_n\end{pmatrix}.$$

其中，$\lambda_1,\lambda_2,\cdots,\lambda_n$ 为 $\boldsymbol{A}$ 的全部 n 个特征值．

作正交替换 $\boldsymbol{x}=\boldsymbol{P}\boldsymbol{y}$，则

$$\begin{aligned}f(x_1,x_2,\cdots,x_n)&=\boldsymbol{x}^T\boldsymbol{A}\boldsymbol{x}=(\boldsymbol{P}\boldsymbol{y})^T\boldsymbol{A}(\boldsymbol{P}\boldsymbol{y})=\boldsymbol{y}^T(\boldsymbol{P}^T\boldsymbol{A}\boldsymbol{P})\boldsymbol{y}\\&=\boldsymbol{y}^T\boldsymbol{\Lambda}\boldsymbol{y}=\lambda_1y_1^2+\lambda_2y_2^2+\cdots+\lambda_ny_n^2.\end{aligned}$$

例 5　椭圆的方程为 $5x_1^2-4x_1x_2+5x_2^2=48$，求一个正交替换，将方程中的交叉项消去．

解　二次型 $f(x_1,x_2)=5x_1^2-4x_1x_2+5x_2^2$ 对应的矩阵为

$$\boldsymbol{A}=\begin{pmatrix}5 & -2\\ -2 & 5\end{pmatrix}.$$

由 $|\lambda\boldsymbol{I}-\boldsymbol{A}|=\begin{vmatrix}\lambda-5 & 2\\ 2 & \lambda-5\end{vmatrix}=(\lambda-3)(\lambda-7)$，得 $\boldsymbol{A}$ 的特征值为 3 和 7，对应的单位特征向量分别为

$$\begin{pmatrix}\frac{1}{\sqrt{2}}\\ \frac{1}{\sqrt{2}}\end{pmatrix},\quad\begin{pmatrix}-\frac{1}{\sqrt{2}}\\ \frac{1}{\sqrt{2}}\end{pmatrix}.$$

令正交矩阵 $\boldsymbol{P}=\begin{pmatrix}\frac{1}{\sqrt{2}} & -\frac{1}{\sqrt{2}}\\ \frac{1}{\sqrt{2}} & \frac{1}{\sqrt{2}}\end{pmatrix}$，则有 $\boldsymbol{P}^T\boldsymbol{A}\boldsymbol{P}=\begin{pmatrix}3 & \\ & 7\end{pmatrix}$．故所求的正交替换为 $\boldsymbol{x}=\boldsymbol{P}\boldsymbol{y}$，即

$$\begin{cases}x_1=\frac{1}{\sqrt{2}}y_1-\frac{1}{\sqrt{2}}y_2\\ x_2=\frac{1}{\sqrt{2}}y_1+\frac{1}{\sqrt{2}}y_2\end{cases}.$$

在正交替换为 $\boldsymbol{x}=\boldsymbol{P}\boldsymbol{y}$ 下得到的二次型为 $3y_1^2+7y_2^2$. 如图 5－1 所示,y_1 轴的正方向是矩阵 $\boldsymbol{P}$ 的第一列的方向,y_2 轴的正方向是矩阵 $\boldsymbol{P}$ 的第二列的方向. 正交矩阵 $\boldsymbol{P}$ 的列称为二次型 $\boldsymbol{x}^T\boldsymbol{A}\boldsymbol{x}$ 的主轴,找到主轴等同于找到一个新的坐标系,在该坐标系下其图形是在标准位置下的图形.

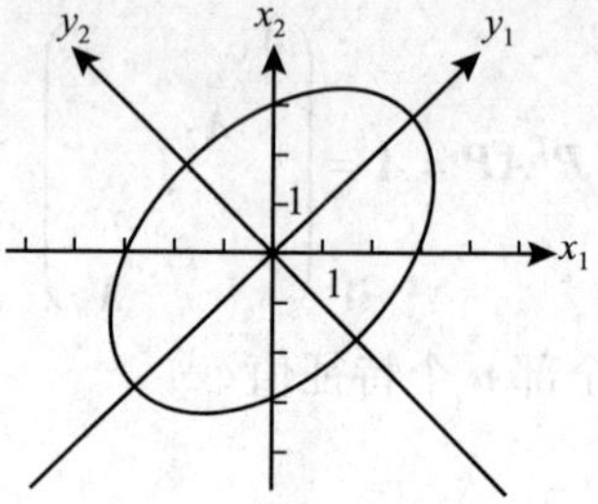

图 5－1

正交替换法把二次型化为标准形,在理论和实际应用方面都十分重要. 至此,我们就完全解决了二次型的标准形问题.

5.2.2 二次型的规范形

由 5.2.1 中例 3 和例 4 可以看出,同一个二次型的标准形未必相同,这与所作的非退化线性替换有关. 但是,同一个二次型的不同标准形有其共性:标准形中所含有的系数不为 0 的平方项的个数是确定的,并且标准形中所含的正、负平方项的个数是相同的. 为了深入地讨论这一问题,我们引入二次型的规范形的概念.

设有一个 4 元实二次型 f 的标准形为:

$$f(x_1,x_2,x_3,x_4)=3x_1^2-2x_2^2+5x_4^2,$$

则对其作以下非退化线性替换:

$$\begin{cases} x_1=\dfrac{1}{\sqrt{3}}y_1, \\ x_2=\qquad\qquad \dfrac{1}{\sqrt{2}}y_3, \\ x_3=\qquad\qquad\qquad y_4, \\ x_4=\quad \dfrac{1}{\sqrt{5}}y_2. \end{cases}$$

把 f 化成以下标准形：

$$f=y_1^2+y_2^2-y_3^2.$$

这种标准形的特点是平方项的系数是 1，-1，0；且正项排在前面，负项其次，系数为 0 的项在最后．

定义 5.2.2 如果一个 n 元实二次型的标准形为：

$$y_1^2+y_2^2+\cdots+y_p^2-y_{p+1}^2-\cdots-y_r^2 \quad (p\leqslant r\leqslant n),$$

则称该标准形为二次型的**规范形**．

定理 5.2.4 （**惯性定理**）任意一个 n 元实二次型 $f=\boldsymbol{x}^T\boldsymbol{A}\boldsymbol{x}$ 都可以通过非退化线性替换化为规范形

$$f=y_1^2+\cdots+{y_p}^2-y_{p+1}^2-\cdots-y_r^2,$$

其中，p 和 r 是由 $\boldsymbol{A}$ 唯一确定的，与所作的非退化线性替换无关．

证明从略．

由定理 5.2.4 可知，二次型的规范形是由二次型本身确定的，其形式是唯一的．事实上，规范形中系数不为 0 的平方项的个数 r 就是二次型的秩，即二次型矩阵 $\boldsymbol{A}$ 的秩．再由定理 5.2.3，$\boldsymbol{A}$ 的秩 r 即为 $\boldsymbol{A}$ 的不为零的特征值的个数；正平方项的个数和负平方项的个数分别是 $\boldsymbol{A}$ 的正特征值的个数和负特征值的个数．

定义 5.2.3 在秩为 r 的实二次型 $f(x_1,x_2,\cdots,x_n)$ 的规范形中，正平方项的个数 p 称为二次型 f 的**正惯性指数**(positive index of inertia)；负平方项个数 $r-p$ 称为 f 的**负惯性指数**；它们的差 $p-(r-p)=2p-r$ 称为二次型 f 的**符号差**(signature)．

例如，上面 4 元二次型 $f(x_1,x_2,x_3,x_4)$ 的规范形为 $y_1^2+y_2^2-y_3^2$，则二次型的正惯性指数为 2，负惯性指数为 1，符号差为 1.

定义 5.2.4 实对称矩阵 $\boldsymbol{A}$ 对应二次型 $f=\boldsymbol{x}^T\boldsymbol{A}\boldsymbol{x}$ 的正(负)惯性指数称为 $\boldsymbol{A}$ 的正(负)惯性指数．

由定理 5.2.4 易推得下面结论．

推论 任一实对称矩阵 $\boldsymbol{A}$ 合同于对角形矩阵

$$\begin{pmatrix} 1 & & & & & & & & \\ & \ddots & & & & & & & \\ & & 1 & & & & & & \\ & & & -1 & & & & & \\ & & & & \ddots & & & & \\ & & & & & -1 & & & \\ & & & & & & 0 & & \\ & & & & & & & \ddots & \\ & & & & & & & & 0 \end{pmatrix}=\begin{pmatrix} \boldsymbol{I}_p & & \\ & -\boldsymbol{I}_{r-p} & \\ & & \boldsymbol{O} \end{pmatrix},$$

其中，r 是 $\boldsymbol{A}$ 的秩，p 是 $\boldsymbol{A}$ 的正惯指数．

定理 5.2.5 实对称矩阵 $\boldsymbol{A}$ 与 $\boldsymbol{B}$ 合同的充要条件是它们有相同的秩和相同的正惯性指数．

证 必要性：设 $\boldsymbol{A}$ 与 $\boldsymbol{B}$ 合同，$\boldsymbol{B}=\boldsymbol{C}^T\boldsymbol{A}\boldsymbol{C}(\,|\boldsymbol{C}|\neq 0)$，则 $\boldsymbol{r}(\boldsymbol{A})=\boldsymbol{r}(\boldsymbol{B})$.

根据定理 5.2.4 的推论，设 $\boldsymbol{A}$ 与 $\begin{pmatrix}\boldsymbol{I}_p & & \\ & -\boldsymbol{I}_{r-p} & \\ & & \boldsymbol{O}\end{pmatrix}$ 合同，其中 r 为 $\boldsymbol{A}$ 的秩，p 为 $\boldsymbol{A}$ 的正惯性指数，则 $\boldsymbol{B}$ 也与 $\begin{pmatrix}\boldsymbol{I}_p & & \\ & -\boldsymbol{I}_{r-p} & \\ & & \boldsymbol{O}\end{pmatrix}$ 合同，即 $\boldsymbol{B}$ 的正惯性指数也是 p. 即 $\boldsymbol{A}$ 与 $\boldsymbol{B}$ 有相同的秩和相同的正惯性指数．

充分性：设 n 阶对称矩阵 $\boldsymbol{A}$ 与 $\boldsymbol{B}$ 有相同的秩 r 和相同的正惯性指数 p，由定理 5.2.4 可知

$$\boldsymbol{A}\simeq\begin{pmatrix}\boldsymbol{I}_p & & \\ & -\boldsymbol{I}_{r-p} & \\ & & \boldsymbol{O}\end{pmatrix},\boldsymbol{B}\simeq\begin{pmatrix}\boldsymbol{I}_p & & \\ & -\boldsymbol{I}_{r-p} & \\ & & \boldsymbol{O}\end{pmatrix},$$

即矩阵 $\boldsymbol{A}$ 和 $\boldsymbol{B}$ 与同一个对角形矩阵合同，由合同关系的传递性可知，$\boldsymbol{A}$ 与 $\boldsymbol{B}$ 合同．

例 1 在以下三个矩阵中，哪些是合同矩阵？哪些是不合同矩阵？

$$\boldsymbol{A}=\begin{pmatrix}-1 & & \\ & 3 & \\ & & -2\end{pmatrix},\boldsymbol{B}=\begin{pmatrix}-1 & & \\ & 1 & \\ & & 1\end{pmatrix},\boldsymbol{C}=\begin{pmatrix}1 & & \\ & -2 & \\ & & -3\end{pmatrix}.$$

解 $\boldsymbol{A},\boldsymbol{B},\boldsymbol{C}$ 的秩都是 3，因为 $\boldsymbol{A}$ 与 $\boldsymbol{C}$ 的正惯性指数都为 1，所以 $\boldsymbol{A}$ 与 $\boldsymbol{C}$ 合同；而 $\boldsymbol{B}$ 的正惯性指数为 2，所以 $\boldsymbol{B}$ 与 $\boldsymbol{A}$ 不合同，$\boldsymbol{B}$ 与 $\boldsymbol{C}$ 不合同．

思考与练习 5.2

1. 判断下列命题的真伪，并说明理由．

(1) 一个二次型在不同的线性替换下化成的标准形是相同的；

(2) 任意一个对称矩阵都与一个对角形矩阵合同；

(3) 任意一个实二次型都可经过一个正交替换化为标准形；

(4) 二次型的规范形是唯一的．

2. 用配方法化二次型为标准形，并写出所作的非退化线性替换．

(1) $f(x_1,x_2,x_3)=x_1^2+2x_2^2+2x_1x_3-2x_2x_3$；

(2) $f(x_1,x_2,x_3)=2x_1^2+x_2^2-4x_1x_2-4x_2x_3$;

(3) $f(x_1,x_2,x_3)=2x_1x_2+2x_1x_3-6x_2x_3$.

3. 用初等变换法化下列二次型为标准形,并写出所作的非退化线性替换.

(1) $f(x_1,x_2,x_3)=x_1^2-2x_1x_2+2x_1x_3-3x_2^2+2x_2x_3$;

(2) $f(x_1,x_2,x_3)=x_1x_2-4x_1x_3+6x_2x_3$.

4. 对于下列矩阵 $\boldsymbol{A}$,求非奇异矩阵 $\boldsymbol{C}$,使 $\boldsymbol{C}^T\boldsymbol{A}\boldsymbol{C}$ 为对角形矩阵.

(1) $\boldsymbol{A}=\begin{pmatrix}1&2&0\\2&0&1\\0&1&3\end{pmatrix}$;　　(2) $\boldsymbol{A}=\begin{pmatrix}0&\frac{1}{2}&\frac{1}{2}\\\frac{1}{2}&0&-\frac{3}{2}\\\frac{1}{2}&-\frac{3}{2}&0\end{pmatrix}$.

5. 用正交替换法化下列二次型为标准形,并写出所作的正交替换.

(1) $f(x_1,x_2,x_3)=x_1^2+2x_2^2+3x_3^2-4x_1x_2-4x_2x_3$;

(2) $f(x_1,x_2,x_3)=4x_1^2+4x_2^2+4x_3^2+4x_1x_2+4x_1x_3+4x_2x_3$.

6. 将下列二次型化为规范形,并指出正惯性指数、负惯性指数与符号差.

(1) $f(x_1,x_2,x_3,x_4)=x_1^2+2x_2^2+3x_3^2-4x_4^2$;

(2) $f(x_1,x_2,x_3)=4x_1^2-2x_2^2+3x_3^2$.

§5.3 二次型与对称矩阵的有定性

二次型的规范形是唯一的,因此可以利用二次型的规范形(或标准形)将 n 元二次型进行分类,其中,在理论和应用方面最重要的一类二次型,就是正惯性指数为 n 的情形.

5.3.1 二次型与对称矩阵有定性的概念

定义 5.3.1 设实二次型 $f(x_1,x_2,\cdots,x_n)=\boldsymbol{x}^T\boldsymbol{A}\boldsymbol{x}$,其中 $\boldsymbol{A}$ 为 n 阶实对称矩阵.若对于任意的非零列向量 $\boldsymbol{x}$ 都有

$$f(x_1,x_2,\cdots,x_n)=\boldsymbol{x}^T\boldsymbol{A}\boldsymbol{x}>0(<0),$$

则称二次型 f 是**正定(负定)二次型**(positive(negative) definite quadratic form),而称对称矩阵 $\boldsymbol{A}$ 为**正定(负定)矩阵**(positive(negative) definite matrix).

若对任何列向量 $\boldsymbol{x}$,都有 $f(x_1,x_2,\cdots,x_n)=\boldsymbol{x}^T\boldsymbol{A}\boldsymbol{x}\geqslant0(\leqslant0)$,且有 $\boldsymbol{x}_0\neq\boldsymbol{o}$,使

$\boldsymbol{x}_0^T\boldsymbol{A}\boldsymbol{x}_0=0$,则称二次型 f 为**半正定(半负定)二次型**,而对称矩阵 $\boldsymbol{A}$ 称为**半正定(半负定)矩阵**.

若二次型或对称矩阵是正定、负定、半正定、半负定的,则称二次型或对称矩阵是有定的;否则,称为不定的.

本节主要讨论二次型和对称矩阵的正定性问题.

例 1 判定下列二次型的有定性.

(1) $f(x_1,x_2)=3x_1^2+7x_2^2$;

(2) $f(x_1,x_2)=3x_1^2$;

(3) $f(x_1,x_2)=3x_1^2-7x_2^2$;

(4) $f(x_1,x_2)=-3x_1^2-7x_2^2$.

解 (1)对任意非零列向量 $\boldsymbol{x}=\begin{pmatrix}x_1\\x_2\end{pmatrix}$,显然有 $f(x_1,x_2)>0$,所以 $f(x_1,x_2)=3x_1^2+7x_2^2$ 是正定二次型,对应的矩阵是正定矩阵. 其图形如图 5-2(a)所示.

(2)对任意列向量 $\boldsymbol{x}=\begin{pmatrix}x_1\\x_2\end{pmatrix}$,有 $f(x_1,x_2)=3x_1^2\geqslant0$,且存在非零向量 $\begin{pmatrix}0\\1\end{pmatrix}$,使得 $f(0,1)=0$,所以该二次型是半正定二次型,对应的矩阵是半正定矩阵. 其图形如图 5-2(b)所示.

(3)对于向量 $\begin{pmatrix}1\\0\end{pmatrix}$,有 $f(1,0)=3$,对于向量 $\begin{pmatrix}0\\1\end{pmatrix}$,有 $f(0,1)=-7$,所以该二次型是不定二次型,其对应的矩阵是不定的. 其图形如图 5-2(c)所示.

(4)对任意非零列向量 $\boldsymbol{x}=\begin{pmatrix}x_1\\x_2\end{pmatrix}$,显然有 $f(x_1,x_2)=-3x_1^2-7x_2^2<0$,所以该二次型是负定二次型,其对应的矩阵是负定的. 其图形如图 5-2(d)所示.

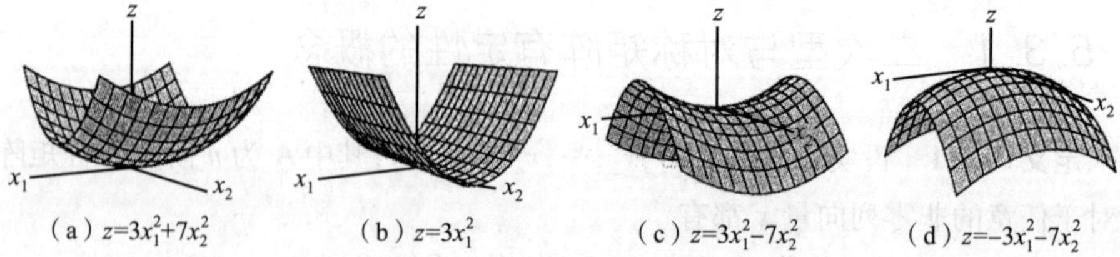

图 5-2 二次型对应的图形

例 2 证明:n 元实二次型 $f(x_1,x_2,\cdots,x_n)=d_1x_1^2+d_2x_2^2+\cdots+d_nx_n^2$ 是正定的充分必要条件是 $d_i>0(i=1,2,\cdots,n)$.

证　必要性：设二次型 $f(x_1,x_2,\cdots,x_n)=d_1x_1^2+d_2x_2^2+\cdots+d_nx_n^2$ 是正定的，则对任意 $\boldsymbol{x}=\begin{pmatrix}x_1\\x_2\\\vdots\\x_n\end{pmatrix}\neq\boldsymbol{o}$，都有 $f(x_1,x_2,\cdots,x_n)>0$. 令 $\boldsymbol{x}=\boldsymbol{\varepsilon}_i=\begin{pmatrix}0\\\vdots\\1\\\vdots\\0\end{pmatrix}(i=1,2,\cdots,n)$，有

$$f(0,\cdots,1,\cdots,0)=d_i>0(i=1,2,\cdots,n).$$

充分性：设 $d_i>0(i=1,2,\cdots,n)$，则对任意非零列向量 $\boldsymbol{x}=\begin{pmatrix}x_1\\x_2\\\vdots\\x_n\end{pmatrix}$，显然 $f(x_1,x_2,\cdots,x_n)>0$，即 f 是正定二次型.

例 2 表明，对角形矩阵 $\boldsymbol{\Lambda}=\begin{pmatrix}d_1&&&\\&d_2&&\\&&\ddots&\\&&&d_n\end{pmatrix}$ 正定的充分必要条件是 $d_i>0(i=1,2,\cdots,n)$. 于是，单位矩阵 $\boldsymbol{I}$ 是正定矩阵.

5.3.2　二次型与对称矩阵有定性的判别法

定理 5.3.1　正定二次型经过任一非退化线性替换都化为正定二次型.

证　设二次型 $f(\boldsymbol{x})=\boldsymbol{x}^T\boldsymbol{A}\boldsymbol{x}$ 是正定二次型，经非退化线性替换 $\boldsymbol{x}=\boldsymbol{C}\boldsymbol{y}$，有

$$f(\boldsymbol{x})=\boldsymbol{x}^T\boldsymbol{A}\boldsymbol{x}=\boldsymbol{y}^T(\boldsymbol{C}^T\boldsymbol{A}\boldsymbol{C})\boldsymbol{y}=g(\boldsymbol{y}),$$

这里，二次型 $g(\boldsymbol{y})$ 的矩阵 $\boldsymbol{B}=\boldsymbol{C}^T\boldsymbol{A}\boldsymbol{C}$.

对于二次型 $g(\boldsymbol{y})$，任取列向量 $\boldsymbol{y}\neq\boldsymbol{o}$，有 $\boldsymbol{x}=\boldsymbol{C}\boldsymbol{y}\neq\boldsymbol{o}$，因为 $f(\boldsymbol{x})$ 正定，所以 $f(\boldsymbol{x})>0$，即 $f(\boldsymbol{x})=\boldsymbol{y}^T(\boldsymbol{C}^T\boldsymbol{A}\boldsymbol{C})\boldsymbol{y}=g(\boldsymbol{y})>0$，从而 $g(\boldsymbol{y})$ 是正定二次型.

一般地，可以证明：非退化线性替换不改变二次型的定性. 因此，若 $\boldsymbol{A}$ 与 $\boldsymbol{B}$ 是两个合同的实对称矩阵，则 $\boldsymbol{A}$ 与 $\boldsymbol{B}$ 有相同的定性.

由定理 5.3.1 及 5.3.1 小节中例 2 可得以下定理及推论.

定理 5.3.2　n 元二次型 $f(\boldsymbol{x})=\boldsymbol{x}^T\boldsymbol{A}\boldsymbol{x}$ 正定的充要条件是它的标准形为 $d_1x_1^2+d_2x_2^2+\cdots+d_nx_n^2$，其中 $d_i>0,i=1,2,\cdots,n$.

推论 1　n 元二次型 $f(\boldsymbol{x})=\boldsymbol{x}^T\boldsymbol{A}\boldsymbol{x}$ 正定的充要条件是它的正惯性指数为 n.

或者说，n 阶对称矩阵 $\boldsymbol{A}$ 正定的充要条件是 $\boldsymbol{A}$ 合同于单位矩阵，即存在可逆

矩阵 $\boldsymbol{C}$,使 $\boldsymbol{A}=\boldsymbol{C}^T\boldsymbol{C}$.

推论 2 若 $\boldsymbol{A}$ 是正定矩阵,则 $|\boldsymbol{A}|>0$.

事实上,设 $\boldsymbol{A}$ 是正定矩阵,由推论 1 可知,存在可逆矩阵 $\boldsymbol{C}$,使 $\boldsymbol{A}=\boldsymbol{C}^T\boldsymbol{C}$,于是

$$|\boldsymbol{A}|=|\boldsymbol{C}^T\boldsymbol{C}|=|\boldsymbol{C}^T|\cdot|\boldsymbol{C}|=|\boldsymbol{C}|^2>0.$$

定理 5.3.3 n 阶对称矩阵 $\boldsymbol{A}$ 正定的充要条件是 $\boldsymbol{A}$ 的特征值都大于零.

证 由定理 5.2.3 可知,对于 $\boldsymbol{A}$ 所对应的二次型 $\boldsymbol{x}^T\boldsymbol{A}\boldsymbol{x}$,可经正交替换 $\boldsymbol{x}=\boldsymbol{C}\boldsymbol{y}$ 化为标准形

$$\lambda_1 y_1^2+\lambda^2 y_2^2+\cdots+\lambda_n {y_n}^2$$

其中,$\lambda_1,\lambda_2,\cdots,\lambda_n$ 为 $\boldsymbol{A}$ 的全部特征值. 由定理 5.3.2 可知,$\boldsymbol{x}^T\boldsymbol{A}\boldsymbol{x}$ 正定的充要条件是 $\lambda_i>0(i=1,2,\cdots,n)$. 即 $\boldsymbol{A}$ 正定的充要条件是 $\boldsymbol{A}$ 的所有特征值 $\lambda_i>0(i=1,2,\cdots,n)$.

例 1 设 $\boldsymbol{A}$ 是 n 阶正定矩阵,试证明 $|\boldsymbol{A}+\boldsymbol{I}|>1$.

证 设 $\boldsymbol{A}$ 的特征值为 $\lambda_1,\lambda_2,\cdots,\lambda_n$,则 $\boldsymbol{A}+\boldsymbol{I}$ 的特征值为 $\lambda_1+1,\lambda_2+1,\cdots,\lambda_n+1$. 因为 $\boldsymbol{A}$ 正定,所以 $\lambda_i>0(i=1,2,\cdots,n)$,从而 $\lambda_i+1>1(i=1,2,\cdots,n)$. 故

$$|\boldsymbol{A}+\boldsymbol{I}|=(\lambda_1+1)(\lambda_2+1)\cdots(\lambda_n+1)>1.$$

下面我们给出一个利用行列式判定对称矩阵 $\boldsymbol{A}$ 正定的方法. 为此引入如下概念.

定义 5.3.2 设 n 阶矩阵 $\boldsymbol{A}=(a_{ij})_{n\times n}$,由 $\boldsymbol{A}$ 的第 $1,2,\cdots,k$ 行及第 $1,2,\cdots,k$ 列交叉位置上的元素所构成的 k 阶子式($1\leqslant k\leqslant n$),称为 $\boldsymbol{A}$ 的 k **阶顺序主子式**,记作 $|\boldsymbol{A}_k|$. 即

$$|\boldsymbol{A}_1|=|a_{11}|,\ |\boldsymbol{A}_2|=\begin{vmatrix}a_{11}&a_{12}\\a_{21}&a_{22}\end{vmatrix},$$

$$|\boldsymbol{A}_3|=\begin{vmatrix}a_{11}&a_{12}&a_{13}\\a_{21}&a_{22}&a_{23}\\a_{31}&a_{32}&a_{33}\end{vmatrix},\cdots,\ |\boldsymbol{A}_n|=\begin{vmatrix}a_{11}&a_{12}&\cdots&a_{1n}\\a_{21}&a_{22}&\cdots&a_{2n}\\\cdots&\cdots&\cdots&\cdots\\a_{n1}&a_{n2}&\cdots&a_{nn}\end{vmatrix}.$$

例 2 求 $\boldsymbol{A}=\begin{pmatrix}1&1&1\\1&2&2\\1&2&1\end{pmatrix}$ 的各阶顺序主子式.

解 $|\boldsymbol{A}_1|=|1|=1,\ |\boldsymbol{A}_2|=\begin{vmatrix}1&1\\1&2\end{vmatrix}=1,\ |\boldsymbol{A}_3|=\begin{vmatrix}1&1&1\\1&2&2\\1&2&1\end{vmatrix}=-1.$

定理 5.3.4 n 阶实对称矩阵 $\boldsymbol{A}=(a_{ij})$ 正定的充分必要条件是 $\boldsymbol{A}$ 的各阶顺序主子式 $|\boldsymbol{A}_k|>0(k=1,2,\cdots,n)$.

证明从略.

例3 判定 $A=\begin{pmatrix}5 & 2 & -2\\ 2 & 5 & -1\\ -2 & -1 & 5\end{pmatrix}$ 是否是正定矩阵.

解 因为

$$|A_1|=|5|>0,\ |A_2|=\begin{vmatrix}5 & 2\\ 2 & 5\end{vmatrix}=21>0,$$

$$|A_3|=\begin{vmatrix}5 & 2 & -2\\ 2 & 5 & -1\\ -2 & -1 & 5\end{vmatrix}=88>0,$$

所以,A 是正定矩阵.

例4 当 t 满足什么条件时,二次型 $f(x_1,x_2,x_3)=x_1^2+x_2^2+5x_3^2+2tx_1x_2-2x_1x_3+4x_2x_3$ 是正定的.

解 二次型的矩阵为:

$$A=\begin{pmatrix}1 & t & -1\\ t & 1 & 2\\ -1 & 2 & 5\end{pmatrix}.$$

当 A 的各阶顺序主子式都大于零时,A 为正定矩阵,对应的二次型为正定二次型.由 A 正定,得

$$|A_1|=1>0,\ |A_2|=\begin{vmatrix}1 & t\\ t & 1\end{vmatrix}=1-t^2>0,$$

$$|A_3|=\begin{vmatrix}1 & t & -1\\ t & 1 & 2\\ -1 & 2 & 5\end{vmatrix}=-t(5t+4)>0.$$

解得 $-\frac{4}{5}<t<0$. 即当 $-\frac{4}{5}<t<0$ 时,二次型正定.

下面我们给出正定矩阵的几个性质:

性质1 若 n 阶对称矩阵 A 正定,则 A^{-1} 也正定.

性质2 若 n 阶对称矩阵 A 正定,则 A 的伴随矩阵 A^* 也正定.

性质3 若 A 是正定矩阵,则 A^k 也是正定矩阵(k 是正整数).

性质4 若 A 是正定矩阵,B 是同阶正定(或半正定)矩阵,则 $A+B$ 是正定矩阵.

性质5 若 A 是正定矩阵,则 A 的主对角线上的元素 $a_{ii}>0(i=1,2,\cdots,n)$.

下面仅给出性质4和性质5的证明,其他性质请读者自证.

证 设$\boldsymbol{A},\boldsymbol{B}$都是正定矩阵,则对任意列向量$\boldsymbol{x}\neq\boldsymbol{o}$,有

$$\boldsymbol{x}^T\boldsymbol{A}\boldsymbol{x}>0,\boldsymbol{x}^T\boldsymbol{B}\boldsymbol{x}>0,$$

因此

$$\boldsymbol{x}^T(\boldsymbol{A}+\boldsymbol{B})\boldsymbol{x}=\boldsymbol{x}^T\boldsymbol{A}\boldsymbol{x}+\boldsymbol{x}^T\boldsymbol{B}\boldsymbol{x}>0.$$

即$\boldsymbol{A}+\boldsymbol{B}$是正定矩阵.

同理可证$\boldsymbol{B}$是半正定矩阵的情形. 性质4得证.

设$\boldsymbol{A}=(a_{ij})_{n\times n}$是正定矩阵,则二次型$f(x_1,x_2,\cdots,x_n)=\boldsymbol{x}^T\boldsymbol{A}\boldsymbol{x}$是正定二次型. 于是,对任意列向量$\boldsymbol{x}\neq\boldsymbol{o}$,都有$f(x_1,x_2,\cdots,x_n)>0$. 令$\boldsymbol{x}=(0\ \cdots\ 1\ \cdots\ 0)^T\neq\boldsymbol{o}$,有

$$f(0,\cdots,0,1,0,\cdots,0)=a_{ii}>0(i=1,2,\cdots,n).$$

性质5得证.

例5 判定下列矩阵是否正定.

$$\boldsymbol{A}=\begin{pmatrix}3&5&7\\2&8&6\\1&6&2\end{pmatrix},\boldsymbol{B}=\begin{pmatrix}1&1&0\\1&-2&2\\0&2&1\end{pmatrix},\boldsymbol{C}=\begin{pmatrix}5&2&-4\\2&1&-2\\-4&-2&5\end{pmatrix}.$$

解 矩阵$\boldsymbol{A}$不是对称矩阵,故不可能是正定的.

矩阵$\boldsymbol{B}$中主对角线上元素$a_{22}=-2<0$,故$\boldsymbol{B}$不是正定的.

对于矩阵$\boldsymbol{C}$,其各阶顺序主子式为

$$|\boldsymbol{C}_1|=|5|>0,\ |\boldsymbol{C}_2|=\begin{vmatrix}5&2\\2&1\end{vmatrix}=1>0,\ |\boldsymbol{C}_3|=\begin{vmatrix}5&2&-4\\2&1&-2\\-4&-2&5\end{vmatrix}=1>0,$$

所以,$\boldsymbol{C}$是正定矩阵.

关于矩阵或二次型的负定、半正定的判别,可类似于矩阵或二次型正定性进行讨论,此处直接列出有关结论.

定理5.3.5 设二次型$f(x_1,x_2,\cdots,x_n)=\boldsymbol{x}^T\boldsymbol{A}\boldsymbol{x}$,则以下结论等价:

(1)$f(x_1,x_2,\cdots,x_n)$负定;

(2)$-\boldsymbol{A}$正定;

(3)$f(x_1,x_2,\cdots,x_n)$的负惯性指数为n;

(4)$\boldsymbol{A}$的所有特征值$\lambda_i<0(i=1,2,\cdots,n)$;

(5)$\boldsymbol{A}$的奇数阶顺序主子式都小于0,而偶数阶顺序主子式都大于0.

定理5.3.6 设二次型$f(x_1,x_2,\cdots,x_n)=\boldsymbol{x}^T\boldsymbol{A}\boldsymbol{x}$,则以下结论等价:

(1)$f(x_1,x_2,\cdots,x_n)$是半正定的;

(2)$f(x_1,x_2,\cdots,x_n)$的正惯性指数$p=r(\boldsymbol{A})<n$;

(3)$\boldsymbol{A}$的所有特征值$\lambda_i\geqslant0(i=1,2,\cdots,n)$,且至少存在一个特征值等于0.

至于矩阵或二次型半负定、不定的判别,请读者给出有关的结论.

5.3.3 二次型应用举例

二次型的理论在物理学、最优化理论和经济学中有广泛应用,这里我们只介绍多元函数极值判定的一个方法及在约束条件 $\boldsymbol{x}^T\boldsymbol{x}=1$ 下二次型 $f(\boldsymbol{x})=\boldsymbol{x}^T\boldsymbol{A}\boldsymbol{x}$ 的极值问题.

设二元函数 $f(x_1,x_2)$ 在 $\boldsymbol{x}_0=(x_1^0,x_2^0)$ 的某邻域内有一阶和二阶连续偏导数,又 $\boldsymbol{x}_0+\boldsymbol{h}=(x_1^0+h_1,x_2^0+h_2)$ 为该邻域内的任意一点,由多元函数的泰勒公式可知,

$$f(\boldsymbol{x}_0+\boldsymbol{h})=f(\boldsymbol{x}_0)+\frac{\partial f(x_0)}{\partial x_1}h_1+\frac{\partial f(x_0)}{\partial x_2}h_2+\frac{1}{2!}\left(\frac{\partial^2 f(\boldsymbol{x}_0+\theta\boldsymbol{h})}{\partial x_1^2}h_1^2+2\frac{\partial^2 f(\boldsymbol{x}_0+\theta\boldsymbol{h})}{\partial x_1\partial x_2}h_1h_2+\frac{\partial^2 f(\boldsymbol{x}_0+\theta\boldsymbol{h})}{\partial x_2^2}h_2^2\right)$$

其中 $0<\theta<1$,$\boldsymbol{h}=(h_1,h_2)$.

令 $f_i(\boldsymbol{x}_0)=\dfrac{\partial f(\boldsymbol{x}_0)}{\partial x_i}$,$i=1,2$,$f_{ij}(\boldsymbol{x}_0+\theta\boldsymbol{h})=\dfrac{\partial^2 f(\boldsymbol{x}_0+\theta\boldsymbol{h})}{\partial x_i\partial x_j}$,$i=1,2$. 由二阶偏导数连续可知,$f_{ij}(\boldsymbol{x}_0+\theta\boldsymbol{h})=f_{ji}(\boldsymbol{x}_0+\theta\boldsymbol{h})$,$i=1,2$. 当 $\boldsymbol{x}_0$ 是 $f(x_1,x_2)$ 的驻点时,则有 $\dfrac{\partial f(\boldsymbol{x}_0)}{\partial x_1}=\dfrac{\partial f(\boldsymbol{x}_0)}{\partial x_2}=0$. 于是 $f(\boldsymbol{x}_0)$ 是否是 $f(x_1,x_2)$ 的极值取决于

$$f_{11}(\boldsymbol{x}_0+\theta\boldsymbol{h})h_1^2+2f_{12}(\boldsymbol{x}_0+\theta\boldsymbol{h})h_1h_2+f_{22}(\boldsymbol{x}_0+\theta\boldsymbol{h})h_2^2$$

的符号. 由二阶偏导数在 $\boldsymbol{x}_0$ 的某邻域内连续可知,在该邻域内,上式的符号与

$$f_{11}(\boldsymbol{x}_0)h_1^2+2f_{12}(\boldsymbol{x}_0)h_1h_2+f_{22}(\boldsymbol{x}_0)h_2^2$$

的符号相同. 显然 $f_{11}(\boldsymbol{x}_0)h_1^2+2f_{12}(\boldsymbol{x}_0)h_1h_2+f_{22}(\boldsymbol{x}_0)h_2^2$ 是 h_1,h_2 的一个二次型,它的符号取决于对称矩阵 $H(\boldsymbol{x}_0)=\begin{pmatrix}f_{11}(\boldsymbol{x}_0) & f_{12}(\boldsymbol{x}_0)\\ f_{21}(\boldsymbol{x}_0) & f_{22}(\boldsymbol{x}_0)\end{pmatrix}$ 是否为有定矩阵. 当 $H(\boldsymbol{x}_0)$ 正定时,$f(\boldsymbol{x}_0)$ 为 $f(x_1,x_2)$ 的极小值;当 $H(\boldsymbol{x}_0)$ 负定时,$f(\boldsymbol{x}_0)$ 为 $f(x_1,x_2)$ 的极大值;当 $H(x_0)$ 不定时,$f(x_0)$ 不是 $f(x_1,x_2)$ 的极值. 称矩阵 $H(\boldsymbol{x}_0)$ 为 $f(\boldsymbol{x})$ 在 $\boldsymbol{x}_0$ 点的 2 阶海塞①矩阵. 一般地,我们有如下定理.

定理 5.3.7 设 n 元函数 $f(x_1,x_2,\cdots,x_n)$ 在点 $\boldsymbol{x}_0=(x_1^0,x_2^0,\cdots,x_n^0)$ 的某领域中有一阶、二阶连续偏导数,且 $\boldsymbol{x}_0$ 是 $f(\boldsymbol{x})$ 的驻点,则

---

① 海塞(Hesse,Ludvig Otto,1811 ~ 1874),德国数学家,海塞的主要贡献在代数函数论和几何学方面,他的主要著作有《空间解析几何讲义》、《直线解析几何讲义》. 海塞矩阵是他在 1844 年求代数方程的解时引入的.

(1) 当 $\boldsymbol{H}(\boldsymbol{x}_0)$ 为正定矩阵时，则 $f(\boldsymbol{x}_0)$ 为 $f(\boldsymbol{x})$ 的极小值；

(2) 当 $\boldsymbol{H}(\boldsymbol{x}_0)$ 为负定矩阵时，则 $f(\boldsymbol{x}_0)$ 为 $f(\boldsymbol{x})$ 的极大值；

(3) 当 $\boldsymbol{H}(\boldsymbol{x}_0)$ 为不定矩阵时，$f(\boldsymbol{x}_0)$ 不是 $f(\boldsymbol{x})$ 的极值.

其中，$\boldsymbol{H}(\boldsymbol{x}_0)=\begin{pmatrix} f_{11}(\boldsymbol{x}_0) & f_{12}(\boldsymbol{x}_0) & \cdots & f_{1n}(\boldsymbol{x}_0) \\ f_{21}(\boldsymbol{x}_0) & f_{22}(\boldsymbol{x}_0) & \cdots & f_{2n}(\boldsymbol{x}_0) \\ \cdots & \cdots & \cdots & \cdots \\ f_{n1}(\boldsymbol{x}_0) & f_{n2}(\boldsymbol{x}_0) & \cdots & f_{nn}(\boldsymbol{x}_0) \end{pmatrix}$，$f_{ij}(x_0)=\dfrac{\partial^2 f(x_0)}{\partial x_i \partial x_j}$，$i,j=1,2,\cdots,n$.

称 $\boldsymbol{H}(\boldsymbol{x}_0)$ 为 $f(\boldsymbol{x})$ 在 $\boldsymbol{x}_0$ 点的海塞矩阵.

例 1 求函数 $f(x,y)=2x^2-4xy+5y^2$ 的极值.

解 由 $\begin{cases} f_1=4x-4y=0 \\ f_2=-4x+10y=0 \end{cases}$，得驻点为 $\boldsymbol{x}_0=(0,0)$，又 $f_{11}=4$，$f_{12}=-4$，$f_{22}=10$，则 $f(x,y)$ 在 $\boldsymbol{x}_0$ 处的海塞矩阵为

$$\boldsymbol{H}(\boldsymbol{x}_0)=\begin{pmatrix} 4 & -4 \\ -4 & 10 \end{pmatrix}.$$

$\boldsymbol{H}(\boldsymbol{x}_0)$ 的各阶顺序主子式分别为 4 和 56，故 $\boldsymbol{H}(\boldsymbol{x}_0)$ 为正定矩阵，因此 $\boldsymbol{x}_0$ 为极小值点，函数的极小值为 $f(0,0)=0$.

另外，注意到例 1 中的函数为二次型，且容易判定二次型 $f(x,y)=2x^2-4xy+5y^2$ 是正定的，即对任意非零向量 $\begin{pmatrix} x \\ y \end{pmatrix}$，均有 $f(x,y)>0$，故由此也可得出 $f(0,0)=0$ 为函数 $f(x,y)$ 的极小值.

例 2 求函数 $f(x_1,x_2,x_3)=x_1+x_2-\mathrm{e}^{x_1}-\mathrm{e}^{x_2}+2\mathrm{e}^{x_3}-\mathrm{e}^{x_3^2}$ 的极值.

解 令

$$\begin{cases} f_1=1-\mathrm{e}^{x_1}=0, \\ f_2=1-\mathrm{e}^{x_2}=0, \\ f_3=2\mathrm{e}^{x_3}-2x_3\mathrm{e}^{x_3^2}=0. \end{cases}$$

可得驻点 $\boldsymbol{x}_0=(0,0,1)$. 又

$$f_{11}=-\mathrm{e}^{x_1},\quad f_{12}=0,\quad f_{13}=0;$$
$$f_{21}=0,\quad f_{22}=-\mathrm{e}^{x_2},\quad f_{23}=0;$$
$$f_{31}=0,\quad f_{32}=0,\quad f_{33}=2\mathrm{e}^{x_3}-(2+4x_3^2)\mathrm{e}^{x_3^2},$$

则 $f(x_1,x_2,x_3)$ 在 $(0,0,1)$ 处的海塞矩阵为：

$$\boldsymbol{H}(\boldsymbol{x}_0)=\begin{pmatrix} -1 & 0 & 0 \\ 0 & -1 & 0 \\ 0 & 0 & -4\mathrm{e} \end{pmatrix}$$

因 $|H_1(x_0)| = -1<0$，$|H_2(x_0)| = \begin{vmatrix} -1 & 0 \\ 0 & -1 \end{vmatrix} = 1>0$，$|H_3(x_0)| = -4e<0$，故 $H(x_0)$ 为负定矩阵．所以 $f(0,0,1) = e-2$ 为 $f(x_1,x_2,x_3)$ 的极大值．

下面通过例子来说明如何求 n 元二次型 $f(\boldsymbol{x}) = \boldsymbol{x}^T\boldsymbol{A}\boldsymbol{x}$ 在约束条件 $\boldsymbol{x}^T\boldsymbol{x}=1$ 下的最大值或最小值．读者将会看到，这类条件优化问题有一个有趣且精彩的解．

例 3　求 $f(\boldsymbol{x}) = 9x_1^2+4x_2^2+3x_3^2$ 在约束条件 $\boldsymbol{x}^T\boldsymbol{x}=1$ 下的最大值和最小值．

解　由于 x_2^2,x_3^2 是非负的，注意到 $4x_2^2 \leqslant 9x_2^2$ 和 $3x_3^2 \leqslant 9x_3^2$，所以当 $x_1^2+x_2^2+x_3^2=1$ 时，

$$\begin{aligned} f(x) &= 9x_1^2+4x_2^2+3x_3^2 \leqslant 9x_1^2+9x_2^2+9x_3^2 \\ &= 9(x_1^2+x_2^2+x_3^2) = 9. \end{aligned}$$

因此当 $\boldsymbol{x}$ 为单位向量时，$f(\boldsymbol{x})$ 的最大值不超过 9．当 $\boldsymbol{x} = (1,0,0)$ 时，$f(\boldsymbol{x}) = 9$，故 $f(\boldsymbol{x})$ 在条件 $\boldsymbol{x}^T\boldsymbol{x}=1$ 下的最大值为 9.

同理可得，$f(\boldsymbol{x})$ 在条件 $\boldsymbol{x}^T\boldsymbol{x}=1$ 下的最小值为 3.

从例 3 可以看到，二次型的矩阵具有特征值 9，4，3，且最大和最小特征值分别等于二次型在约束条件 $\boldsymbol{x}^T\boldsymbol{x}=1$ 下的最大值和最小值．可以证明，此结论对任何二次型 $f(\boldsymbol{x}) = \boldsymbol{x}^T\boldsymbol{A}\boldsymbol{x}$ 都是成立的，并且对应于最大特征值的单位特征向量就是二次型取得最大值的点，对应于最小特征值的单位特征向量就是二次型取得最小值的点．

例 4　作为年度的市政建设工程，某市政府计划修 x 百公里的公路和桥梁，并且修整 y 百亩的公园和娱乐场所，假设同时开始两个项目更划算，而 x 和 y 必须满足下面的限制条件

$$4x^2+9y^2 \leqslant 36.$$

见图 5－3．图 5－3 中阴影部分中的每一点 (x,y)，表示一个可能的年度市政工程计划，而曲线 $4x^2+9y^2=36$ 上的点是最大限度利用可支配资源的工程计划．为选择工程计划，市政府需要考虑居民的意见．经济学家常用效用函数

$$q(x,y) = xy$$

来度量各类工程计划 (x,y) 对居民的价值或效用．试确定市政工程计划 (x,y)，使得对居民的效用 $q(x,y)$ 达到最大．

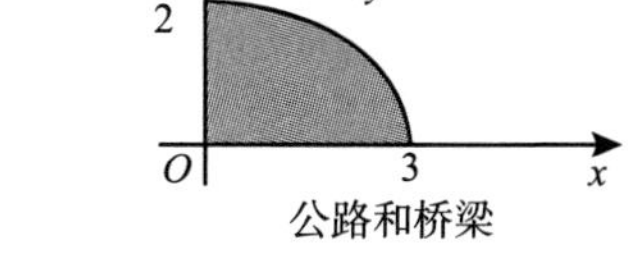

图 5－3

解 作变换

$$x_1=\frac{x}{3},x_2=\frac{y}{2},$$

则限制条件的方程 $4x^2+9y^2=36$ 可改写为

$$x_1^2+x_2^2=1,$$

效用函数可改写为

$$q(3x_1,2x_2)=6x_1x_2.$$

令 $\boldsymbol{x}=\begin{pmatrix}x_1\\x_2\end{pmatrix}$,那么原问题变为求在限制条件 $\boldsymbol{x}^T\boldsymbol{x}=1$ 下 $Q(\boldsymbol{x})=6x_1x_2$ 的最大值.

注意到二次型 $Q(\boldsymbol{x})=6x_1x_2$ 的矩阵 $\boldsymbol{A}=\begin{pmatrix}0&3\\3&0\end{pmatrix}$ 的特征值为 3, −3. 属于特征值 3 的单位特征向量为 $\begin{pmatrix}\frac{\sqrt{2}}{2}\\\frac{\sqrt{2}}{2}\end{pmatrix}$,属于特征值 −3 的单位特征向量为 $\begin{pmatrix}-\frac{\sqrt{2}}{2}\\\frac{\sqrt{2}}{2}\end{pmatrix}$. 故 $Q(\boldsymbol{x})=6x_1x_2$ 的最大值为 3,且在 $x_1=\frac{\sqrt{2}}{2}$ 和 $x_2=\frac{\sqrt{2}}{2}$ 处可以达到. 即最优工程计划是修建 $x=3x_1\approx 2.1$ 百公里的公路和桥梁,$y=2x_2\approx 1.4$ 百亩的公园和娱乐场所.

在例 4 中,使 $q(x,y)$ 为常数的点 (x,y) 的集合,称为**无差别曲线**. 在无差别曲线上的点对应的选择,对作为一个群体的居民来说有相同的效用. 最优工程计划是限制曲线 $4x^2+9y^2=36$ 和无差别曲线 $q(x,y)=3$ 恰好相交的点,具有更大效用的点 (x,y) 位于和限制曲线不相交的无差别曲线上,见图 5−4.

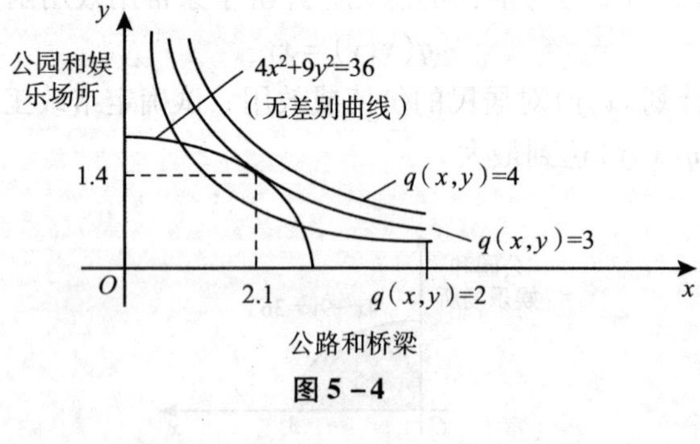

图 5−4

思考与练习 5.3

1. 判定下列二次型的定性.

(1) $f(x_1,x_2,x_3,x_4)=x_1^2+2x_2^2+3x_3^2+4x_4^2$;

(2) $f(x_1,x_2,x_3)=2x_1^2+3x_2^2$;

(3) $f(x_1,x_2,x_3)=-x_1^2-2x_2^2-3x_3^2$;

(4) $f(x_1,x_2)=-(x_1-x_2)^2$;

(5) $f(x_1,x_2,x_3)=x_1^2+2x_2^2-3x_3^2$.

2. 判断下列命题的真伪,并说明理由.

(1)正定二次型 $\boldsymbol{x}^T\boldsymbol{A}\boldsymbol{x}$ 满足对所有的 $\boldsymbol{x}$,都有 $\boldsymbol{x}^T\boldsymbol{A}\boldsymbol{x}>0$;

(2)若对称矩阵 $\boldsymbol{A}$ 的所有特征值都是正数,则二次型 $\boldsymbol{x}^T\boldsymbol{A}\boldsymbol{x}$ 是正定的;

(3)若二次型的每一个系数都是正的,则二次型是正定的;

(4)一个不定二次型,或者是半正定的或者是半负定的;

(5)设 $\boldsymbol{A}$ 是对称矩阵,若 $|\boldsymbol{A}|>0$,则 $\boldsymbol{A}$ 是正定矩阵.

3. 设 $\boldsymbol{A},\boldsymbol{B}$ 都是同阶正定矩阵,证明:$\boldsymbol{A}+\boldsymbol{B}$ 也是正定矩阵.

4. 判定下列二次型是否是正定二次型.

(1) $f(x_1,x_2,x_3)=x_1^2+2x_2^2+6x_3^2+2x_1x_2+2x_1x_3+6x_2x_3$;

(2) $f(x_1,x_2,x_3)=2x_1^2+2x_1x_2+4x_1x_3+2x_2^2+2x_2x_3+3x_3^2$;

(3) $f(x_1,x_2,x_3)=2x_1^2+3x_2^2+2x_1x_2-2x_2x_3$.

5. 判定下列对称矩阵是否是正定矩阵.

(1) $\boldsymbol{A}=\begin{pmatrix}1&2&0\\2&-2&1\\0&1&3\end{pmatrix}$;　　(2) $\boldsymbol{A}=\begin{pmatrix}2&1&2\\1&1&1\\2&1&5\end{pmatrix}$.

6. 当 t 满足什么条件时,下列二次型是正定二次型?

(1) $f(x_1,x_2,x_3)=5x_1^2+x_2^2+tx_3^2+4x_1x_2-2x_1x_3-2x_2x_3$;

(2) $f(x_1,x_2,x_3)=x_1^2+4x_2^2+2x_3^2+2tx_1x_2+2x_1x_3$.

7. 设 $\boldsymbol{A}=\begin{pmatrix}3&2&1\\2&3&1\\1&1&4\end{pmatrix}$,求二次型 $\boldsymbol{x}^T\boldsymbol{A}\boldsymbol{x}$ 在限制条件 $\boldsymbol{x}^T\boldsymbol{x}=1$ 下的最大值,并求一个可以取到该最大值的单位向量.

习 题 五

1. 填空题.

(1)设二次型的矩阵为 $\boldsymbol{A}=\begin{pmatrix}1&0&2\\0&2&1\\2&1&1\end{pmatrix}$,则二次型 $f(x_1,x_2,x_3)=$ ________.

(2)二次型$f(x_1,x_2,x_3)=x_1^2+6x_2^2+4x_3^2-4x_1x_2+4x_1x_3-8x_2x_3$的矩阵为________.

(3)二次型$(x\quad y)\begin{pmatrix}1&3\\5&2\end{pmatrix}\begin{pmatrix}x\\y\end{pmatrix}$的矩阵是________.

(4)二次型$f(x_1,x_2,x_3)=x_1^2+x_2^2+x_3^2+4x_1x_2$的秩为________,正惯性指数为________,负惯性指数为________,符号差为________.

(5)已知二次型$f(x_1,x_2,x_3)$的矩阵$\boldsymbol{A}$有三个特征值1,-1,2,该二次型的规范形为________.

(6)二次型$f(x_1,x_2,x_3)=\boldsymbol{x}^T\boldsymbol{A}x$经正交替换化为标准形$y_1+5y_2-y_3$,则矩阵$\boldsymbol{A}$的特征值为________.

(7)对称矩阵$\begin{pmatrix}1&a\\a&2\end{pmatrix}$为正定矩阵的充分必要条件是________.

(8)设$\boldsymbol{A}=\begin{pmatrix}1&a&0\\a&1&2\\0&2&5\end{pmatrix}$为正定矩阵,则$a$的取值范围是________.

(9)若二次型$f(x_1,x_2,x_3,x_4)=x_1^2+x_2^2+x_3^2+\lambda x_4^2$正定,则$\lambda$满足________.

(10)设n阶实对称矩阵$\boldsymbol{A}$满足条件$\boldsymbol{A}^2+6\boldsymbol{A}+8\boldsymbol{I}=\boldsymbol{O}$且$\boldsymbol{A}+t\boldsymbol{I}$是正定矩阵,则$t$的取值范围为________.

2. 选择题.

(1)二次型$f(x_1,x_2)=2x_1^2+4x_1x_2-x_2^2$的矩阵为(　　).

(a)$\begin{pmatrix}2&4\\0&-1\end{pmatrix}$　　(b)$\begin{pmatrix}2&2\\2&-1\end{pmatrix}$

(c)$\begin{pmatrix}-1&1\\3&2\end{pmatrix}$　　(d)$\begin{pmatrix}2&1\\3&-1\end{pmatrix}$

(2)二次型$f(x_1,x_2,x_3)=x_1^2+4x_2^2+3x_3^2-4x_1x_2+2x_1x_3+8x_2x_3$的秩等于(　　).

(a)0　　(b)1　　(c)2　　(d)3

(3)已知二次型$f(x_1,x_2,x_3)=3x_1^2+cx_2^2+x_3^2-2x_1x_2+2x_1x_3-2x_2x_3$的秩为2,则$c$的值为(　　).

(a)0　　(b)1　　(c)2　　(d)3

(4)设$\boldsymbol{A},\boldsymbol{B}$为同阶方阵,$\boldsymbol{x}=(x_1,x_2,\cdots,x_n)^T$,且$\boldsymbol{x}^T\boldsymbol{A}\boldsymbol{x}=\boldsymbol{x}^T\boldsymbol{B}\boldsymbol{x}$,当(　　)时,$\boldsymbol{A}=\boldsymbol{B}$.

(a)$r(\boldsymbol{A})=r$　　(b)$\boldsymbol{A}^T=\boldsymbol{A}$

(c)$\boldsymbol{B}^T=\boldsymbol{B}$　　(d)$\boldsymbol{A}^T=\boldsymbol{A}$且$\boldsymbol{B}^T=\boldsymbol{B}$

(5)设$\boldsymbol{A},\boldsymbol{B}$均为$n$阶矩阵,且$\boldsymbol{A}$与$\boldsymbol{B}$合同,则(　　).

(a)$\boldsymbol{A}$与$\boldsymbol{B}$有相同的特征值　　(b)$|\boldsymbol{A}|=|\boldsymbol{B}|$

(c)$\boldsymbol{A}$与$\boldsymbol{B}$相似　　(d)$r(\boldsymbol{A})=r(\boldsymbol{B})$

(6)设n元二次型$f(\boldsymbol{x})=\boldsymbol{x}^T\boldsymbol{A}\boldsymbol{x}$,其中$\boldsymbol{A}^T=\boldsymbol{A}$. 如果该二次型通过非退化线性变换$\boldsymbol{x}=\boldsymbol{C}\boldsymbol{y}$化为$f=\boldsymbol{y}^T\boldsymbol{B}\boldsymbol{y}$,则以下结论不正确的是(　　).

(a)$\boldsymbol{A}$与$\boldsymbol{B}$合同　　(b)$\boldsymbol{A}$与$\boldsymbol{B}$等价

(c)$\boldsymbol{A}$ 与 $\boldsymbol{B}$ 相似　　(d)$r(\boldsymbol{A})=r(\boldsymbol{B})$

(7)与$\begin{pmatrix}-2 & & \\ & 1 & \\ & & 4\end{pmatrix}$合同的矩阵是(　　).

(a)$\begin{pmatrix}1 & & \\ & 1 & \\ & & -1\end{pmatrix}$　　(b)$\begin{pmatrix}-1 & & \\ & 1 & \\ & & -1\end{pmatrix}$

(c)$\begin{pmatrix}-1 & & \\ & -1 & \\ & & 1\end{pmatrix}$　　(d)$\begin{pmatrix}1 & & \\ & -1 & \\ & & -1\end{pmatrix}$

(8)设 $\boldsymbol{A}=\begin{pmatrix}1 & 0\\ 0 & 1\end{pmatrix}$,则(　　)与 $\boldsymbol{A}$ 合同但不相似.

(a)$\begin{pmatrix}2 & 0\\ 0 & 2\end{pmatrix}$　　(b)$\begin{pmatrix}2 & 0\\ 0 & 1\end{pmatrix}$

(c)$\begin{pmatrix}1 & 0\\ 0 & -1\end{pmatrix}$　　(d)$\begin{pmatrix}-1 & 0\\ 0 & -1\end{pmatrix}$

(9)二次型 $f(x_1,x_2,x_3)=2x_1x_2+2x_1x_3+2x_2x_3$ 的规范形为(　　).

(a)$2y_1^2+y_2^2+y_3^2$　　(b)$y_1^2-y_2^2-y_3^2$

(c)$2y_1^2-y_2^2-y_3^2$　　(d)$y_1^2+y_2^2+y_3^2$

(10)n 阶实对称矩阵 $\boldsymbol{A}$ 为正定的充分必要条件是(　　).

(a) $|\boldsymbol{A}|>0$　　(b)存在 n 阶矩阵 $\boldsymbol{C}$,使得 $\boldsymbol{A}=\boldsymbol{C}^T\boldsymbol{C}$

(c)负惯性指数为0　　(d)各阶顺序主子式均为正数

(11)设 $\boldsymbol{A}$ 是 n 阶实对称矩阵,则 $\boldsymbol{A}$ 正定的充分必要条件是(　　).

(a) $|\boldsymbol{A}|>0$　　(b)$\boldsymbol{A}$ 的元素都大于零

(c)$r(\boldsymbol{A})=n$　　(d)$\boldsymbol{A}$ 的特征值都大于零

(12)设 $\boldsymbol{A},\boldsymbol{B}$ 是同阶正定矩阵,则下列命题错误的是(　　).

(a)$\boldsymbol{A}^{-1}$也是正定矩阵　　(b)$\boldsymbol{A}^*$也是正定矩阵

(c)$\boldsymbol{A}+\boldsymbol{B}$ 也是正定矩阵　　(d)$\boldsymbol{AB}$ 也是正定矩阵

(13)n 元实二次型 $f(\boldsymbol{x})=\boldsymbol{x}^T\boldsymbol{A}\boldsymbol{x}$ 为正定二次型的充分必要条件是(　　).

(a)f 的秩为 n　　(b)f 的正惯性指数等于 f 的秩

(c)f 的正惯性指数为 n　　(d)f 的负惯性指数为 n

3. 用配方法将二次型 $f(x_1,x_2,x_3)=x_1^2+5x_2^2-4x_3^2+2x_1x_2-4x_1x_3$ 化为标准形,并写出所作的非退化线性替换.

4. 用初等变换法将 $f(x_1,x_2,x_3)=2x_1^2+x_2^2-4x_3^2-4x_1x_2-2x_2x_3$ 化为标准形,并写出所作的非退化线性替换.

5. 用正交替换法化二次型 $f(x_1,x_2,x_3)=x_1^2+x_2^2+x_3^2+2x_1x_2+2x_1x_3+2x_2x_3$ 为标准形,并写出所

作的正交替换.

6. 设二次型 $f(x_1,x_2,x_3)=\boldsymbol{x}^T\boldsymbol{A}\boldsymbol{x}=ax_1^2+2x_2^2-2x_3^2+2bx_1x_3\,(b>0)$. 已知它的矩阵 $\boldsymbol{A}$ 的特征值之和为 1,特征值之积为 -12.

   (1)求 a 和 b 的值;

   (2)求正交替换 $\boldsymbol{x}=\boldsymbol{C}\boldsymbol{y}$,将它化成标准形;

   (3)写出此二次型的规范形.

7. 已知二次型 $f(x_1,x_2,x_3)=2x_1^2+3x_2^2+3x_3^2+2ax_2x_3\,(a>0)$ 通过正交替换化为标准形 $y_1^2+2y_2^2+5y_3^2$,求参数 a 的值及所作的正交替换矩阵.

8. 判定下列二次型是否为正定二次型.

   (1) $f(x_1,x_2,x_3)=10x_1^2+2x_2^2+x_3^2+8x_1x_2+24x_1x_3-28x_2x_3$;

   (2) $f(x_1,x_2,x_3)=x_1^2+2x_2^2+6x_3^2+2x_1x_2+2x_1x_3+6x_2x_3$.

9. t 取何值时,二次型 $f(x_1,x_2,x_3)=5x_1^2+x_2^2+tx_3^2+4x_1x_2-2x_1x_3-2x_2x_3$ 是正定的.

10. 求二次型 $7x_1^2+3x_2^2-2x_1x_2$ 在约束条件 $x_1^2+x_2^2=1$ 下的最大值.

11. 设 $\boldsymbol{A}$ 是正定矩阵,$\boldsymbol{B}$ 是同阶半正定矩阵,证明:$\boldsymbol{A}+\boldsymbol{B}$ 是正定矩阵.

12. 设 $\boldsymbol{A}$ 是任意实可逆矩阵,证明:$\boldsymbol{A}^T\boldsymbol{A}$ 与 $\boldsymbol{A}\boldsymbol{A}^T$ 均为正定矩阵.

13. 设 $\boldsymbol{A}$ 为实对称矩阵,且 $\boldsymbol{A}^3-3\boldsymbol{A}^2+5\boldsymbol{A}-3\boldsymbol{I}=\boldsymbol{O}$,证明:$\boldsymbol{A}$ 为正定矩阵.

习题参考答案

思考与练习 1.1

1. (1)正确；(2)正确；(3)错误；(4)错误.
2. (1) -13；(2) -2；(3) -1；(4) $(\lambda-2)(\lambda-5)$.
3. (1) -18；(2) -4；(3)0；(4)0；(5)0.
4. (1)负；(2)负；(3)负.
5. $k=5,l=1$ 或 $k=1,l=5$.
6. (1) -24；(2) -1；(3)0；(4) $(-1)^{\frac{1}{2}n(n-1)}n!$；(5) $(-1)^{n-1}n!$；
   (6) $(-1)^{\frac{1}{2}(n-1)(n-2)}n!$.

思考与练习 1.2

1. (1)错误；(2)错误；(3)正确；(4)错误；(5)错误；(6)错误；
   (7)错误.
2. (1) $D_2=-D_1$；(2) $D_2=kD_1$；(3) $D_2=D_1$；(4) $D_2=kD_1$；(5) $D_2=-D_1$.
3. (1)0；(2)0；(3)0；(4) $(a+b+c)^3$；(5) -8；(6)160；(7)12；(8)4.
4. 略.
5. $-8m$.
6. $d+(-1)^{n-1}d$.
7. $x_1=-3a,x_2=x_3=x_4=a$.

思考与练习 1.3

1. 0,29.
2. 8.
3. (1) $3(a+b+d)$；(2)0.
4. (1) -24；(2) x^2y^2；(3) $a(b-a)^3$.
5. (1) $n!$；(2) $1+a_1+a_2+\cdots+a_n$；(3) $b_1b_2\cdots b_n$；(4) $a_1a_2\cdots a_n\left(a_0-\sum_{i=1}^{n}\frac{1}{a_i}\right)$；
   (5) $(-1)^n(n+1)a_1a_2\cdots a_n$.

6. (1)12； (2)48.

7. (1)5； (2)x^4-y^4； (3)26.

8. 略.

思考与练习 1.4

1. (1)$x=3, y=-1$； (2)$x_1=3, x_2=4, x_3=5$； (3)$x_1=0, x_2=4/5, x_3=3/5, x_4=-7/5$.

2. 0.1,0.08,0.05

3. 仅有零解.

4. $\mu=0$ 或 $\lambda=1$.

习 题 一

1. (1)0； (2)−15； (3)−28； (4)$-m^4$.

2. (1)c,d； (2)a,b； (3)b； (4)a； (5)d； (6)c.

3. (1)$6(n-3)!$； (2)$(-1)^{n-1}\frac{1}{2}(n+1)!$； (3)$(-1)^{\frac{1}{2}n(n-1)}\cdot\frac{1}{2}n^{n-1}(n+1)$；

(4)$(-1)^n(n+1)a_1a_2\cdots a_n$； (5)$(\sum\limits_{i=1}^{n}a_i+b)b^{n-1}$； (6)1.

4. 当 $\lambda=0$ 或 $\lambda=2$ 或 $\lambda=3$ 时,方程组有非零解.

5. $f(4)=195/2$.

6. 400,500,600.

思考与练习 2.1

1. 略.

2. $\begin{pmatrix} 0 & 1 & -1 \\ -1 & 0 & 1 \\ 1 & -1 & 0 \end{pmatrix}$

3. (1)$\overline{A}=\begin{pmatrix} 3 & 1 & 2 & \cdots & 4 \\ 1 & 2 & -1 & \cdots & 3 \\ 0 & -2 & 3 & \cdots & -1 \end{pmatrix}$； (2)$\begin{cases} x_1+x_2-3x_3-x_4=1 \\ 3x_1-x_2-3x_3+4x_4=4 \\ x_1+5x_2-9x_3-8x_4=0 \end{cases}$

4. (1)错误； (2)正确； (3)正确.

思考与练习 2.2

1. (1)$\begin{pmatrix} 10 & 13 & 3 \\ 1 & 4 & 15 \end{pmatrix}$； (2)$\begin{pmatrix} 2 & 4 & -5 \\ -4 & -2 & -4 \end{pmatrix}$.

2. $\boldsymbol{X}=\begin{pmatrix}-2 & 2\\ 0 & 5/2\\ 1 & -1/2\end{pmatrix}$.

3. $x=-5, y=-6, u=4, v=-2$.

4. (1)$\begin{pmatrix}29 & 31\\ -22 & -24\end{pmatrix}$; (2)$\begin{pmatrix}0 & 4\\ 4 & -3\\ -1 & -1\end{pmatrix}$; (3)$\begin{pmatrix}1 & 4 & 5\\ 1 & 2 & 1\\ 2 & 0 & 14\end{pmatrix}$; (4)$a_1b_1+a_2b_2+\cdots+a_nb_n$;

(5)$\begin{pmatrix}a_1b_1 & a_1b_2 & \cdots & a_1b_n\\ a_2b_1 & a_2b_2 & \cdots & a_2b_n\\ \cdots & \cdots & \cdots & \cdots\\ a_nb_1 & a_nb_2 & \cdots & a_nb_n\end{pmatrix}$; (6)15.

5. $\begin{pmatrix}3 & 2 & 1\\ 1 & -2 & 5\\ 2 & 1 & -3\end{pmatrix}\begin{pmatrix}x_1\\ x_2\\ x_3\end{pmatrix}=\begin{pmatrix}5\\ -2\\ 1\end{pmatrix}$.

6. (1)$\begin{pmatrix}b_{11} & b_{12}\\ 0 & b_{11}\end{pmatrix}$,其中 b_{11}, b_{12} 为任意数; (2)$\begin{pmatrix}b_{11} & b_{12} & b_{13}\\ 0 & b_{11} & b_{12}\\ 0 & 0 & b_{11}\end{pmatrix}$,其中 b_{11}, b_{12}, b_{13} 为任意数.

7. (1)错误; (2)错误; (3)正确; (4)错误; (5)错误.

8. (1)$\begin{pmatrix}2 & 2\\ 2 & 2\end{pmatrix}$; (2)$\begin{pmatrix}0 & 0 & 1\\ 1 & 0 & 0\\ 0 & 1 & 0\end{pmatrix}$; (3)$\begin{pmatrix}1 & 0\\ 1 & 0\end{pmatrix}$; (4)$\begin{pmatrix}1 & n\\ 0 & 1\end{pmatrix}$.

9. 略.

10. 略.

11. 略.

12.

(1)$\boldsymbol{A}=\begin{pmatrix}58 & 27 & 15 & 4\\ 72 & 30 & 18 & 5\\ 65 & 25 & 14 & 3\end{pmatrix}$,$\boldsymbol{B}=\begin{pmatrix}63 & 25 & 13 & 5\\ 90 & 30 & 20 & 7\\ 80 & 28 & 18 & 5\end{pmatrix}$;

(2)$\boldsymbol{A}+\boldsymbol{B}=\begin{pmatrix}121 & 52 & 28 & 9\\ 162 & 60 & 38 & 12\\ 145 & 53 & 32 & 8\end{pmatrix}$,$\boldsymbol{A}+\boldsymbol{B}$ 表示工厂 $\mathrm{A_i}(i=1,2,3)$ 在 2004 年、2005 年生产油品 $\mathrm{B_j}(j=1,2,3,4)$ 的数量之和.

$\boldsymbol{B}-\boldsymbol{A}=\begin{pmatrix}5 & -2 & -2 & 1\\ 18 & 0 & 2 & 2\\ 15 & 3 & 4 & 2\end{pmatrix}$,$\boldsymbol{B}-\boldsymbol{A}$ 表示工厂 $\mathrm{A_i}(i=1,2,3)$ 从 2004 年到 2005 年生产油品 $\mathrm{B_j}(j=1,2,3,4)$ 的增量.

(3) $\frac{1}{2}(\boldsymbol{A}+\boldsymbol{B})=\begin{pmatrix}60.5 & 26 & 14 & 4.5\\ 81 & 30 & 19 & 6\\ 72.5 & 26.5 & 16 & 4\end{pmatrix}$，$\frac{1}{2}(\boldsymbol{A}+\boldsymbol{B})$表示工厂 $\mathrm{A_i}(i=1,2,3)$两年生产油品 $\mathrm{B_j}(j=1,2,3,4)$的年平均数量.

思考与练习 2.3

1. (1)$\begin{pmatrix}-1 & -1\\ 2 & 3/2\end{pmatrix}$； (2)$\begin{pmatrix}d & -b\\ -c & a\end{pmatrix}$；

(3)$\begin{pmatrix}0 & 1/3 & 1/3\\ 0 & 1/3 & -2/3\\ 1 & -2/3 & 1/3\end{pmatrix}$； (4)$\begin{pmatrix}0 & -1/3 & 1/3\\ 1/2 & 1/3 & 1/6\\ -1/2 & 0 & 1/2\end{pmatrix}$.

2. 略.

3. $\boldsymbol{A}-3\boldsymbol{I}$.

4. (1)略； (2)略； (3)$\boldsymbol{A}=\begin{pmatrix}1 & 1/2 & 0\\ -1/3 & 1 & 0\\ 0 & 0 & 2\end{pmatrix}$.

5. (1)错误； (2)错误； (3)正确； (4)正确； (5)正确； (6)错误.

6. (1)$\begin{pmatrix}2 & -23\\ 0 & 8\end{pmatrix}$； (2)$\begin{pmatrix}2 & 7 & -10\\ -1 & -23 & 33\end{pmatrix}$； (3)$\begin{pmatrix}1\\ 1\\ 1\end{pmatrix}$；

(4)$\begin{pmatrix}-14 & -77 & 31\\ 10 & 54 & -22\\ 22 & 122 & -48\end{pmatrix}$； (5)$\begin{pmatrix}0 & 0 & 1\\ -1 & 0 & 3\\ 3 & 2 & -5\end{pmatrix}$； (6)$\begin{pmatrix}2 & 0 & 1\\ 0 & 3 & 1\\ -1 & 0 & 2\end{pmatrix}$.

7. $\boldsymbol{x}=\begin{pmatrix}1\\ -2\\ 4\end{pmatrix}$.

8. 略.

9. 略.

10. 略.

思考与练习 2.4

1. (1)$\begin{pmatrix}-2 & 1\\ 1 & -2\\ 3 & -1\end{pmatrix}$； (2)$\begin{pmatrix}3 & 0 & -2\\ 5 & -1 & -2\\ 0 & 3 & 2\end{pmatrix}$； (3)$\begin{pmatrix}a & 0 & ac & 0\\ 0 & a & 0 & ac\\ 1 & 0 & c+bd & 0\\ 0 & 1 & 0 & c+bd\end{pmatrix}$.

2. (1)$\begin{pmatrix}\boldsymbol{A} & \boldsymbol{B}\\ \boldsymbol{FA}+\boldsymbol{C} & \boldsymbol{FB}+\boldsymbol{D}\end{pmatrix}$； (2)$\begin{pmatrix}\boldsymbol{C} & \boldsymbol{D}\\ \boldsymbol{A} & \boldsymbol{B}\end{pmatrix}$.

3. 略.

4. $\begin{pmatrix} A^{-1} & O \\ -B^{-1}CA^{-1} & B^{-1} \end{pmatrix}$.

5. (1) $\begin{pmatrix} 1 & -1 & 0 & 0 \\ -1 & 2 & 0 & 0 \\ 19 & -30 & 3 & -5 \\ -7 & 11 & -1 & 2 \end{pmatrix}$; (2) $\begin{pmatrix} 0 & 0 & \cdots & 0 & 1/a_n \\ 1/a_1 & 0 & \cdots & 0 & 0 \\ 0 & 1/a_2 & \cdots & 0 & 0 \\ \cdots & \cdots & \cdots & \cdots & \cdots \\ 0 & 0 & \cdots & 1/a_{n-1} & 0 \end{pmatrix}$.

6. (1) $\begin{pmatrix} a+b+c & b+c \\ d+e+f & e+f \end{pmatrix}$; (2)略.

思考与练习 2.5

1. (1) $\begin{pmatrix} b_1 & b_2 & b_3 & b_4 \\ a_1 & a_2 & a_3 & a_4 \\ c_1 & c_2 & c_3 & c_4 \end{pmatrix}$; (2) $\begin{pmatrix} a_1 & a_2 & a_3 & a_4 \\ b_1 & b_2 & b_3 & b_4 \\ ka_1+c_1 & ka_2+c_2 & ka_3+c_3 & ka_4+c_4 \end{pmatrix}$;

(3) $\begin{pmatrix} a_1 & a_2 & a_3 & a_4 \\ kb_1 & kb_2 & kb_3 & kb_4 \\ c_1 & c_2 & c_3 & c_4 \end{pmatrix}$; (4) $\begin{pmatrix} a_2 & a_1 & a_3 & a_4 \\ b_2 & b_1 & b_3 & b_4 \\ c_2 & c_1 & c_3 & c_4 \end{pmatrix}$.

2. (1)正确; (2)正确; (3)错误.

3. (1) $\begin{pmatrix} 1 & 0 & 0 \\ 0 & 1 & 0 \\ 0 & 0 & 1 \end{pmatrix}$; (2) $\begin{pmatrix} 1 & 0 & 0.5 \\ 0 & 1 & 1 \\ 0 & 0 & 0 \end{pmatrix}$; (3) $\begin{pmatrix} 1 & 0 & 0 & 1.2 \\ 0 & 1 & 0 & 0.8 \\ 0 & 0 & 1 & -0.6 \end{pmatrix}$; (4) $\begin{pmatrix} 1 & 0 & -1 \\ 0 & 1 & 1 \\ 0 & 0 & 0 \\ 0 & 0 & 0 \end{pmatrix}$.

4.

(1) $\begin{pmatrix} 1 & -4 & -3 \\ 1 & -5 & -3 \\ -1 & 6 & 4 \end{pmatrix}$; (2) $\begin{pmatrix} 1 & -2 & 1 & 0 \\ 0 & 1 & -2 & 1 \\ 0 & 0 & 1 & -2 \\ 0 & 0 & 0 & 1 \end{pmatrix}$;

(3) $\begin{pmatrix} 1 & 0 & -1 & -1 \\ 0 & 0 & -1 & -1 \\ -1 & -1 & 0 & 0 \\ -1 & -1 & 0 & 1 \end{pmatrix}$;

(4) $\begin{pmatrix} -\frac{n-2}{n-1} & \frac{1}{n-1} & \frac{1}{n-1} & \cdots & \frac{1}{n-1} \\ \frac{1}{n-1} & -\frac{n-2}{n-1} & \frac{1}{n-1} & \cdots & \frac{1}{n-1} \\ \vdots & \vdots & \vdots & \cdots & \vdots \\ \frac{1}{n-1} & \frac{1}{n-1} & \frac{1}{n-1} & \cdots & -\frac{n-2}{n-1} \end{pmatrix}$;

(5) $\begin{pmatrix} 0 & 0 & 0 & \cdots & 0 & \frac{1}{a_n} \\ \frac{1}{a_1} & 0 & 0 & \cdots & 0 & 0 \\ \vdots & \vdots & \vdots & \cdots & \vdots & \vdots \\ 0 & 0 & 0 & \cdots & \frac{1}{a_{n-1}} & 0 \end{pmatrix}$.

5. $\begin{pmatrix} 1 & 0 & 0 \\ 0 & 0 & 1 \\ -1 & 1 & 0 \end{pmatrix}$.

6. 略.

7. $\begin{pmatrix} -1 & -2/3 & 2/3 \\ 1 & 1 & 1 \end{pmatrix}$.

8. (1) $\begin{pmatrix} 1 & 0 & 0 \\ 0 & 0 & 1 \\ 0 & 1 & 0 \end{pmatrix}$; (2) $\begin{pmatrix} 1 & 0 & 0 \\ -2 & 1 & 0 \\ 0 & 0 & 1 \end{pmatrix}$.

9. (1) $\begin{pmatrix} 0 & 0 & 1 \\ 0 & 1 & 0 \\ 1 & 0 & 0 \end{pmatrix}$; (2) $\begin{pmatrix} 1 & -3 \\ 0 & 1 \end{pmatrix}$; (3) $\begin{pmatrix} 1/2 & 0 & 0 \\ 0 & 1 & 0 \\ 0 & 0 & 1 \end{pmatrix}$.

思考与练习 2.6

1. (1)3; (2)2; (3)4; (4)3; (5)2; (6)4; (7)3; (8)3.

2. 2.

3. $k=1$.

4. $r(\boldsymbol{A}) \leqslant r(\boldsymbol{A} \quad \boldsymbol{b})$.

习 题 二

1. (1)$16m$; (2) $-4,6$; (3)1; (4)27/4,1/4; (5)$\begin{pmatrix} 2731 & 2732 \\ -683 & -684 \end{pmatrix}$; (6) -1.

2. (1)a,c; (2)b; (3)c; (4)a,c; (5)d; (6)a,d; (7)b; (8)a,b,c,d; (9)b.

3. 略.

4. 略.

5. 略.

6. (1)$\begin{pmatrix}0&0\\0&0\end{pmatrix}$; (2)$\begin{pmatrix}0&0&0\\0&0&0\\0&0&0\end{pmatrix}$.

7. $\begin{pmatrix}5&-2&-1\\-2&2&0\\-1&0&1\end{pmatrix}$.

8. 略.

9. 略.

思考与练习 3.1

1. 略.

2. (1)$\begin{pmatrix}2&-3\\0&2\end{pmatrix}$; (2)$\begin{pmatrix}1&1&1\\0&2&1\\0&0&3\end{pmatrix}$; (3)$\begin{pmatrix}1&2&2&1\\0&3&1&-2\\0&0&-1&2\\0&0&0&4\end{pmatrix}$.

3. (1)无解. (2)有唯一解,$x_1=4, x_2=-1$. (3)有无穷多解. (4)有唯一解,$x_1=4$, $x_2=5, x_3=2$.

4.

(1)$\begin{cases}x_1=1\\x_2=2\\x_3=-2\end{cases}$; (2)方程组无解; (3)$\begin{cases}x_1=2c_1-c_2\\x_2=c_1\\x_3=c_2\\x_4=1\end{cases}$,其中 c_1, c_2 为任意常数;

(4)$\begin{cases}x_1=-1-2c\\x_2=2+c\\x_3=c\\x_4=4\end{cases}$,其中 c 为任意常数; (5)$\begin{cases}x_1=c_1+5c_2\\x_2=-2c_1-6c_2\\x_3=0\\x_4=c_1\\x_5=c_2\end{cases}$,其中 c_1, c_2 为任意常数;

(6)$\begin{cases}x_1=2c_1+\dfrac{2}{7}c_2\\x_2=c_1\\x_3=-\dfrac{5}{7}c_2\\x_4=c_2\end{cases}$,其中 c_1, c_2 为任意常数.

5. (1)错误； (2)正确； (3)正确.

6. $x_1=280, x_2=230, x_3=350, x_4=590$.

7. 相交于一点,因为联立三个方程所得到的方程组有唯一解.

8. (1)当 $a=5$ 时,方程组有解, $\begin{cases} x_1=-\frac{1}{5}c_1-\frac{6}{5}c_2+\frac{4}{5} \\ x_2=\frac{3}{5}c_1-\frac{7}{5}c_2+\frac{3}{5} \\ x_3=c_1 \\ x_4=c_2 \end{cases}$,其中 c_1,c_2 为任意常数;

(2)①当 $a=-2$ 时,方程组无解;

②当 $a\neq-2$ 且 $a\neq1$ 时,方程组有唯一解, $\begin{cases} x_1=-\frac{a+1}{a+2} \\ x_2=\frac{1}{a+2} \\ x_3=\frac{(a+1)^2}{a+2} \end{cases}$;

③当 $a=1$ 时,方程组有无穷多解, $\begin{cases} x_1=1-c_1-c_2 \\ x_2=c_1 \\ x_3=c_2 \end{cases}$,其中 c_1,c_2 为任意常数.

思考与练习 3.2

1. (1)错误； (2)错误； (3)正确.

2. 略.

3. $-\boldsymbol{\alpha}=(-1\quad 0\quad 1\quad -2)$, $2\boldsymbol{\alpha}=(2\quad 0\quad -2\quad 4)$,

$\boldsymbol{\alpha}-\boldsymbol{\beta}=(-2\quad -2\quad -5\quad 3)$, $5\boldsymbol{\alpha}+4\boldsymbol{\beta}=(17\quad 8\quad 11\quad 6)$.

4. $\boldsymbol{\alpha}=(10\quad -5\quad -9\quad 2)$, $\boldsymbol{\beta}=(-7\quad 4\quad 7\quad -1)$.

5. $\boldsymbol{\eta}=\left(-\frac{3}{2}\quad -3\quad -\frac{9}{2}\quad -6\right)$.

6. (1)$\boldsymbol{\beta}=-11\boldsymbol{\alpha}_1+14\boldsymbol{\alpha}_2+9\boldsymbol{\alpha}_3$; (2)$\boldsymbol{\beta}=2\boldsymbol{\varepsilon}_1-\boldsymbol{\varepsilon}_2+5\boldsymbol{\varepsilon}_3+\boldsymbol{\varepsilon}_4$;

(3)$\boldsymbol{\beta}=\frac{5}{4}\boldsymbol{\alpha}_1+\frac{1}{4}\boldsymbol{\alpha}_2-\frac{1}{4}\boldsymbol{\alpha}_3-\frac{1}{4}\boldsymbol{\alpha}_4$; (4)$\boldsymbol{\beta}=-\boldsymbol{\alpha}_1+\boldsymbol{\alpha}_2+2\boldsymbol{\alpha}_3-2\boldsymbol{\alpha}_4$.

7. 向量 $\boldsymbol{\beta}$ 不能由向量组 $\boldsymbol{\alpha}_1,\boldsymbol{\alpha}_2$ 线性表示.

8. $h=-17$.

9. (1)线性无关； (2)线性相关； (3)线性相关； (4)线性相关； (5)线性无关；

(6)线性相关； (7)线性无关； (8)线性无关.

10. 略.

思考与练习 3.3

1. 略.

2. 5,5.

3. (1)错误；(2)正确；(3)错误.

4. (1)$r=2$,$\boldsymbol{\alpha}_1,\boldsymbol{\alpha}_2$为一个极大线性无关组；

(2)$r=3$,$\boldsymbol{\alpha}_1,\boldsymbol{\alpha}_2,\boldsymbol{\alpha}_3$为一个极大线性无关组；

(3)$r=3$,$\boldsymbol{\alpha}_1,\boldsymbol{\alpha}_2,\boldsymbol{\alpha}_3$为一个极大线性无关组；

(4)$r=2$,$\boldsymbol{\alpha}_1,\boldsymbol{\alpha}_2$为一个极大线性无关组.

5. (1)$\boldsymbol{\alpha}_1,\boldsymbol{\alpha}_3$为一个极大线性无关组,且$\boldsymbol{\alpha}_2=2\boldsymbol{\alpha}_1,\boldsymbol{\alpha}_4=2\boldsymbol{\alpha}_1-2\boldsymbol{\alpha}_3$；

(2)$\boldsymbol{\alpha}_1,\boldsymbol{\alpha}_2$为一个极大线性无关组,且$\boldsymbol{\alpha}_3=-\boldsymbol{\alpha}_1+2\boldsymbol{\alpha}_2,\boldsymbol{\alpha}_4=-\boldsymbol{\alpha}_1+\boldsymbol{\alpha}_2$；

(3)$\boldsymbol{\alpha}_1,\boldsymbol{\alpha}_2,\boldsymbol{\alpha}_3$为一个极大线性无关组,且$\boldsymbol{\alpha}_4=2\boldsymbol{\alpha}_1-\boldsymbol{\alpha}_2+3\boldsymbol{\alpha}_3$；

(4)$\boldsymbol{\alpha}_1,\boldsymbol{\alpha}_2$为一个极大线性无关组,且$\boldsymbol{\alpha}_3=\dfrac{3}{2}\boldsymbol{\alpha}_1+\dfrac{1}{2}\boldsymbol{\alpha}_2,\boldsymbol{\alpha}_4=2\boldsymbol{\alpha}_1+\boldsymbol{\alpha}_2$.

6. 略.

7. 略.

思考与练习 3.4

1. (3, −1).

2. (1)正确；(2)正确；(3)正确.

3. (1)$\boldsymbol{v}_1=\begin{pmatrix}1\\-2\\1\\0\end{pmatrix},\boldsymbol{v}_2=\begin{pmatrix}-1\\1\\0\\1\end{pmatrix},\boldsymbol{v}=c_1\begin{pmatrix}1\\-2\\1\\0\end{pmatrix}+c_2\begin{pmatrix}-1\\1\\0\\1\end{pmatrix}$,其中$c_1,c_2$为任意常数；

(2)$\boldsymbol{v}_1=\begin{pmatrix}-1\\3\\2\\0\end{pmatrix},\boldsymbol{v}_2=\begin{pmatrix}0\\-1\\0\\1\end{pmatrix},\boldsymbol{v}=c_1\begin{pmatrix}-1\\3\\2\\0\end{pmatrix}+c_2\begin{pmatrix}0\\-1\\0\\1\end{pmatrix}$,其中$c_1,c_2$为任意常数；

(3)$\boldsymbol{v}_1=\begin{pmatrix}1\\-2\\1\\0\\0\end{pmatrix},\boldsymbol{v}_2=\begin{pmatrix}1\\-2\\0\\1\\0\end{pmatrix},\boldsymbol{v}_3=\begin{pmatrix}5\\-6\\0\\0\\1\end{pmatrix},\boldsymbol{v}=c_1\begin{pmatrix}1\\-2\\1\\0\\0\end{pmatrix}+c_2\begin{pmatrix}1\\-2\\0\\1\\0\end{pmatrix}+c_3\begin{pmatrix}5\\-6\\0\\0\\1\end{pmatrix}$,其中$c_1,c_2,c_3$为任意常数；

(4)$\boldsymbol{v}_1=\begin{pmatrix}2\\1\\0\\0\end{pmatrix},\boldsymbol{v}_2=\begin{pmatrix}2\\0\\-5\\7\end{pmatrix},\boldsymbol{v}=c_1\begin{pmatrix}2\\1\\0\\0\end{pmatrix}+c_2\begin{pmatrix}2\\0\\-5\\7\end{pmatrix}$,其中$c_1,c_2$为任意常数.

4. (1) $\boldsymbol{u}=\begin{pmatrix}11\\-4\\1\\0\end{pmatrix}+c\begin{pmatrix}-3\\0\\1\\1\end{pmatrix}$，其中 c 为任意常数；

(2) $\boldsymbol{u}=\begin{pmatrix}1\\-1\\0\\0\end{pmatrix}+c_1\begin{pmatrix}2\\0\\1\\0\end{pmatrix}+c_2\begin{pmatrix}-3\\-1\\0\\1\end{pmatrix}$，其中 c_1,c_2 为任意常数；

(3) $\boldsymbol{u}=\begin{pmatrix}0\\0\\2\\0\\0\end{pmatrix}+c_1\begin{pmatrix}1\\0\\-1\\1\\0\end{pmatrix}+c_2\begin{pmatrix}1\\0\\0\\0\\1\end{pmatrix}$，其中 c_1,c_2 为任意常数；

(4) $\boldsymbol{u}=\begin{pmatrix}3\\0\\1\\0\end{pmatrix}+c_1\begin{pmatrix}-2\\1\\0\\0\end{pmatrix}+c_2\begin{pmatrix}1\\0\\0\\1\end{pmatrix}$，其中 c_1,c_2 为任意常数.

5. 略.

6. $\boldsymbol{u}=\left(\frac{1}{2}\quad\frac{1}{2}\quad 0\quad 1\right)^T+c(0\quad 1\quad -1\quad -1)^T$，其中 c 为任意常数.

7. $\boldsymbol{v}=c_1(1\quad -1\quad 1\quad 0)^T+c_2(0\quad -1\quad 0\quad 1)^T$，其中 c_1,c_2 为任意常数.

思考与练习 3.5

1. (1) $y_1=245,y_2=90,y_3=175$； (2) $z_1=180,z_2=150,z_3=180$；

(3) $\begin{pmatrix}0.25 & 0.10 & 0.10\\0.20 & 0.20 & 0.10\\0.10 & 0.10 & 0.20\end{pmatrix}$.

2. (1) $x_1=200,x_2=250,x_3=300$；

(2) 平衡表如下：

x_{ij} 消耗部门 / 生产部门	1	2	3	y	x
1	40	25	60	75	200
2	20	50	60	120	250
3	20	25	30	225	300

3. (1) $\boldsymbol{x}=\begin{pmatrix}250\\200\\320\end{pmatrix}$; (2) $\boldsymbol{x}=\begin{pmatrix}256.827\\204.302\\325.764\end{pmatrix}$.

习 题 三

1. (1) $n-1$; (2) 4; (3) 1; (4) $k=1$; (5) $abc\neq 0$.

2. (1) a; (2) c; (3) d; (4) d; (5) a, c, d; (6) a, b, c, d; (7) c; (8) a, b, c, d; (9) a; (10) c.

3. (1) 当 $a=1, b=-1$ 时,方程组有解,$\begin{cases}x_1=-4c_2\\x_2=1+c_1+c_2\\x_3=c_1\\x_4=c_2\end{cases}$,其中 c_1, c_2 为任意常数;

(2) ①当 $a\neq 0$ 且 $b\neq \pm 1$ 时,方程组有唯一解,$\begin{cases}x_1=\dfrac{5-b}{a(b+1)}\\x_2=-\dfrac{2}{b+1}\\x_3=\dfrac{2(b-1)}{b+1}\end{cases}$;

②当 $a\neq 0$ 且 $b=1$ 时,方程组有无穷多解,$\begin{cases}x_1=\dfrac{1}{a}(1-c_1)\\x_2=c_1\\x_3=0\end{cases}$,其中 c_1 为任意常数;

③当 $a\neq 0$ 且 $b=-1$ 时,方程组无解;

④当 $a=0$ 且 $b=1$ 时,方程组有无穷多解,$\begin{cases}x_1=c_2\\x_2=1\\x_3=0\end{cases}$,其中 c_2 为任意常数;

⑤当 $a=0$ 且 $b=-1$ 时,方程组无解;

⑥当 $a=0, b\neq \pm 1$ 且 $b\neq 5$ 时,方程组无解;

⑦当 $a=0$ 且 $b=5$ 时,方程组有无穷多解,$\begin{cases}x_1=c_3\\x_2=-\dfrac{1}{3}\\x_3=\dfrac{4}{3}\end{cases}$,其中 c_3 为任意常数.

4. $\boldsymbol{\alpha}_1=\frac{1}{2}(\boldsymbol{\beta}_1+\boldsymbol{\beta}_2)$，$\boldsymbol{\alpha}_2=\frac{1}{2}(\boldsymbol{\beta}_2+\boldsymbol{\beta}_3)$，$\boldsymbol{\alpha}_3=\frac{1}{2}(\boldsymbol{\beta}_1+\boldsymbol{\beta}_3)$.

5. 线性相关.

6. $t=6$；$\boldsymbol{\alpha}=-\frac{20}{11}\boldsymbol{\beta}-\frac{8}{11}\boldsymbol{\gamma}$.

7. 略.

8. 略.

9. 略.

10. 略.

11. 略.

12. $a=2,b=1,c=2$.

13. $\boldsymbol{u}=(2\quad 0\quad 0\quad 2)^T+c(4\quad -2\quad -2\quad 4)^T$，其中 c 为任意常数.

14. 略.

思考与练习 4.1

1. 是.

2. 不是.

3. 不是.

4. 是，0.

5. 0.

6. (1)错误；(2)错误；(3)正确；(4)错误.

7. (1) $\lambda_1=3, c_1\begin{pmatrix}1\\2\end{pmatrix}(c_1\neq 0)$；$\lambda_2=10, c_2\begin{pmatrix}2\\-3\end{pmatrix}(c_2\neq 0)$.

(2) $\lambda_1=\lambda_2=1, c_1\begin{pmatrix}0\\1\\0\end{pmatrix}+c_2\begin{pmatrix}1\\0\\1\end{pmatrix}$（$c_1,c_2$不全为零）；$\lambda_3=-1, c_3\begin{pmatrix}1\\0\\-1\end{pmatrix}(c_3\neq 0)$.

(3) $\lambda_1=\lambda_2=\lambda_3=2, c_1\begin{pmatrix}-2\\1\\0\end{pmatrix}+c_2\begin{pmatrix}1\\0\\1\end{pmatrix}$（$c_1,c_2$不全为零）.

(4) $\lambda_1=2, c_1\begin{pmatrix}0\\0\\1\end{pmatrix}(c_1\neq 0)$；$\lambda_2=\lambda_3=1, c_2\begin{pmatrix}1\\2\\-1\end{pmatrix}(c_2\neq 0)$.

8. (1) $1+\lambda_0$；(2) λ_0；(3) $1/\lambda_0$；(4) k/λ_0.

9. 略.

10. $|\boldsymbol{B}|=0$.

11. $\lambda=4\pm2\sqrt{2}$.

思考与练习 4.2

1. 略.

2. $P=\begin{pmatrix}3&2\\1&1\end{pmatrix}$.

3. (1)错误； (2)错误； (3)错误.

4. 略.

5. 略.

6. 略.

7. $x=0,y=1$.

8. (1)相似于对角阵;$P=\begin{pmatrix}-1&2\\1&3\end{pmatrix},\Lambda=\begin{pmatrix}-1&\\&4\end{pmatrix}$.

(2)相似于对角阵;$P=\begin{pmatrix}2&1&1\\-1&1&0\\1&0&1\end{pmatrix},\Lambda=\begin{pmatrix}1&&\\&3&\\&&3\end{pmatrix}$.

(3)相似于对角阵;$P=\begin{pmatrix}1&-1&1\\1&0&1\\0&1&2\end{pmatrix},\Lambda=\begin{pmatrix}-2&&\\&-2&\\&&4\end{pmatrix}$.

(4)不与对角阵相似.

9. $\begin{pmatrix}766&-765\\510&-509\end{pmatrix}$.

思考与练习 4.3

1. (1)$\begin{pmatrix}-0.6\\0.8\end{pmatrix}$； (2)$\begin{pmatrix}0.8\\0.6\end{pmatrix}$； (3)$\frac{1}{\sqrt{61}}\begin{pmatrix}-6\\4\\-3\end{pmatrix}$； (4)$\frac{1}{\sqrt{69}}\begin{pmatrix}7\\2\\4\end{pmatrix}$.

2. (1)不正交； (2)正交.

3. (1)正确； (2)错误； (3)错误； (4)正确.

4. (1)$(\boldsymbol{\alpha},\boldsymbol{\beta})=0;\frac{\boldsymbol{\alpha}}{\|\boldsymbol{\alpha}\|}=\begin{pmatrix}\frac{1}{3}&-\frac{2}{3}&-\frac{2}{3}\end{pmatrix},\frac{\boldsymbol{\beta}}{\|\boldsymbol{\beta}\|}=\begin{pmatrix}\frac{2}{3}&\frac{2}{3}&-\frac{1}{3}\end{pmatrix}$.

(2)$(\boldsymbol{\alpha},\boldsymbol{\beta})=-3;\frac{\boldsymbol{\alpha}}{\|\boldsymbol{\alpha}\|}=\begin{pmatrix}\frac{1}{\sqrt{6}}&-\frac{1}{\sqrt{6}}&0&\frac{2}{\sqrt{6}}\end{pmatrix}$,

$$\frac{\boldsymbol{\beta}}{\|\boldsymbol{\beta}\|}=\begin{pmatrix}0 & \frac{1}{\sqrt{6}} & \frac{2}{\sqrt{6}} & -\frac{1}{\sqrt{6}}\end{pmatrix}.$$

5. −48.

6. $(k,k,0)$，其中 k 为任意常数.

7. (1) $\boldsymbol{\eta}_1=\begin{pmatrix}0 & \frac{1}{\sqrt{2}} & \frac{1}{\sqrt{2}}\end{pmatrix}$，$\boldsymbol{\eta}_2=\begin{pmatrix}\frac{2}{\sqrt{6}} & -\frac{1}{\sqrt{6}} & \frac{1}{\sqrt{6}}\end{pmatrix}$，$\boldsymbol{\eta}_3=\begin{pmatrix}\frac{1}{\sqrt{3}} & \frac{1}{\sqrt{3}} & -\frac{1}{\sqrt{3}}\end{pmatrix}$.

(2) $\boldsymbol{\eta}_1=\begin{pmatrix}0 & \frac{2}{\sqrt{5}} & \frac{1}{\sqrt{5}} & 0\end{pmatrix}$，$\boldsymbol{\eta}_2=\begin{pmatrix}\frac{5}{\sqrt{30}} & -\frac{1}{\sqrt{30}} & \frac{2}{\sqrt{30}} & 0\end{pmatrix}$，

$\boldsymbol{\eta}_3=\begin{pmatrix}\frac{1}{\sqrt{10}} & \frac{1}{\sqrt{10}} & -\frac{2}{\sqrt{10}} & -\frac{2}{\sqrt{10}}\end{pmatrix}$，$\boldsymbol{\eta}_4=\begin{pmatrix}\frac{1}{\sqrt{15}} & \frac{1}{\sqrt{15}} & -\frac{2}{\sqrt{15}} & \frac{3}{\sqrt{15}}\end{pmatrix}$.

8. (1)是； (2)不是.

9. (1) $\boldsymbol{P}=\begin{pmatrix}-\frac{1}{\sqrt{2}} & -\frac{1}{\sqrt{6}} & \frac{1}{\sqrt{3}}\\ \frac{1}{\sqrt{2}} & -\frac{1}{\sqrt{6}} & \frac{1}{\sqrt{3}}\\ 0 & \frac{2}{\sqrt{6}} & \frac{1}{\sqrt{3}}\end{pmatrix}$，$\boldsymbol{P}^{-1}\boldsymbol{A}\boldsymbol{P}=\begin{pmatrix}0 & & \\ & 0 & \\ & & 3\end{pmatrix}$.

(2) $\boldsymbol{P}=\begin{pmatrix}1 & 0 & 0\\ 0 & -\frac{1}{\sqrt{2}} & \frac{1}{\sqrt{2}}\\ 0 & \frac{1}{\sqrt{2}} & \frac{1}{\sqrt{2}}\end{pmatrix}$，$\boldsymbol{P}^{-1}\boldsymbol{A}\boldsymbol{P}=\begin{pmatrix}2 & & \\ & 1 & \\ & & 5\end{pmatrix}$.

习 题 四

1. (1)4； (2)24； (3)4； (4)4； (5)0.

2. (1)d； (2)b； (3)b,c； (4)b； (5)b,d； (6)d； (7)d； (8)a； (9)c； (10)c.

3. 1.

4. $a=-2$，$b=6$，$\lambda=-4$.

5. $x=2$，$y=-2$，$\lambda_3=6$.

6. 证明略；$\boldsymbol{A}$ 的属于特征值 a 的特征向量为 $\begin{pmatrix}k\\ k\\ \vdots\\ k\end{pmatrix}$ $(k\neq 0)$.

7. (1) $x=0, y=-2$；　(2) $P=\begin{pmatrix} 0 & 0 & 1 \\ 2 & 1 & 0 \\ -1 & 1 & -1 \end{pmatrix}$.

8. $A^k=\frac{1}{2}\begin{pmatrix} 3^k+(-1)^k & 3^k-(-1)^k \\ 3^k-(-1)^k & 3^k+(-1)^k \end{pmatrix}$.

9. 略.

10. 略.

11. 略.

思考与练习 5.1

1. (1)是,秩为2；　(2)是,秩为3；　(3)是,秩为3；　(4)不是.

2. (1) $A=\begin{pmatrix} 1 & -1 & 3 \\ -1 & -2 & 4 \\ 3 & 4 & 3 \end{pmatrix}$；　(2) $A=\begin{pmatrix} 0 & \frac{1}{2} & -\frac{1}{2} & 0 \\ \frac{1}{2} & 0 & 1 & 0 \\ -\frac{1}{2} & 1 & 0 & 0 \\ 0 & 0 & 0 & 1 \end{pmatrix}$

3. (1) $f(x_1,x_2)=ax_1^2+2bx_1x_2+dx_2^2$；

(2) $f(x_1,x_2,x_3)=-x_1^2+2x_1x_2-6x_1x_3-\sqrt{2}x_2^2+4x_3^2$.

4. (1) $\begin{pmatrix} x_1 \\ x_2 \\ x_3 \end{pmatrix}=\begin{pmatrix} 1 & 1 & 1 \\ 1 & 1 & 0 \\ 0 & 0 & 1 \end{pmatrix}\begin{pmatrix} y_1 \\ y_2 \\ y_3 \end{pmatrix}$,因 $C=\begin{pmatrix} 1 & 1 & 1 \\ 1 & 1 & 0 \\ 0 & 0 & 1 \end{pmatrix}$不可逆,故该线性替换是退化的线性替换；

(2) $\begin{pmatrix} x_1 \\ x_2 \\ x_3 \end{pmatrix}=\begin{pmatrix} 1 & 1 & 2 \\ 2 & 1 & 0 \\ 0 & 1 & 1 \end{pmatrix}\begin{pmatrix} y_1 \\ y_2 \\ y_3 \end{pmatrix}$,因 $C=\begin{pmatrix} 1 & 1 & 2 \\ 2 & 1 & 0 \\ 0 & 1 & 1 \end{pmatrix}$可逆,故该线性替换是非退化的线性替换；

(3) $\begin{pmatrix} x_1 \\ x_2 \\ x_3 \end{pmatrix}=\begin{pmatrix} \frac{1}{\sqrt{3}} & -\frac{1}{\sqrt{2}} & -\frac{1}{\sqrt{6}} \\ \frac{1}{\sqrt{3}} & \frac{1}{\sqrt{2}} & -\frac{1}{\sqrt{6}} \\ \frac{1}{\sqrt{3}} & 0 & \frac{2}{\sqrt{6}} \end{pmatrix}\begin{pmatrix} y_1 \\ y_2 \\ y_3 \end{pmatrix}$,因 $C=\begin{pmatrix} \frac{1}{\sqrt{3}} & -\frac{1}{\sqrt{2}} & -\frac{1}{\sqrt{6}} \\ \frac{1}{\sqrt{3}} & \frac{1}{\sqrt{2}} & -\frac{1}{\sqrt{6}} \\ \frac{1}{\sqrt{3}} & 0 & \frac{2}{\sqrt{6}} \end{pmatrix}$是正交矩阵,

故该线性替换为正交替换,也是非退化的线性替换.

5. $f(y_1,y_2,y_3)=8y_1^2-4y_1y_2-22y_1y_3+y_2^2-6y_2y_3+25y_3^2$.

6. (1)对; (2)对; (3)对; (4)错; (5)错; (6)错.

7. 略.

思考与练习 5.2

1. (1)错; (2)对; (3)对; (4)对.

2. (1)标准形为 $y_1^2+2y_2^2-\frac{3}{2}y_3^2$,非退化线性替换为

$$\begin{cases}x_1=y_1-y_3\\x_2=y_2+\frac{1}{2}y_3\\x_3=y_3\end{cases};$$

(2)标准形为 $2y_1^2-y_2^2+4y_3^2$,非退化线性替换为

$$\begin{cases}x_1=y_1+y_2-2y_3\\x_2=y_2-2y_3\\x_3=y_3\end{cases};$$

(3)标准形为 $2z_1^2-2z_2^2+6z_3^2$,非退化线性替换为

$$\begin{cases}x_1=z_1-z_2+3z_3\\x_2=z_1+z_2-z_3\\x_3=z_3\end{cases}.$$

3. (1)标准形为 $y_1^2-4y_2^2$,非退化线性替换为

$$\begin{cases}x_1=y_1+y_2-\frac{1}{2}y_3\\x_2=y_2+\frac{1}{2}y_3\\x_3=y_3\end{cases};$$

(2)标准形为 $y_1^2-y_2^2+24y_3^2$,非退化线性替换为

$$\begin{cases}x_1=y_1-y_2-6y_3\\x_2=y_2+4y_3\\x_3=y_3\end{cases}.$$

4. (1) $C=\begin{pmatrix}1 & -2 & -1\\ 0 & 1 & \frac{1}{2}\\ 0 & 0 & 2\end{pmatrix}$, $C^TAC=\begin{pmatrix}1 & 0 & 0\\ 0 & -4 & 0\\ 0 & 0 & 13\end{pmatrix}$;

(2) $C=\begin{pmatrix}1 & -1 & 3\\ 1 & 1 & -1\\ 0 & 0 & 1\end{pmatrix}$, $C^TAC=\begin{pmatrix}1 & 0 & 0\\ 0 & -1 & 0\\ 0 & 0 & 3\end{pmatrix}$.

5. (1)标准形为 $-y_1^2+2y_2^2+5y_3^2$,

正交替换为 $\begin{cases}x_1=\frac{2}{3}y_1-\frac{2}{3}y_2-\frac{1}{3}y_3\\ x_2=\frac{2}{3}y_1+\frac{1}{3}y_2+\frac{2}{3}y_3.\\ x_3=\frac{1}{3}y_1+\frac{2}{3}y_2-\frac{2}{3}y_3\end{cases}$

(2)标准形为 $8y_1^2+2y_2^2+2y_3^2$,

正交替换为 $\begin{cases}x_1=\frac{1}{\sqrt{3}}y_1-\frac{1}{\sqrt{2}}y_2-\frac{1}{\sqrt{6}}y_3\\ x_2=\frac{1}{\sqrt{3}}y_1+\frac{1}{\sqrt{2}}y_2-\frac{1}{\sqrt{6}}y_3.\\ x_3=\frac{1}{\sqrt{3}}y_1+\frac{2}{\sqrt{6}}y_3\end{cases}$

6. (1)规范形为 $y_1^2+y_2^2+y_3^2-y_4^2$;

正惯性指数3,负惯性指数1,符号差2.

(2)规范形为 $y_1^2+y_2^2-y_3^2$;

正惯性指数2,负惯性指数1,符号差1.

思考与练习5.3

1. (1)正定; (2)半正定; (3)负定; (4)半负定; (5)不定.
2. (1)错; (2)对; (3)错; (4)错; (5)错.
3. 提示:利用正定矩阵的定义证明.
4. (1)是; (2)是; (3)不是.
5. (1)不是; (2)是.
6. (1) $t>2$; (2) $-\sqrt{2}<t<\sqrt{2}$.

7. 最大值是 6,取到该最大值的单位向量为$\begin{pmatrix}\frac{1}{\sqrt{3}}\\ \frac{1}{\sqrt{3}}\\ \frac{1}{\sqrt{3}}\end{pmatrix}$.

习 题 五

1. (1)$f(x_1,x_2,x_3)=x_1^2+2x_2^2+x_3^2+4x_1x_3+2x_2x_3$;

(2)$\boldsymbol{A}=\begin{pmatrix}1&-2&2\\-2&6&-4\\2&-4&4\end{pmatrix}$; (3)$\begin{pmatrix}1&4\\4&2\end{pmatrix}$; (4)秩为 3,正惯性指数为 2,负惯性指数为 1,符号差为 1; (5)$y_1^2+y_2^2-y_3^2$;

(6)1,5,-1; (7)$-\sqrt{2}<a<\sqrt{2}$; (8)$-\frac{\sqrt{5}}{5}<a<\frac{\sqrt{5}}{5}$; (9)$\lambda>0$;

(10)$t>4$.

2. (1)b; (2)d; (3)b; (4)d; (5)d; (6)c; (7)a; (8)a,b; (9)b; (10)d; (11)d; (12)d; (13)c.

3. 标准形为$f=y_1^2+y_2^2-9y_3^2$,非退化线性替换为$\begin{cases}x_1=y_1-\frac{1}{2}y_2+\frac{5}{2}y_3\\ x_2=\frac{1}{2}y_2-\frac{1}{2}y_3\\ x_3=y_3\end{cases}$.

4. 标准形为$2y_1-y_2-3y_3$,非退化线性替换为$\begin{cases}x_1=y_1+y_2-y_3\\ x_2=y_2-y_3\\ x_3=y_3\end{cases}$.

5. 标准形为$3y_3$,正交替换为$\begin{cases}x_1=\frac{1}{\sqrt{2}}y_1+\frac{1}{\sqrt{6}}y_2+\frac{1}{\sqrt{3}}y_3\\ x_2=-\frac{1}{\sqrt{2}}y_1+\frac{1}{\sqrt{6}}y_2+\frac{1}{\sqrt{3}}y_3\\ x_3=-\frac{2}{\sqrt{6}}y_2+\frac{1}{\sqrt{3}}y_3\end{cases}$.

6. (1)$a=1,b=2$;

（2）正交矩阵 $\boldsymbol{C}=\begin{pmatrix}\frac{2}{\sqrt{5}} & 0 & \frac{1}{\sqrt{5}}\\ 0 & 1 & 0\\ \frac{1}{\sqrt{5}} & 0 & -\frac{2}{\sqrt{5}}\end{pmatrix}$，在正交替换 $\boldsymbol{x}=\boldsymbol{C}\boldsymbol{y}$ 下，二次型化为标准形 $2y_1^2+2y_2^2-3y_3^2$；

（3）规范形为 $z_1^2+z_2^2-z_3^2$.

7. $a=2$，正交替换矩阵为 $\begin{pmatrix}0 & 1 & 0\\ \frac{1}{\sqrt{2}} & 0 & \frac{1}{\sqrt{2}}\\ -\frac{1}{\sqrt{2}} & 0 & \frac{1}{\sqrt{2}}\end{pmatrix}$.

8. （1）不是；（2）是.

9. $t>2$.

10. $5+\sqrt{5}$.

11. 提示：利用正定二次型的定义证明.

12. 提示：利用正定二次型的定义证明.

13. 提示：先证 $\boldsymbol{A}$ 的特征值都是 1.